UG10.0
造型设计、模具设计与数控编程
实例精讲

主编 詹建新

副主编 彭承意 张鹏飞 姚文铃 胡满凤 肖莲英

U0394531

清华大学出版社

北京

内 容 简 介

本书是以高职高专的学生为授课对象,根据作者模具公司一线工作的经历以及多年来的教学经验编写的。全书共分为 15 章,主要包括草绘、造型、钣金、模具设计、电极设计与数控编程等内容。

本书可作为高职高专类职业院校的教材,也可作为成人高校、本科院校举办的二级职业技术学院、民办高校的教材,也可以作为专业技术人员的参考书。

版权所有,侵权必究。举报:010-62782989,beiqinquan@tup.tsinghua.edu.cn。

图书在版编目(CIP)数据

UG10.0 造型设计、模具设计与数控编程实例精讲/詹建新主编. —北京:清华大学出版社,2017
(2021.7 重印)

ISBN 978-7-302-45936-1

Ⅰ. ①U… Ⅱ. ①詹… Ⅲ. ①模具—计算机辅助设计—应用软件 ②数控机床—加工—计算机辅助设计—应用软件 Ⅳ. ①TG76-39 ②TG659-39

中国版本图书馆 CIP 数据核字(2016)第 307722 号

责任编辑:冯　昕　赵从棉
封面设计:陈国熙
责任校对:赵丽敏
责任印制:丛怀宇

出版发行:清华大学出版社
　　　　网　　　址:http://www.tup.com.cn,http://www.wqbook.com
　　　　地　　　址:北京清华大学学研大厦 A 座　　　　邮　　编:100084
　　　　社 总 机:010-62770175　　　　　　　　　　　邮　　购:010-62786544
　　　　投稿与读者服务:010-62776969,c-service@tup.tsinghua.edu.cn
　　　　质量反馈:010-62772015,zhiliang@tup.tsinghua.edu.cn
　　　　课件下载:http://www.tup.com.cn,010-62770175-4134
印 装 者:三河市龙大印装有限公司
经　　销:全国新华书店
开　　本:185mm×260mm　　　　印　张:18.25　　　　字　数:440 千字
版　　次:2017 年 5 月第 1 版　　　　　　　　　　　印　次:2021 年 7 月第 4 次印刷
定　　价:55.00 元

产品编号:072410-02

　　作者在编写本书时，综合考虑了模具企业一线工作岗位中 UG 常用知识点与当前职业院校学生的实际情况，构想出来一些典型实例，其中许多知识点是其他书籍中所没有涉及的内容，非常实用，也非常有针对性，能解决不少实际问题，这些实例在多年的教学实践中得到了学生的认可。所有实例的建模步骤都经过作者的反复验证，语言通俗易懂，也讲得很详细，能提高学生的学习积极性。

　　本书所有的实例都是在 UG 10.0 版本中设计的，如果在实际教学中使用较低版的 UG需要打开本教材的实例图时，建议先用 UG 10.0 软件打开实例图后，再转换成 UG 低版本的 Parasolid 格式即可使用。

　　在开始学习本书 12.8 节"加载模架配件的模具设计"前，需要将 UG 10.0 模具设计外挂中(UG_NX 10.0_MoldWizard)的文件复制到\NX10.0\MOLDWIZARD\目录下；在开始学习 13.3 节"在电极外挂环境中的电极设计"前，需安装 UG 10.0 版本的星空外挂V6.933。

　　本书不但能满足职业院校、本科院校学生的学习需要，也可作为从事模具、机械制造、产品设计人员的培训教材，非常适合培训有志于从事一线工作的人员。

　　本书第 1 章、第 2 章由广东技术师范学院姚文铃编写，第 3～5 章由华南理工大学胡满凤博士编写，第 6～8 章由广州华立科技职业学院张鹏飞老师编写，第 9～11 章由中山市技师学院彭承意编写，第 12～15 章由广东省华立技师学院詹建新编写，广东省华立技师学院肖莲英老师负责文字校对，全书由詹建新统一主编并审稿。

　　本书每章节后面都附有习题，使学生加深对课本知识的理解。

　　本书所有实例的建模图可扫下方二维码下载，课件及实例视频请联系出版社下载：010-62770175-4324。

编　者

2017 年 2 月

CONTENTS

目 录

UG设计入门

本章主要介绍 UG NX10.0 的一些基本知识和工作环境,详细介绍 UG 草绘的基本命令,以及在创建实体时,初学者应注意的几个问题。

1.1 UG 建模界面

UG 界面包括标题栏、横向菜单、主菜单、快捷菜单、辅助工具条、资源条、提示栏、工作区等,如图 1-1 所示。

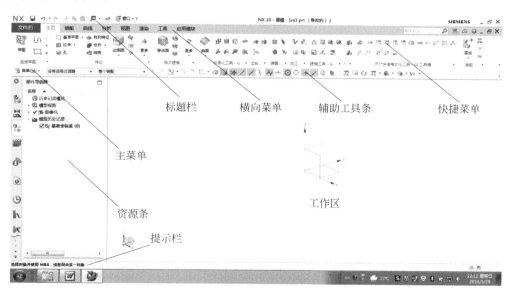

图 1-1　UG NX10.0 界面

（1）标题栏。显示当前软件的名称及版本号,以及当前正在操作的零件名称,如果对部件已经做了修改,但还没有保存,在文件名的后面还会有"（修改的）"文字。

（2）横向菜单。由主页、装配、曲线、分析、视图、渲染、工具、应用模块等组成。

（3）主菜单。也称为纵向菜单。系统所有基本命令和设置都在这个菜单栏里。

（4）快捷菜单栏。对于 UG 的常用命令，以快捷形式排布在屏幕的上方，方便用户使用。

（5）辅助工具条。用于选取过滤图素的类型和图形捕捉。

（6）资源条。包括"部件导航器""约束导航器""装配导航器""数控加工导向"等。

（7）提示栏。主要用来提示操作者必须执行的下一步操作，对于不熟悉的命令，操作者可以按照提示栏的提示，一步一步地完成整个命令的操作。

（8）工作区。主要用于绘制零件图、草绘图等。

1.2 三键鼠标在 UG 中的使用方法

在 UG 建模过程中，合理使用三键滚轮鼠标，可以实现平移、缩放、旋转以及弹出快捷菜单等操作，操作起来十分方便，三键滚轮鼠标左、中、右三键的功能见表 1-1。

表 1-1 三键鼠标功能

鼠 标 按 键	功 能	操 作 说 明
左键（MB1）	选取命令以及实体、曲线、曲面等对象	直接单击鼠标左键
中键（MB2）	放大或缩小	按<Ctrl＋中键>或<左键＋中键>
	平移	按<Shift＋中键>或<中键＋右键>
	旋转	按住中键不放，即可旋转视图
右键（MB3）	弹出下拉菜单	在空白处单击右键

1.3 草绘的一般画法

（1）启动 NX10.0，单击"新建"按钮，在【新建】对话框中"单位"选择"毫米"，选取"模型"模块，"名称"设为"ex1.prt"，"文件夹"选取"D:\"，如图 1-2 所示。

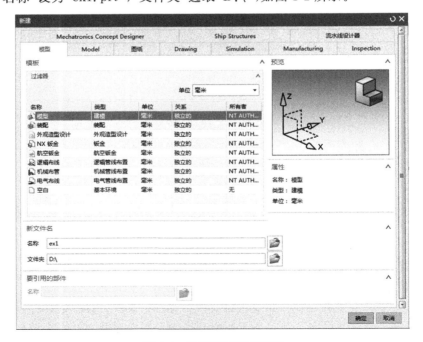

图 1-2 设置【新建】对话框

（2）单击"确定"按钮，进入建模环境。

（3）选取"菜单|插入|草图"命令，在【创建草图】对话框中"草图类型"选取"在平面上"，"平面方法"选取"现有平面"，"参考"选取"水平"，选取 XOY 平面为草绘平面，X 轴为水平参考，单击"指定点"按钮 ⊞，在【点】对话框中输入(0,0,0)，如图 1-3 所示。

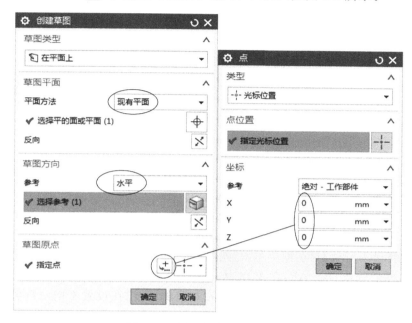

图 1-3 设定【创建草图】对话框

（4）单击"确定"按钮，工作区的视图切换至草绘方向。

（5）选取"菜单|插入|草图曲线|直线"命令，任意绘制一个六边形，如图 1-4 所示。

（6）选取"菜单|插入|草图约束|几何约束"命令，在【几何约束】对话框中单击"竖直"按钮 ⬆，如图 1-5 所示。

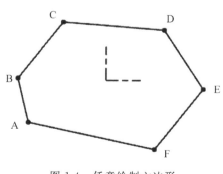

图 1-4 任意绘制六边形

图 1-5 【几何约束】对话框

（7）选取 AB、DE 线段，线段 AB、DE 变成竖直线，如图 1-6 所示。

（8）在【几何约束】对话框中单击"点在曲线上"按钮 ⬆，选取 C 点为"要约束的对象"，选取 Y 轴为"要约束到的对象"，C 点与 Y 轴对齐。

（9）采用相同的方法，F 点与 Y 轴对齐，如图 1-7 所示。

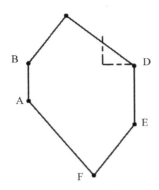

图 1-6　直线 AB、DE 变成竖直线

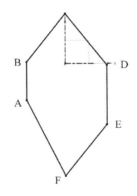

图 1-7　点 C、点 F 与 Y 轴对齐

（10）选取"菜单 | 插入 | 草图约束 | 设为对称"命令，先选取直线 AB，再选取直线 ED（AB、ED 的箭头方向必须相同），然后选取 Y 轴作为对称轴，直线 AB、ED 关于 Y 轴对称。（如果有的标注变成红色，这是因为存在多余的尺寸标注，请直接用键盘的 Delete 键删除红色标注）

（11）再在【设为对称】对话框中单击"选择中心线"按钮 ⊕，先选取 X 轴作为对称轴，再选取直线 BC，然后选取直线 AF，直线 BC 与 AF 关于 X 轴对称，如图 1-8 所示。

（因为系统默认上一组对称的中心线作为对称轴，所以在设置不同对称轴的对称约束时，应先选取对称轴，再选取其他的对称图素）

（12）采用相同的方法，直线 CD、FE 关于 X 轴对称，如图 1-8 所示。

（13）在【几何约束】对话框中单击"等长"按钮 =，选取直线 AB 和 BC，则 AB 与 BC 相等。

（14）采用相同的方法，设定其他线段互相相等。

（15）选取"菜单 | 插入 | 草图约束 | 尺寸 | 角度"命令，选取直线 AB 和 BC，标识两直线的夹角，并修改为 120°，如图 1-9 所示。

（16）选取"菜单 | 插入 | 草图约束 | 尺寸 | 线性"命令，在【线性尺寸】对话框中"方法"选取"水平"，选取直线 AB 和 DE，标识两直线的水平距离，并修改为 60mm，如图 1-9 所示。

（17）在空白处单击鼠标右键，选取"完成草图"命令 ⊠，创建草图。

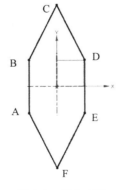

图 1-8　设为对称

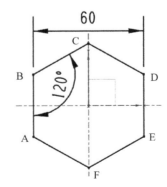

图 1-9　标识尺寸

1.4　固定板零件的建模

在这个实例中,详细介绍了草绘的一些基本命令,并且强调在建模时应将复杂零件的建模化解为一个一个简单步骤,倒圆角和倒斜角等特征尽量在实体上实现。

(1) 启动 NX10.0,单击"新建"按钮,在【新建】对话框中"单位"选择"毫米",选取"模型"模块,"名称"设为"ex2.prt","文件夹"选取"D:\"。

(2) 单击"确定"按钮,进入建模环境,此时 UG 的工作背景是灰色,是 UG 的默认颜色。

(3) 依次选取"菜单|首选项|背景"命令,在【编辑背景】对话框中"着色视图"选取"◉ 纯色","线框视图"选取"◉ 纯色","普通颜色"选取"白色",如图 1-10 所示。

(4) 单击"确定"按钮,UG 的工作背景变成白色。

(5) 单击"拉伸"按钮,在【拉伸】对话框中单击"绘制截面"按钮,如图 1-11 所示。

图 1-10　【编辑背景】对话框

图 1-11　选取"绘制截面"按钮

(6) 在【创建草图】对话框中"草图类型"选取"在平面上","平面方法"选取"现有平面","参考"选取"水平",单击"指定点"按钮,在【点】对话框中输入(0,0,0),如图 1-3 所示。

(7) 在工作区中选取 XOY 平面作为草绘平面,选取 X 轴作为水平参考,此时工作区中出现一个动态坐标系,动态坐标系与基准坐标系重合。

(8) 单击"确定"按钮,工作区的视图切换至草绘方向。

(9) 选取"菜单|插入|曲线|直线"命令,任意绘制一个四边形,如图 1-12 所示。

(10) 在快捷菜单中单击"几何约束"按钮,在【几何约束】对话框中单击"水平"按钮,如图 1-13 所示,再选取直线 AD,直线 AD 变成水平线。

(11) 采用相同的方法,将直线 BC 设为水平线。

(12) 在【几何约束】对话框中单击"竖直"按钮,将直线 AB、CD 设为竖直线。

(13) 在快捷菜单中单击"设为对称"按钮,先选取直线 AB,再选取直线 DC,然后选取 Y 轴作为对称轴,直线 AB、DC 关于 Y 轴对称,如图 1-14 所示。

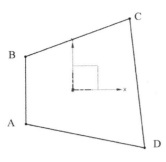

图 1-12   任意绘制四边形

图 1-13   设定水平约束

（14）再在【设为对称】对话框中单击"选择中心线"按钮 ⊕，先选取 X 轴作为对称轴，再选取直线 AD，然后选取直线 BC，直线 AD 与 BC 关于 X 轴对称，如图 1-14 所示。

（15）双击尺寸标注，将尺寸标注改为 100mm×50mm，如图 1-15 所示。

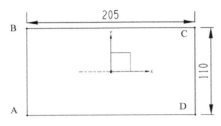

图 1-14   设定对称约束

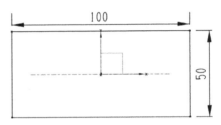

图 1-15   修改标注尺寸（100mm×50mm）

（16）在空白处单击鼠标右键，选取"完成草图"命令 ，在【拉伸】对话框中"指定矢量"选择"ZC↑" ，"开始距离"设为 0，"结束距离"设为 5mm，如图 1-16 所示。

（17）单击"确定"按钮，创建一个拉伸特征，特征的颜色是系统默认的棕色。

（18）在工作区上方的工具条中选取"带有隐藏边的线框"按钮 ，如图 1-17 所示，此时实体以线框的形式显示。

图 1-16   设置【拉伸】对话框参数

图 1-17   选取"带有隐藏边的线框"按钮

（19）单击"拉伸"按钮 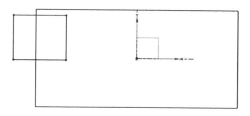，在【拉伸】对话框中单击"绘制截面"按钮 ，选取 XOY 平面作为草绘平面，X 轴作为水平参考，单击"确定"按钮，视图切换至草绘方向。

（20）单击"矩形"按钮 □，任意绘制一个矩形，矩形的尺寸为任意值，如图 1-18 所示。

（21）单击"设为对称"按钮 ，选取矩形的第一条水平边，再选矩形的第二条水平边，最后选取 X 轴，矩形的两条水平边关于 X 轴对称，如图 1-19 所示。

图 1-18　绘制任意矩形截面　　　　图 1-19　设定两水平线关于 X 轴对称

（22）单击"几何约束"按钮 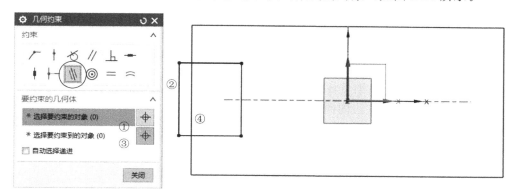，在【几何约束】对话框中选中"共线"按钮 ，选取草绘左边的竖直线为"要约束的对象"，实体的边线为"要约束到的对象"，如图 1-20 所示。

图 1-20　设定"共线"约束

（23）此时水平方向的标注可能变成红色，请选中不需要的红色标注，再按键盘的 Delete 键删除，竖直线与边线重合，如图 1-21 所示。

（24）双击尺寸标注，将尺寸标注改为 22mm×24mm，如图 1-22 所示。

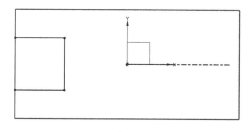
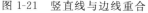
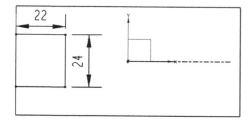

图 1-21　竖直线与边线重合　　　　图 1-22　修改尺寸标注

（25）单击"完成草图"按钮 ，在【拉伸】对话框中"指定矢量"选择"ZC↑" ，"开始距离"设为 0，"结束"选取" 贯通"，"布尔"选取"求差" ，如图 1-23 所示。

(26) 单击"确定"按钮,创建缺口特征,如图 1-24 所示。

图 1-23　设定【拉伸】对话框参数

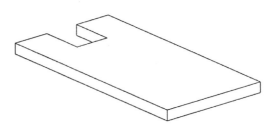

图 1-24　创建缺口特征

(27) 选取"菜单|插入|细节特征|面倒圆"命令,在【面倒圆】对话框中"类型"选取"三个定义面链"选项,选取缺口左边的曲面为"面链 1",右边的曲面为"面链 2",中间的曲面为"中间面链",单击箭头,使三个箭头指向同一区域(如果箭头不是指向同一区域,则不能创建面倒圆特征),如图 1-25 所示。

(28) 单击"确定"按钮,创建面倒圆特征,如图 1-26 所示。

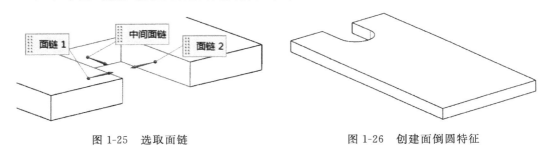

图 1-25　选取面链

图 1-26　创建面倒圆特征

(29) 选取"菜单|插入|关联复制|镜像特征"命令,按住<Ctrl>键,在"部件导航器"中选取"☑ ▥ 拉伸 (2)"和"☑ ◢ 面倒圆 (3)"作为要镜像的特征,选取 ZOY 平面作为镜像平面,单击"确定"按钮,创建镜像特征,如图 1-27 所示。

(30) 选取"菜单|插入|细节特征|倒斜角"命令,在【倒斜角】对话框中"横截面"选取"对称","距离"设为 5mm,如图 1-28 所示。

(31) 选取零件 4 个角的棱线,单击"确定"按钮,创建斜角,如图 1-29 所示。

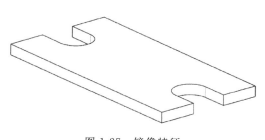

图 1-27　镜像特征　　　　　　图 1-28　设置【倒斜角】对话框参数

（32）选取"菜单|插入|细节特征|边倒圆"命令，选取缺口的 4 条棱线，在动态框中半径设为 5mm，单击"确定"按钮，创建倒圆角，如图 1-30 所示。

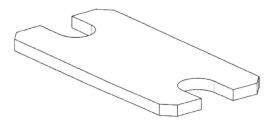
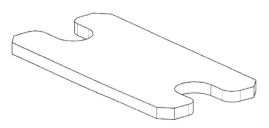

图 1-29　创建"边倒角"特征　　　　　　图 1-30　创建"边倒圆"特征

（33）单击"保存" 按钮，保存文档。

温馨提示：在创建如上零件时，万万不可先绘制零件的整个轮廓线，再一次性拉伸成实体，如图 1-31 所示，否则草绘就会很复杂，而且也不利于以后修改图形参数。

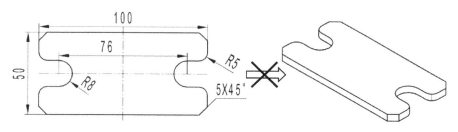

图 1-31　万万不可先绘制零件的整个轮廓线，再一次性拉伸成实体

1.5　直角三通零件

本实例多次用"旋转"命令，创建不同直径的圆柱体，并且每个圆柱体都是绘制一个简单的草绘图形，然后用阵列方式复制相同形状的造型，这种建模方法的优点是草绘简单，容易修改。

（1）单击"新建"按钮 ，在【新建】对话框中输入"名称"为"zhijiaosantong. prt"，单位选取"毫米"，选取"模型"模块，单击"确定"按钮，进入建模环境。

（2）选取"菜单|插入|设计特征|旋转"命令，在【旋转】对话框中单击"绘制截面"按钮，以 XOY 平面为草绘平面，X 轴为水平参考，绘制一个截面，如图 1-32 所示。

（3）选"完成草图"命令，在【旋转】对话框中"指定矢量"选取"XC↑"，"开始角度"为 0，"结束角度"为 360°，单击"指定点"按钮，在【点】对话框中输入(0,0,0)，"布尔"选取"无"，如图 1-33 所示。

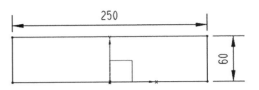

图 1-32　绘制截面（水平边在 X 轴上，竖直边关于 Y 轴对称）

图 1-33　设定【旋转】对话框参数

（4）单击"确定"按钮，创建第一个圆柱，如图 1-34 所示。

（5）选取"菜单|插入|设计特征|旋转"命令，在【旋转】对话框中单击"绘制截面"按钮，以 ZOX 平面为草绘平面，X 轴为水平参考，绘制一个截面，如图 1-35 所示。

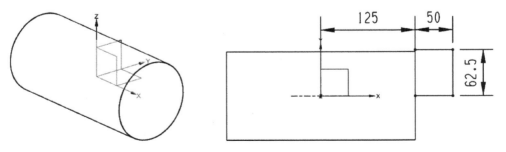

图 1-34　创建圆柱　　　　　图 1-35　绘制截面（水平线与 X 轴对齐）

（6）选"完成"命令，在【旋转】对话框中"指定矢量"选取"XC↑"，"开始角度"为 0，"结束角度"为 360°，单击"指定点"按钮，在【点】对话框中输入(0,0,0)，"布尔"选取"求和"。

（7）单击"确定"按钮，创建第二个圆柱，如图1-36所示。

（8）选取"菜单|插入|设计特征|旋转"命令，在【旋转】对话框中单击"绘制截面"按钮，以ZOX平面为草绘平面，X轴为水平参考，绘制一个截面（一条竖直边与Y轴对齐，一条水平边与X轴对齐），如图1-37所示。

（9）在空白处单击鼠标右键，选"完成草图"命令，在【旋转】对话框中"指定矢量"选取"ZC↑"，"开始角度"为0，"结束角度"为360°，"布尔"选取"求和"。

（10）单击"确定"按钮，创建第三个圆柱体，如图1-38所示。

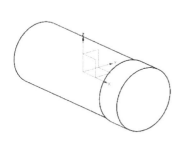

图1-36　创建第二个圆柱体

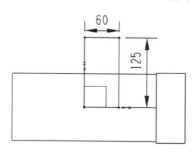

图1-37　绘制截面

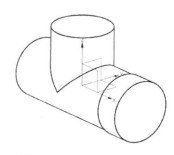

图1-38　创建第三个圆柱体

（11）选取"菜单|插入|关联复制|阵列特征"命令，在【阵列特征】对话框中"布局"选取"圆形"，"指定矢量"选取"－YC↓"按钮，"间距"选取"数量和节距"，"数量"为3，"节距角"为90°，单击"指定点"按钮，在【点】对话框中输入(0,0,0)，如图1-39所示。

图1-39　设定【阵列特征】对话框参数

（12）选取刚才创建的"拉伸（3）"为要阵列的特征，单击"确定"按钮，创建阵列特征，如图 1-40 所示。

（13）单击"抽壳"按钮，在【抽壳】对话框中"类型"选取"移除面，然后抽壳"，"厚度"为 2.5mm，如图 1-41 所示。

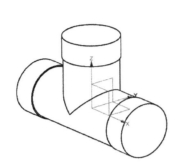

图 1-40　创建阵列特征　　　　　　图 1-41　设定【抽壳】对话框参数

（14）选取 3 个管口平面为"可移除面"，单击"确定"按钮，创建抽壳特征，如图 1-42 所示。

（15）单击"旋转"按钮，在【旋转】对话框中单击"绘制截面"按钮，以 XOY 平面为草绘平面，X 轴为水平参考，绘制一个矩形截面（15mm×5mm），如图 1-43 所示。

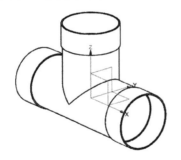

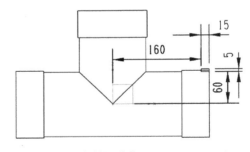

图 1-42　创建抽壳特征　　　　　　图 1-43　绘制矩形截面（15mm×5mm）

（16）单击"完成草图"按钮，在【旋转】对话框中"指定矢量"选取"XC↑"，"开始角度"为 0，"结束角度"为 360°，"布尔"选取"求和"，单击"指定点"按钮，在【点】对话框中输入（0，0，0）。

（17）单击"确定"按钮，创建管口旋转特征，如图 1-44 所示。

（18）选取"菜单|插入|关联复制|阵列特征"命令，在【阵列特征】对话框中"布局"选取"圆形"，"指定矢量"选取"－YC↓"按钮，"间距"选取"数量和节距"，"数量"为 3，"节距角"为 90°。

（19）单击"指定点"按钮，在【点】对话框中输入（0，0，0）。

（20）选取刚才创建的"旋转（6）"为要阵列的特征。

（21）单击"确定"按钮,创建阵列特征,如图 1-45 所示。

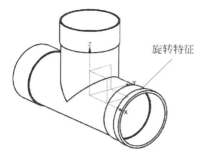
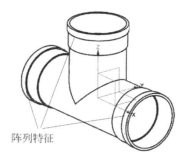

图 1-44 创建口部旋转特征   图 1-45 阵列特征

（22）单击"边倒圆"按钮 🔲 ,选取管口的边线,输入半径 R2.5 mm,创建倒圆特征。

（23）单击"保存" 🔲 按钮,保存文档。

1.6 塑料斜三通零件

本实例用"圆柱体"命令和"旋转"命令创建不同直径的圆柱体,读者可以自行对两个命令进行比较分析。

（1）单击"新建"按钮 🔲 ,在【新建】对话框中输入"名称"为"suliaosantong.prt",单位选取"毫米",选取"模型"模块,单击"确定"进入建模环境。

（2）选取"菜单插入|设计特征|圆柱体"命令,在【圆柱】对话框中"类型"选取"轴、直径和高度","指定矢量"选取"XC↑" 🔲 ,"直径"为 120mm,"高度"为 250mm。

（3）单击"指定点"按钮 🔲 ,在【点】对话框中输入（-125,0,0）。

（4）单击"确定"按钮,创建一个圆柱体,如图 1-46 所示。

（5）选取"菜单|插入|设计特征|圆柱体"命令,在【圆柱】对话框中"类型"选取"轴、直径和高度","指定矢量"选取"-XC↓" 🔲 ,"直径"为 125 mm,"高度"为 30 mm,"布尔"选取"求和" 🔲 。

（6）单击"指定点"按钮 🔲 ,在【点】对话框中"类型"选取"⊙圆弧中心/椭圆中心/球心"。

（7）在实体上选取左端面的圆心,单击"确定"按钮,创建一个圆柱体,如图 1-47 所示。

（8）用同样的方法,创建右端的圆柱体,如图 1-48 所示。

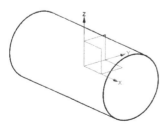
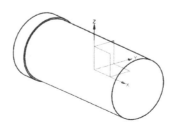
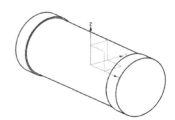

图 1-46 创建圆柱   图 1-47 创建管口圆柱   图 1-48 创建第二个管口圆柱

温馨提示:在创建如图 1-48 所示的三个不同直径的圆柱体时,最好是将这个圆柱体分为三步造型,每步创建一个不同的圆柱体,这样可以减少草绘的难度。

(9)单击"旋转"按钮 ,以 XOY 平面为草绘平面,X 轴为水平参考,绘制一个截面,如图 1-49 所示。

(10)单击"完成草图"按钮 ,在【旋转】对话框中"开始"选取"值","角度"为 0°,"结束"选取"值","角度"为 360°,"布尔"选取"求和" ,"指定矢量"选取"曲线/轴矢量"按钮 ,选取截面的一条边为旋转轴,如图 1-50 所示。

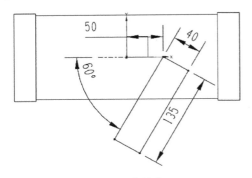

图 1-49　绘制截面

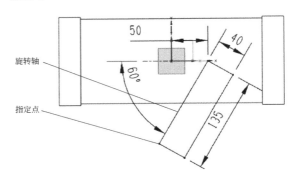

图 1-50　选取旋转轴和指定点

(11)在【旋转】对话框中单击"指定点"按钮 ,在【点】对话框中选取"端点"按钮 ,在工作区中选取旋转轴的端点,如图 1-50 所示。

(12)单击"确定"按钮,创建旋转特征,如图 1-51 所示。

(13)选取"菜单|插入|设计特征|圆柱体"命令,在【圆柱】对话框中"类型"选取"轴、直径和高度","直径"为 85mm,"高度"为 30mm,"布尔"选取"求和" 。"指定矢量"选取"面/平面法向"按钮 ,选取图 1-51 创建的旋转体端面。

(14)单击"指定点"按钮,在【点】对话框中"类型"选取" 圆弧中心/椭圆中心/球心",选取刚才创建的旋转体端面的圆心。

(15)单击"确定"按钮,创建一个圆柱体,如图 1-52 所示。

(有兴趣的同学可以自己试试,用旋转命令创建图 1-52 的圆柱体是否更简单?)

(16)单击"抽壳"按钮 ,在【抽壳】对话框中"类型"选取"移除面,然后抽壳",厚度为 2.5mm,选取 3 个管口平面为可移除面,创建抽壳特征,如图 1-53 所示。

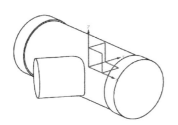

图 1-51　创建旋转特征

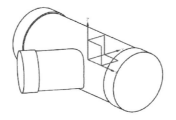

图 1-52　创建口部圆柱体

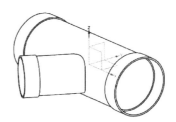

图 1-53　创建抽壳特征

（17）单击"边倒圆"按钮 █，选取管口的边线，输入半径 R2.5 mm，创建倒圆特征。

（18）单击"保存"█按钮，保存文档。

1.7　给 UG 初学者的几点建议

（1）将一个复杂的零件设计分解为许多小步骤，每一小步仅只有简易的步骤。

（2）在创建实体时，尽量绘制较简易的剖面，避免使用太多的倒圆角（倒斜角），如确有必要，则可以在实体上进行倒圆角（倒斜角），这样能使复杂的图形简单化。

（3）尽量用阵列、镜像等方式来创建零件上相同的特征。

（4）保持剖面简捷，利用增加其他特征来完成复杂形状，这样所绘制的几何模型更容易修改。

（5）创建实体时，应合理设置【拉伸】【旋转】对话框中"开始""结束"参数。

（6）在创建草图时，尽量选取 UG 中的基准平面作为草绘平面，方便以后修改实体。

（7）对于一些形状比较规则的图形，UG 有几种不同的创建方法，请根据不同的情况，合理选用不同的创建方法，或者将几种方法结合起来创建实体。

（8）多与同学、同事交流学习 UG 的经验与体会。

作业：创建图 1-54 所示零件的实体。

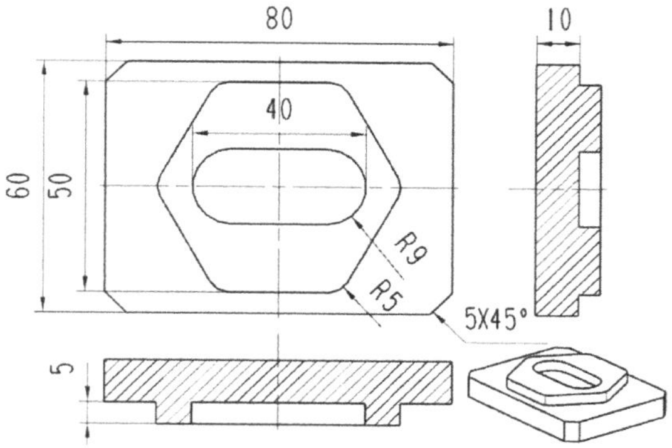

图 1-54　零件图

简单零件设计

本章以 8 个简单的零件为例,介绍 UG 建模的一般过程。

2.1 旋钮

本节通过绘制一个简单的零件图,重点讲述 UG 的一些基本命令:拉伸、旋转、抽壳、倒圆角、布尔运算、拔模、阵列等,产品图如图 2-1 所示。

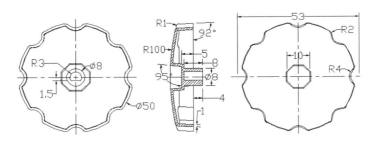

图 2-1 产品图

(1) 启动 NX 10.0,单击"新建"按钮🗋,在【新建】对话框中输入"名称"为"xuanniu. prt","单位"选"毫米",选取"模型"模块,单击"确定"按钮,进入建模环境。

(2) 在主菜单中选取"插入|设计特征|旋转"命令,以 YOZ 平面为草绘平面,绘制一个截面,其中圆弧的圆心在 Y 轴上,如图 2-2 所示。

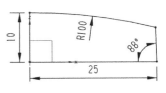

图 2-2 绘制截面(一)

(3) 单击"完成草图"按钮🏁,在【旋转】对话框中"指定矢量"选"ZC↑"🔼,开始角度为 0°,结束角度为 360°,如图 2-3 所示。

(4) 单击"指定点"按钮🟦,在【点】对话框中输入(0,0,0),如图 2-4 所示。

(5) 单击"确定"按钮,创建一个旋转实体,如图 2-5 所示。

(6) 在主菜单中选取"插入|设计特征|拉伸"命令,选取 XOY 平面为草绘平面,绘制一个截面圆(ϕ8mm),如图 2-6 所示。

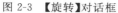

图 2-3　【旋转】对话框

图 2-4　【点】对话框

（7）单击鼠标右键，单击"完成草图"按钮，在【拉伸】对话框中"指定矢量"选"ZC↑" ，开始距离为 0，"结束"选"贯通"，"布尔"选"求差" 。

（8）单击"确定"按钮，创建一个切除特征，如图 2-7 所示。

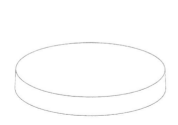

图 2-5　旋转实体特征

图 2-6　绘制截面（二）

（9）在主菜单中选取"插入｜细节特征｜拔模"命令，在【拔模】对话框中"类型"选"从平面或曲面"，"脱模方向"选"ZC↑" ，"角度"为 2°。

（10）选取零件底面为拔模固定面，选取刚才创建的切除面为拔模面。

（11）单击"确定"按钮，创建拔模特征，如图 2-8 所示。

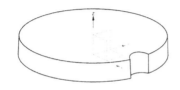

图 2-7　切除特征

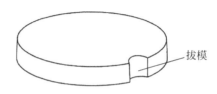

图 2-8　拔模特征

（12）在主菜单中选取"插入｜关联复制｜阵列特征"命令，在【阵列特征】对话框中"布局"选"圆形" ，"指定矢量"选"ZC↑" ，"间距"选"数量和节距"，"数量"为 8，"节距角"为

45°,单击"指定点" ⊞ 按钮,在【点】对话框中输入(0,0,0)。

(13) 按住 Ctrl 键,在部件导航器中选取"拉伸(2)"和"拔模(3)",如图 2-9 所示。

(14) 单击"确定"按钮,创建一个阵列特征,如图 2-10 所示。

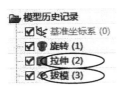

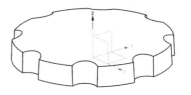

图 2-9　选取"拉伸(2)"和"拔模(3)"　　　　图 2-10　创建阵列特征

(15) 单击"边倒圆"按钮 ▨,创建倒圆特征 R2(共 16 条),如图 2-11 所示。

(16) 选取实体上面的边线,输入 R1,单击"确定"按钮,创建倒圆,如图 2-12 所示。

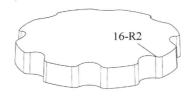

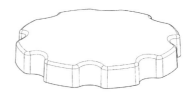

图 2-11　倒圆特征(一)　　　　　　　　　图 2-12　倒圆特征(二)

(17) 在主菜单中选取"插入│设计特征│拉伸"命令,选取 XOY 平面为草绘平面,单击"确定"按钮。

(18) 在主菜单中选取"插入│曲线│多边形"命令,在【多边形】对话框中输入"边数"为 8,"大小"选"内切圆半径",半径为 8mm,旋转为 0 ,单击"指定点"按钮 ⊞,输入(0,0,0)。

(19) 单击 Enter 键,创建正八边形。

(20) 单击鼠标右键,单击"完成草图"按钮 ▨,在【拉伸】对话框中"指定矢量"选"ZC↑" ▨,开始距离为 5mm,"结束"选"贯通","布尔"选"求差" ▨,"拔模"选"从起始限制",角度为 −2°。

(21) 单击"确定"按钮,创建一个八边形凹坑特征,如图 2-13 所示。

(22) 在主菜单中选取"插入│偏置│缩放│抽壳"命令,在【抽壳】对话框中"类型"选"移除面,然后抽壳","厚度"为 1mm。

(23) 选取零件底面为要穿透的面,单击"确定"按钮,创建抽壳特征,如图 2-14 所示。

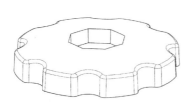

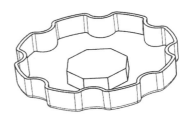

图 2-13　创建八边形凹坑　　　　　　　图 2-14　抽壳特征

（24）在主菜单中选取"插入|设计特征|拉伸"命令，选取正八边形的底面为草绘平面，选取 X 轴为水平参考线，绘制一个截面，如图 2-15 所示。

（25）单击鼠标右键，单击"完成草图"按钮，在【拉伸】对话框中"指定矢量"选"-ZC↓"，开始距离为 0，结束距离为 8mm，"布尔"选"求和"。

（26）单击"确定"按钮，创建一个拉伸特征，如图 2-16 所示。

（27）在主菜单中选取"插入|设计特征|拉伸"命令，选取正八边形的底面为草绘平面，以原点为圆心，绘制一个直径为 $\phi2.5mm$ 的圆。

（28）单击鼠标右键，单击"完成草图"按钮，在【拉伸】对话框中"指定矢量"选"-ZC↓"，开始距离为 0，"结束"选"贯通"，"布尔"选"求差"。

（29）单击"确定"按钮，创建小孔，如图 2-17 所示。

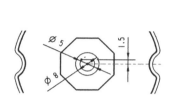

图 2-15　绘制截面（三）

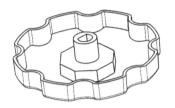

图 2-16　创建"拉伸"特征

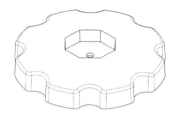

图 2-17　创建小孔

（30）单击"保存"按钮，保存文档。

作业：完成以下零件结构设计，如图 2-18、图 2-19 所示。

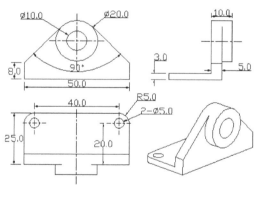

图 2-18　支撑柱

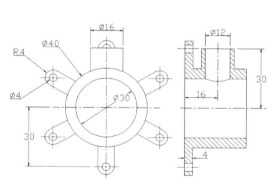

图 2-19　零件图

2.2　轴

本节介绍 UG 设计轴类零件（键槽、螺纹、槽等）的一些基本命令，同时也介绍了在设计复杂轴类时，应把整个零件分解成若干部分，再利用布尔运算对特征进行求和、求差，零件的尺寸如图 2-20 所示。

（1）启动 NX 10.0，单击"新建"按钮，在【新建】对话框中输入"名称"为"zhou. prt"，"单位"选"毫米"，选取"模型"模块，单击"确定"按钮，进入建模环境。

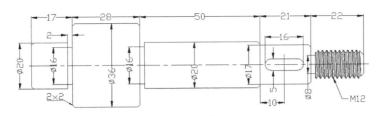

图 2-20　零件尺寸图

（2）在主菜单中选项"插入|设计特征|圆柱体"命令，在【圆柱】对话框中"类型"选"轴、直径和高度"，"指定矢量"选"ZC↑" $\boxed{\text{ZC↑}}$ ，"直径"为 20mm，"高度"为 17mm，单击"指定点"按钮 $\boxed{\cdot}$ ，在【点】对话框中输入（0，0，0）。

（3）单击"确定"按钮，创建一个圆柱，如图 2-21 所示。

（4）在主菜单选取"插入|设计特征|圆柱体"命令，在【圆柱】对话框中"类型"选"轴、直径和高度"，"指定矢量"选"ZC↑" $\boxed{\text{ZC↑}}$ ，"直径"为 36mm，"高度"为 28mm，"布尔"选"求和" $\boxed{\text{求和}}$ ，单击"指定点"按钮 $\boxed{\cdot}$ ，在【点】对话框中选"⊙圆弧中心/椭圆中心/球心"选项，在工作区中选取圆柱的上表面圆圆心。

（5）单击"确定"按钮，创建第二个圆柱。

（6）采用同样的方法，创建第三个圆柱（直径为 20mm，高度为 50mm），第四个圆柱（直径为 17mm，高度为 21mm），第五个圆柱（直径为 12mm，高度为 22mm），如图 2-22 所示。

（7）在主菜单中选取"插入|基准/点|基准平面"命令，在【基准平面】对话框中"类型"选"相切"，"子类型"选"一个面"。

（8）选取直径为 $\phi 17$mm 的圆柱面为基准平面的相切面。

（9）单击"确定"按钮，生成一个相切的基准面，如图 2-23 所示。

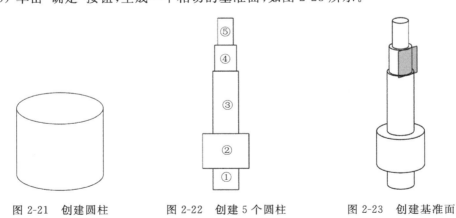

图 2-21　创建圆柱　　　　图 2-22　创建 5 个圆柱　　　　图 2-23　创建基准面

（10）在主菜单中选取"插入|设计特征|键槽"命令，在【键槽】对话框中选取"⊙ U 形键槽"，如图 2-24 所示。

（11）单击"确定"按钮，单击"基准平面"按钮，选取刚才创建的基准平面，单击"接受默认边"按钮，单击"基准平面"按钮，选取 XOZ 平面为水平参考。

（12）在【U 形键槽】对话框中设置"宽度"为 5mm，"深度"为 5mm，"拐角半径"为 1mm，

"长度"为16mm,如图2-25所示。

（13）单击"确定"按钮,在【定位】对话框中选取"垂直"按钮 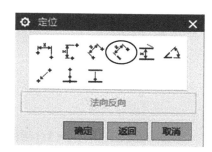,如图2-26所示。

图2-24　选"U形槽"

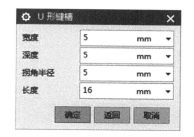

图2-25　【U形键槽】对话框

图2-26　"垂直"按钮

（14）在零件图上先选XOY基准平面,再选水平参考线。

（15）在【创建表达式】对话框中,将值改为105mm。

（16）单击"确定"按钮,在【定位】对话框中选取"线落在线上"按钮 ⊥,如图2-27所示。

（17）在零件图上先选ZOX基准平面,再选竖直参考线。

（18）单击"确定"按钮,创建一个键槽,如图2-28所示。

（19）在主菜单中选取"插入|设计特征|螺纹"命令,在【螺纹】对话框中选取"详细",在轴件图上选取φ12mm的圆柱面,在【螺纹】对话框中选取"选择起始",选取零件的端面为螺纹起始面,如图2-29所示。

图2-27　【定位】对话框

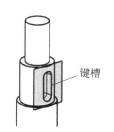

图2-28　创建"键槽"

图2-29　螺纹放置面与起始面

（20）在弹出的对话框中单击"反向",使箭头朝里,单击"确定"按钮。

（21）输入螺纹的参数,小径:10.25mm,长度:22mm,螺距:1.75mm,角度:60°。

（22）单击"确定"按钮,即可生成一个螺纹,如图2-30所示。

（23）在主菜单中选取"插入|设计特征|槽"命令,在【槽】对话框中选取"矩形"按钮,如图2-31所示。

（24）选取直径20mm的圆柱表面为槽的放置面,如图2-32所示。

（25）在【矩形槽】对话框中输入"槽直径"为16mm,"宽度"为2mm。

（26）先选取实体的边线,再选取圆饼的边线（注意,圆饼的边线有两条,应选取靠近第一次选取的那条边线）为定位基准,如图2-33所示。

图2-30　"螺纹"

图2-31　【槽】对话框

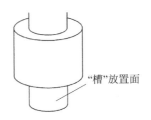

图2-32　选取"放置面"

（27）在【创建表达式】对话框中输入0。

（28）单击"确定"按钮，生成一个矩形槽，如图2-34所示。

（29）在主菜单中选取"插入|关联复制|阵列特征"命令，在【阵列特征】对话框中"布局"选"线性" ，"指定矢量"选"ZC↑" ，"间距"选"数量和节距"，"数量"为2，"节距"为30mm，在零件图上选取矩形槽为要阵列的对象。

（30）单击"确定"按钮，生成一个阵列特征，如图2-35所示。

（注：如果不能创建阵列，请在部件导航器中双击"圆柱（2）"、"圆柱（3）"，在【圆柱】对话框中"布尔"改选"求和" 选项。）

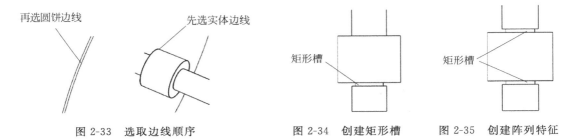

图2-33　选取边线顺序　　　　　图2-34　创建矩形槽　　　图2-35　创建阵列特征

（31）在主菜单中选取"插入|设计特征|槽"命令，在【槽】对话框选取"矩形"按钮，在实体上选取螺纹表面为槽的放置面。

（32）在【矩形槽】对话框中输入"槽直径"为8mm，"宽度"为2mm。

（33）单击"确定"按钮，先选取实体上的边线，再选圆饼的端面边线，如图2-36所示。

（34）在【创建表达式】对话框中输入：0。

（35）单击"确定"按钮，生成一个矩形槽，如图2-37所示。

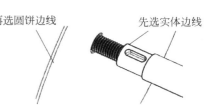

图2-36　选择边线顺序

（36）在主菜单中选取"插入|细节特征|倒斜角"命令，在【倒斜角】对话框中"横截面"选择"对称"，"距离"为1mm。

（37）选取需倒斜角的边线，单击"确定"按钮，生成倒斜角特征，如图2-38所示。

（38）同时按住键盘上的＜Ctrl＋W＞键，在【显示和隐藏】对话框中单击坐标系与基准平面旁边的"—"，即可隐藏坐标系和基准平面。

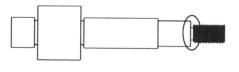

图 2-37　创建矩形槽

图 2-38　创建倒角特征

（39）单击"保存"按钮🖫，保存文档。

作业：用本节的建模方式创建图 2-39 所示的轴。

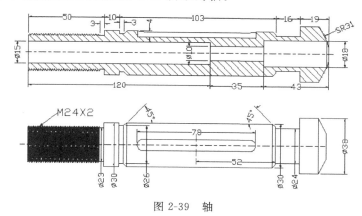

图 2-39　轴

2.3　连杆

本节通过绘制一个简单的零件图，重点讲述了 UG 的一些基本命令：拉伸、直纹、圆锥、偏置区域、倒斜角、倒圆角、布尔运算、拔模等，产品图如图 2-40 所示。

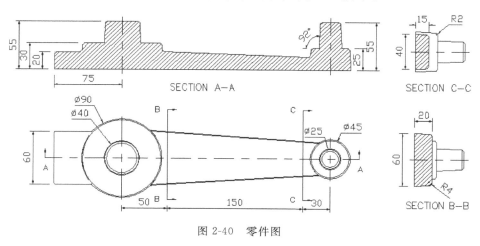

图 2-40　零件图

（1）启动 NX 10.0，单击"新建"按钮📄，在【新建】对话框中输入"名称"为"liangan. prt"，"单位"选"毫米"，选取"模型"模块，单击"确定"按钮，进入建模环境。

（2）在主菜单中选取"插入|草图"命令，以 ZOX 平面为草绘平面，绘制一个截面，尺寸

为 60mm×20mm,如图 2-41 所示。

（3）单击"完成草图"按钮 ，创建草绘（一）。

（4）在主菜单中选取"插入|基准/点|基准平面"命令,在【基准平面】对话框中"类型"选"按某一距离",以 ZX 平面为参考,"偏置距离"为 150mm,如图 2-42 所示。

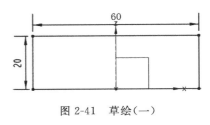

图 2-41　草绘（一）

（5）单击"确定"按钮,创建新基准平面。

（6）在主菜单中选取"插入|草图"命令,以刚才创建的基准平面为草绘平面,绘制一个矩形（40mm×15mm）,如图 2-43 所示。

（7）单击"完成草图"按钮 ，创建草绘（二）。

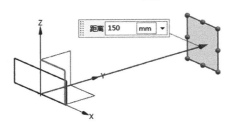

图 2-42　创建基准平面

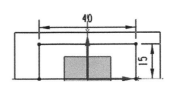

图 2-43　草绘（二）

（8）在主菜单中选取"插入|网格曲面|直纹"命令,在【直纹】对话框中选中" 保留形状"复选框,"对齐"选"参数"。

（9）选取第一个截面的 4 条曲线,单击中键后,再选取第二个截面的 4 条曲线（注意箭头方向与起始点必须对应）。

（10）单击"确定"按钮,创建一个直纹实体,如图 2-44 所示。

（11）在主菜单中选取"插入|设计特征|圆柱体"命令,在【圆柱】对话框中"类型"选"轴、直径和高度","指定矢量"选"ZC↑" ，直径为 90mm,高度为 30mm,"布尔"选"无" ，单击"指定点"按钮 ，在【点】对话框中输入（0,−50,0）。

（12）单击"确定"按钮,创建第一个圆柱体,如图 2-45 所示的左端圆柱体。

（13）同样的方法,创建第二个圆柱体,圆心坐标为（0,180,0）,"指定矢量"选"ZC↑" ，直径为 45mm,高度为 25mm,"布尔"选"无" ，如图 2-45 右端的圆柱体所示。

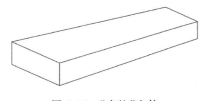

图 2-44　"直纹"实体

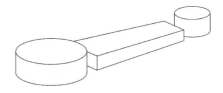

图 2-45　创建"圆柱"实体

（14）在主菜单中选取"插入|同步建模|偏置区域"命令,选取要偏置的曲面,偏移距离为 30,如图 2-46 所示。

（15）同样的方法,将另一端也偏移 30mm,如图 2-47 所示。

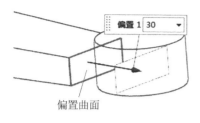

图 2-46 选取偏置曲面

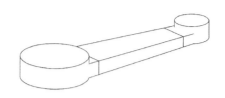

图 2-47 偏置区域

（16）单击"拉伸"按钮 ，以 YZ 平面为草绘平面，Y 轴为水平参考，绘制一个矩形截面（75mm×20mm），如图 2-48 所示。

（17）单击"完成草图"按钮 ，在【拉伸】对话框中指定矢量选"XC↑" ，"结束"选"对称值"，"距离"为 30mm，"布尔"选"无" 。

（18）单击"确定"按钮，生成一个拉伸实体，如图 2-49 所示。

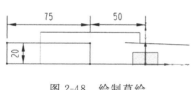

图 2-48 绘制草绘

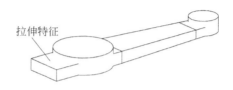

图 2-49 创建拉伸实体

（19）在主菜单中选取"插入|设计特征|圆锥"命令，在【圆锥】对话框中"类型"选"底部直径、高度和半角"，"指定矢量"选"ZC↑" ，底部直径为 40mm，高度为 25mm，半角为 2°，"布尔"选"无" 。

（20）单击"指定点"按钮 ，在【点】对话框中"类型"选" 圆弧中心/椭圆中心/球心"选项，在零件图上选取大圆柱上表面圆弧的圆心。

（21）单击"确定"按钮，生成一个圆锥体，如图 2-50 所示的左端梢钉。

（22）同样的方法，创建另一个圆锥（下底直径为 25mm，高度为 30mm，半角为 2°），如图 2-50 所示。

（23）在主菜单中选取"插入|组合|合并"命令，以大圆柱为目标体，其他实体为工具体，单击"确定"按钮，即完成实体的合并。

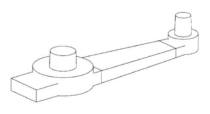

图 2-50 创建两个圆锥

（24）在主菜单中选取"插入|细节特征|拔模"命令，在【拔模】对话框中"类型"选"从平面或曲面"，"拔模方向"选"ZC↑" ，"拔模角度"为 2°。

（25）选取实体底面为固定面，选取实体侧面为要拔模的面。

（26）单击"确定"按钮，创建拔模特征。

（27）在主菜单中选取"插入|细节特征|倒斜角"命令，在【倒斜角】对话框中"横截面"选"对称"选项，"偏置方法"选"偏置面并修剪"，创建 2mm×2mm 倒斜角，如图 2-51 所示。

（28）单击"边倒圆"按钮，选取 4 条边，完成 R4 的圆角，其他边为 R2，如图 2-52 所示。

（如果此时不能倒圆角，请查看创建直纹实体时是否在对话框中选中"☑保留形状"，"对齐"是否选"参数"。）

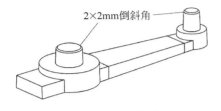

图 2-51 创建倒角特征

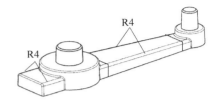

图 2-52 创建圆角特征

（29）同时按住键盘的 Ctrl 键和 W 键，在【显示和隐藏】对话框中选取草图、坐标系、基准平面旁边的"一"，即可隐藏所选中的特征。

（30）单击"保存"按钮🖫，保存文档。

作业：设计下面零件，尺寸如图 2-53 所示。

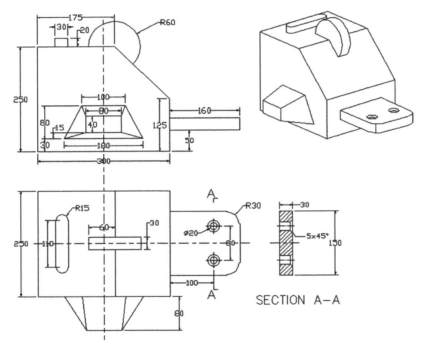

图 2-53 零件图

2.4 烟灰缸

本节重点讲述了 UG 的一些基本命令：拉伸、直纹、长方体、抽壳、倒圆角、布尔运算、拔模、阵列等，熟悉"显示和隐藏"的快捷方式，产品图如图 2-54 所示。

（1）启动 NX 10.0，单击"新建"按钮📄，在【新建】对话框中输入"名称"为"fxyanhuigang. prt"，"单位"选"毫米"，选取"模型"模块，单击"确定"按钮，进入建模环境。

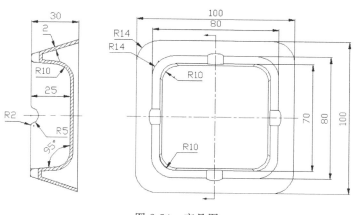

图 2-54　产品图

（2）单击"草图"按钮 ，以 XY 平面为草绘平面，绘制一个矩形截面（100mm×100mm），如图 2-55 所示。

（3）单击鼠标右键，单击"完成草图"按钮 ，创建一个矩形。

（4）在主菜单中选取"插入|基准/点|基准平面"命令，在【基准平面】对话框中"类型"选"按某一距离"，选取 XOY 平面为平面参考，"偏置距离"为 30mm。

（5）单击"确定"按钮，创建新基准平面，如图 2-56 所示。

（6）单击"草图"按钮 ，以刚才创建的基准平面为草绘平面，绘制一个矩形截面（80mm×80mm），如图 2-57 所示。

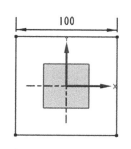

图 2-55　绘制草图（一）

图 2-56　创建基准平面

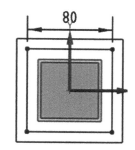

图 2-57　绘制草图（二）

（7）单击鼠标右键，单击"完成草图"按钮 ，创建第二个矩形。

（8）在主菜单中选取"插入|网格曲面|直纹"命令，在【直纹】对话框中选中" 保留形状"复选框，"对齐"选"参数"，"体类型"选"实体"。

（9）在零件图上依次选取第一个截面的 4 条线段为"截面线串 1"，依次选取第二个截面的 4 条曲线为"截面线串 2"（起始点与箭头方向必须与第一条曲线相同）。

（10）单击"确定"按钮，创建一个直纹实体，如图 2-58 所示。

（11）在主菜单中选取"插入|设计特征|长方体"命令，在【长方体】对话框中"类型"选"两个对角点"，"布尔"选"求差" 。

（12）在"原点"区域单击"指定点"按钮 ，在【点】对话框中输入（35,35,30）。

（13）在"从原点出发的点 XC、YC、ZC"区域单击"指定点"按钮 ，在【点】对话框中输入（—35，—35，5）。

（14）单击"确定"按钮，生成一个矩形坑，如图 2-59 所示。

（15）在主菜单中选"插入|设计特征|圆柱体"命令，在【圆柱】对话框中"类型"选"轴、直径和高度"，"指定矢量"选"YC↑"，直径为 10mm，高度为 100mm。

（16）单击"指定点"按钮，在【点】对话框中输入（0，0，30），"布尔"选"求差"。

（17）单击"确定"按钮，生成切除特征，如图 2-60 所示。

图 2-58　创建"直纹"实体

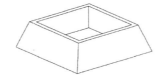
图 2-59　创建中间凹坑

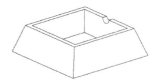
图 2-60　创建半圆孔

（18）在主菜单中选取"插入|关联复制|阵列特征"命令，在【阵列特征】对话框中"布局"选"圆形"，"旋转矢量"选"ZC↑"，"间距"选"数量和节距"，"数量"为 4，"节距角"为 90°，单击"指定点"按钮，在【点】对话框中输入（0，0，0）。

（19）单击"确定"按钮，生成阵列特征，如图 2-61 所示。

（20）在菜单栏中选取"插入|细节特征|拔模"命令，在【拔模】对话框中"类型"选"从平面或曲面"，"拔模方向"选"ZC↑"，"拔模角度"为 5°。

（21）选取烟灰缸实体上表面为拔模固定面，选取矩形坑的 4 个侧面为要拔模的面。

（22）单击"确定"按钮，创建拔模特征。

（23）在主菜单中选取"插入|细节特征|边倒圆"命令，选取方坑的 4 个角，创建 R10mm 的圆角，如图 2-62 所示。

（24）同样方法，创建 4 个 R15mm 的圆角，如图 2-63 所示（如果此时无法创建圆角，可能是在前面创建直纹特征时，在对话框中没有选中"保留形状"复选框）。

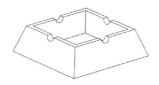
图 2-61　创建阵列特征

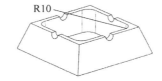
图 2-62　创建倒 R10mm 特征

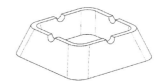
图 2-63　创建倒 R15mm 特征

（25）创建凹坑底部 R10mm，如图 2-64 所示。

（26）其余部分的圆角为 R2mm，如图 2-65 所示。

（27）在菜单栏中选取"插入|偏置/缩放|抽壳"命令，在【抽壳】对话框中"类型"选"移除面，然后抽壳"，"厚度"为 2mm，在零件图上选取底面为要穿透的面。

（28）单击"确定"，创建抽壳特征，如图 2-66 所示。

（29）按住键盘<Ctrl+W>键，在【显示和隐藏】对话框中单击"草图"、"坐标系"和"基准平面"旁边的"—"，隐藏曲线和坐标系。

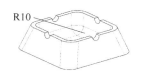

图 2-64 创建倒圆角特征(一)

图 2-65 创建倒圆角特征(二)

图 2-66 创建"抽壳"特征

(30)单击 ⊟ 按钮,保存文件。

作业:创建一个圆形烟灰缸实体,尺寸如图 2-67 所示。

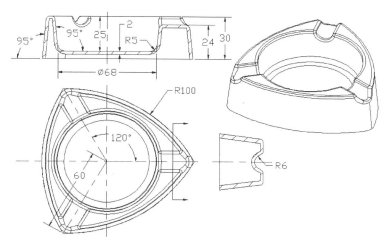

图 2-67 圆形烟灰缸零件图

2.5 水杯

本节通过创建水杯的零件图,重点讲述了 UG 艺术曲线、扫掠等命令,产品图如图 2-68 所示。

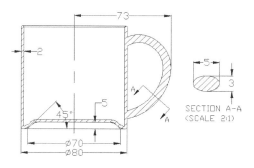

图 2-68 水杯产品图

(1)启动 NX 10.0,单击"新建"按钮 ▯,在【新建】对话框中输入"名称"为"shuibei. prt","单位"选"毫米",选取"模型"模块,单击"确定"按钮,进入建模环境。

（2）在主菜单中选取"插入|设计特征|圆柱体"命令,在【圆柱】对话框中"类型"选"轴、直径和高度","指定矢量"选"ZC↑" ，直径为80mm,高度为80mm,"布尔"选"无" ，单击"指定点"按钮 ，在【点】对话框中输入(0,0,0)。

（3）单击"确定"按钮,创建杯身实体,如图2-69所示。

（4）在主菜单中选取"插入|设计特征|圆锥"命令,在【圆锥】对话框中"类型"选"底部直径、高度和半角","指定矢量"选"ZC↑" ，直径为70mm,高度为5mm,半角为45°,"布尔"选"求差" ，单击"指定点"按钮 ，在【点】对话框中输入(0,0,0)。

（5）单击"确定"按钮,创建底部圆锥特征,如图2-70所示。

（6）单击"草图"按钮 ，以ZOX平面为草绘平面,绘制一条直线,如图2-71所示。

（7）选中该直线,单击鼠标右键,选"转换为参考",该直线转换为参考线,如图2-71所示。

图2-69　水杯实体　　　　图2-70　底部圆锥　　　　图2-71　创建参考线

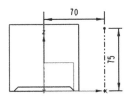

（8）单击"草图"按钮 ，以ZOX平面为草绘平面,X轴为水平参考,单击"确定"按钮。

（9）在主菜单中选取"插入|草图曲线|艺术样条"命令,在【艺术样条】对话框中"类型"选"通过点",取消选中" 封闭"复选框,选中 视图单选按钮。

（10）在绘图区域绘制一个艺术样条曲线,如图2-72所示。

（11）单击"确定"按钮,生成一条艺术样条曲线。

（12）单击"快速尺寸"按钮 ，给端点标上尺寸,如图2-73所示。

（13）在主菜单中选取"插入|草图约束|几何约束"命令,在【几何约束】对话框中选"相切"按钮 ，使样条与参考线相切,如图2-74所示。

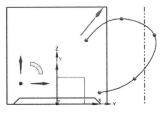

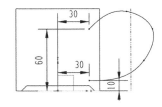

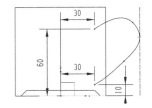

图2-72　绘制艺术样条曲线　　　　图2-73　标注尺寸　　　　图2-74　设定"相切"

（14）单击鼠标右键,单击"完成草图"按钮 ，创建一条曲线。

（15）先选中该曲线,再在主菜单中选取"分析|曲线|显示曲率梳"命令,显示该曲线的曲率梳,如图2-75所示。

（16）双击该曲线,并用鼠标拖动艺术样条上的控制点,使曲率梳光滑,如图2-76所示。

（17）单击"完成草图"按钮 ，完成对曲线的编辑。

（18）选中该曲线，在主菜单中选取"分析|曲线|曲率梳"命令，隐藏该曲线的曲率梳。

（19）选中虚线，单击鼠标右键，在下拉菜单中选取"隐藏"，隐藏参考线。

（20）在主菜单中选取"插入|基准/点|基准平面"命令，在【基准平面】对话框中"类型"选"曲线和点"  ，"子类型"选"一点"选项。

（21）选取艺术样条的一个端点，单击"确定"命令，即创建一个基准平面，如图 2-77 所示。

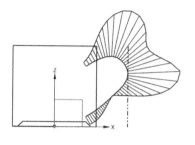

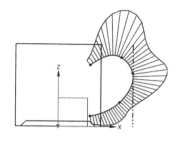

图 2-75　显示曲率梳　　　　　图 2-76　调整曲率梳　　　　　图 2-77　创建基准平面

（22）单击"草图"按钮，以刚才的基准平面为草绘平面，X 轴为水平参考，绘制一个椭圆，椭圆的大半径为 5mm，小半径为 3mm，椭圆中心与曲线端点重合，如图 2-78 所示。

（23）单击鼠标右键，单击"完成草图"按钮，创建手柄截面曲线。

（24）在主菜单中依次选取"插入|扫掠|扫掠"命令，选取椭圆为截面曲线，选取艺术样条曲线为引导曲线。

（25）单击"确定"按钮，创建一个手柄，如图 2-79 所示。

（26）单击＜ Ctrl 键＋W 键＞，在【显示和隐藏】对话框中单击与"草图"和"基准平面"对应的"－"，隐藏曲线和基准平面。

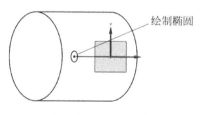

图 2-78　绘制椭圆　　　　　　　　　图 2-79　绘制手柄

（27）在菜单栏中选取"插入|偏置/缩放|抽壳"命令，在【抽壳】对话框中"类型"选"移除面，然后抽壳"，厚度为 2mm。

（28）选取上表面为要穿透的面，单击"确定"按钮，创建【抽壳】特征。

（29）在主菜单中选"插入|修剪|修剪体"命令，在辅助工具条中选"单个体"，如图 2-80 所示。

图 2-80　选取"单个体"

（30）选取手柄为目标体。

（31）在【修剪体】对话框中"工具选项"选"面或平面"，单击"选择面或平面"按钮。

（32）在辅助工具条中选取"单个面"，如图 2-81 所示。

![工具条图]

图 2-81　选取"单个面"

（33）选择杯身外表面为修剪面。

（34）单击"确定"按钮，修剪手柄特征，如图 2-82 所示。

（35）单击"合并"按钮 ，以杯身为目标体，手柄为工具体，单击"确定"按钮，完成求和。

（36）单击"边倒圆"按钮 ，创建杯底的棱边以及手柄与杯身的圆角特征 R1mm。

（37）在主菜单中选取"插入|细节特征|面倒圆"命令，在【面倒圆】对话框中"类型"选"三个定义面链"。

（38）在辅助工具条中选取"单个面"。

（39）选取水杯内表面为面链 1（箭头朝外），外表面为面链 2（箭头朝内），口部的平面为中间面（箭头朝下）。（三个箭头方向相交）

（40）单击"确定"按钮，创建水杯口部的全圆角特征。

（41）单击"保存"按钮 ，保存文档。

作业：运用艺术样条曲线与曲率梳命令，绘制桃形实体，尺寸如图 2-83 所示。

（提示：用艺术样条曲线与曲率梳命令分别绘制桃形与桃柄曲线，桃形实体用"旋转"命令绘制，桃柄用"插入|扫掠|截面"命令，类型：圆形，模式：中心半径绘制。）

图 2-82　修剪手柄

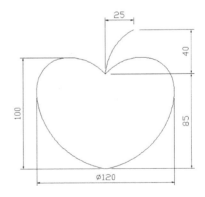

图 2-83　桃形尺寸图

2.6　电控盒

本节通过绘制一个简单的零件图，重点讲述了 UG 的一些基本命令：拉伸、抽壳、倒圆角、布尔运算、拔模、镜像特征等，产品图如图 2-84 所示。

（1）启动 NX 10.0，单击"新建"按钮 ，在【新建】对话框中输入"名称"为"diankonghe.

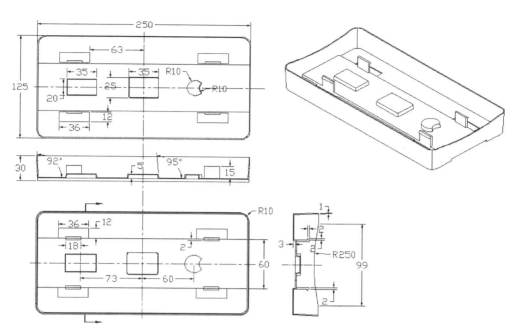

图 2-84　产品图

prt","单位"选"毫米",选取"模型"模块,单击"确定"按钮,进入建模环境。

(2) 单击"拉伸"按钮 🏛,在【拉伸】对话框中单击"绘制截面"按钮 🔳,以 XOY 平面为草绘平面,绘制一个矩形截面(250mm×125mm),如图 2-85 所示。

(3) 单击"完成草图"按钮 🞛,在【拉伸】对话框中"指定矢量"选"-ZC↓",开始距离为 0,结束距离为 30mm,"拔模"选"从起始限制","角度"为 2°。

(4) 单击"确定"按钮,创建第一个拉伸体(上面大,下面小),如图 2-86 所示。

(5) 单击"拉伸"按钮 🏛,在【拉伸】对话框中单击"绘制截面"按钮 🔳,以 YOZ 平面为草绘平面,绘制一个矩形(58mm×3mm),如图 2-87 所示。

图 2-85　草绘截面(一)　　　图 2-86　创建拉伸体　　　图 2-87　草绘截面(二)

(6) 单击"完成草图"按钮 🞛,在【拉伸】对话框中"指定矢量"选"XC↑" 🔳,"开始"选"贯通","结束"选"贯通","布尔"选"求差" 🞂。

(7) 单击"确定"按钮,创建第二个拉伸体,如图 2-88 所示。

(8) 单击"拉伸"按钮 🏛,在【拉伸】对话框中单击"绘制截面"按钮 🔳,以图 2-88 工件切除后的平面为草绘平面,绘制一个矩形(35mm×25mm),如图 2-89 所示。

(9) 单击"完成草图"按钮 🞛,在【拉伸】对话框中"指定矢量"选"ZC↑" 🔳,开始距离为 0,结束距离为 5mm,"布尔"选"求差" 🞂,"拔模"选"从截面","角度选项"选"单个","角度"为 5°。

（10）单击"确定"按钮，创建第三个拉伸体，如图2-90所示。

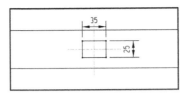

图2-88　切除实体（一）　　　图2-89　草绘截面（三）　　　图2-90　切除实体（二）

（11）单击"拉伸"按钮▥，在【拉伸】对话框中单击"绘制截面"按钮▤，以图2-88工件切除后的平面为草绘平面，绘制一个截面，如图2-91所示。

（12）单击"完成草图"按钮▨，在【拉伸】对话框中"指定矢量"选"ZC↑"▨，开始距离为0，结束距离为5mm，"布尔"选"求差"▨，"拔模"选"从截面"，"角度选项"选"单个"，"角度"为5°。

（13）单击"确定"按钮，创建第四个拉伸体。

（14）单击"拉伸"按钮▥，在【拉伸】对话框中单击"绘制截面"按钮▤，以图2-88工件切除后的平面为草绘平面，绘制一个截面，如图2-92所示。

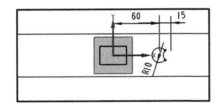

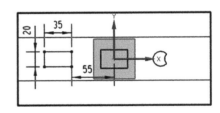

图2-91　草绘截面（四）　　　　　　图2-92　草绘截面（五）

（15）单击"完成草图"按钮▨，在【拉伸】对话框中"指定矢量"选"ZC↑"▨，开始距离为0，结束距离为5mm，"布尔"选"求差"▨，"拔模"选"从截面"，"角度选项"选"单个"，"角度"为5°。

（16）单击"确定"按钮，创建第五个拉伸体。

（17）单击"边倒圆"按钮▥，选取实体4个角的边线，创建R15mm的圆角特征，选取实体中间方坑4个角的边线，创建R0.5mm的圆角特征，如图2-93所示。

（18）单击"抽壳"按钮▥，选取下表面为可移除面，"厚度"为1mm，创建"抽壳"特征，如图2-94所示。

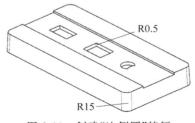

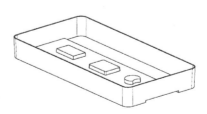

图2-93　创建"边倒圆"特征　　　　　图2-94　创建"抽壳"特征

(19) 单击"拉伸"按钮 ，在【拉伸】对话框中单击"绘制截面"按钮 ，以下底面为草绘平面，绘制 4 个矩形截面（36mm×12mm），如图 2-95 所示。

(20) 单击"完成草图"按钮 ，在【拉伸】对话框中"指定矢量"选"ZC↑" ，开始距离为 0，"结束"选"贯通"，"布尔"选"求差" 。

(21) 单击"确定"按钮，创建 4 个方孔。

(22) 单击"拉伸"按钮 ，在【拉伸】对话框中单击"绘制截面"按钮 ，以抽壳后的平面为草绘平面，绘制一个矩形截面（18mm×2mm），如图 2-96 所示。

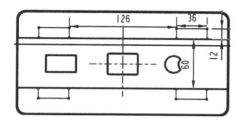

图 2-95　草绘截面（六）

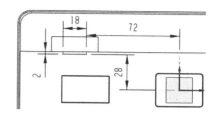

图 2-96　草绘截面（七）

(23) 单击"完成草图"按钮 ，在【拉伸】对话框中"指定矢量"选"ZC↑" ，开始距离为 0，结束距离为 15mm，"布尔"选"求和" 。

(24) 单击"确定"按钮，创建第七个拉伸体。

(25) 单击"拉伸"按钮 ，在【拉伸】对话框中单击"绘制截面"按钮 ，以指定的平面为草绘平面，如图 2-97 所示。

(26) 绘制一个三角形截面，如图 2-98 所示。

(27) 单击"完成草图"按钮 ，在【拉伸】对话框中"指定矢量"选"-XC"，开始距离为 0，结束距离为 18mm，"布尔"选"求和" 。

(28) 单击"确定"按钮，创建第八个拉伸体，如图 2-99 所示。

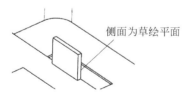

图 2-97　选取草绘平面

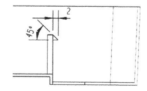

图 2-98　草绘截面（八）

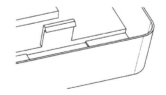

图 2-99　拉伸实体

(29) 在主菜单中选取"插入|关联复制|镜像特征"命令，弹出【镜像特征】对话框。

(30) 按住键盘的"Ctrl"键，在部件导航器中选取"拉伸（10）"和"拉伸（11）"为要镜像的特征，如图 2-100 所示。

(31) 选取 YOZ 平面为镜像平面，单击"确定"按钮，创建镜像特征，如图 2-101 所示。

(32) 选取 ZOX 平面为镜像平面，生成另外两个扣位，如图 2-101 所示。

(33) 单击"拉伸"按钮 ，在【拉伸】对话框中单击"绘制截面"按钮 ，以 YOZ 平面为草绘平面，绘制一个截面，如图 2-102 所示。

图 2-100　选取镜像对象

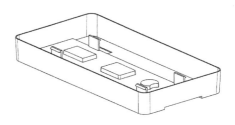

图 2-101　镜像特征

（34）单击"完成草图"按钮，在【拉伸】对话框中"指定矢量"选"XC↑"，"开始"选"贯通"，"结束"选"贯通"，"布尔"选"求差"。

（35）单击"确定"按钮，创建分型面圆弧特征，如图 2-103 所示。

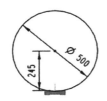

图 2-102　草绘截面（九）

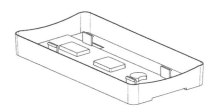

图 2-103　创建分型面圆弧特征

（36）单击"保存"按钮，保存文档。

作业：完成塑料盖的实体设计，尺寸如图 2-104 所示。

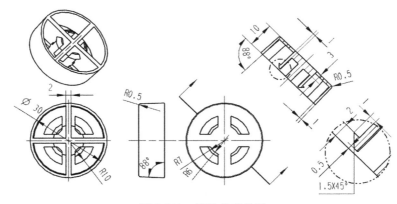

图 2-104　塑料盖产品图

2.7　电表箱

本节通过绘制一个简单的零件图，重点讲述了 UG 的一些基本命令：拉伸、抽壳、倒圆角、布尔运算、拔模、镜像特征等，产品图如图 2-105 所示。

（1）启动 NX 10.0，单击"新建"按钮，在【新建】对话框中输入"名称"为"dianbiaoxiang.prt"，"单位"选"毫米"，选取"模型"模块，单击"确定"按钮，进入建模环境。

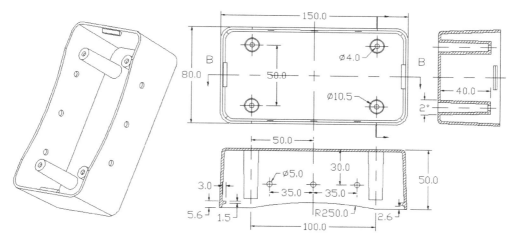

图 2-105　电表箱产品图

（2）单击"拉伸"按钮 ，在【拉伸】对话框中单击"绘制截面"按钮 ，以 XOY 平面为草绘平面，绘制一个矩形（150mm×80mm），如图 2-106 所示。

（3）单击"完成草图"按钮 ，在【拉伸】对话框中"指定矢量"选"-ZC↓"，开始距离为 0，结束距离为 50mm，"拔模"选"从起始限制"，"角度"为 2°。

（4）单击"确定"按钮，创建第一个拉伸体（上面大，下面小），如图 2-107 所示。

（5）单击"拉伸"按钮 ，在【拉伸】对话框中单击"绘制截面"按钮 ，以工件下底面为草绘平面，绘制 4 个直径为 φ8mm 的圆，如图 2-108 所示。

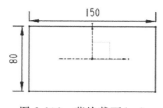

图 2-106　草绘截面（一）

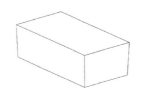

图 2-107　创建拉伸体

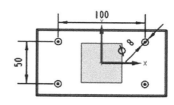

图 2-108　草绘截面（二）

（6）单击"完成草图"按钮 ，在【拉伸】对话框中"指定矢量"选"ZC↑" ，开始距离为 0，结束距离为 40mm，"布尔"选"求差" ，"拔模"选"从起始限制"，"角度"为 1°。

（7）单击"确定"按钮，创建 4 个圆孔，如图 2-109 所示。

（8）单击"边倒圆"按钮 ，零件 4 个角为 R10mm，底面的边缘为 R3mm，如图 2-110 所示。

（9）单击"抽壳"按钮 ，在【抽壳】对话框中"类型"选"移除面，然后抽壳"，"厚度"为 2mm，选取工件上表面为可移除面，创建抽壳特征，如图 2-111 所示。

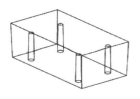

图 2-109　创建 4 个孔

图 2-110　创建倒圆特征

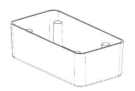

图 2-111　创建抽壳特征

（10）单击"拉伸"按钮，在【拉伸】对话框中单击"绘制截面"按钮，以 XOY 平面为草绘平面，绘制 4 个 ϕ4mm 的圆，如图 2-112 所示。

（11）单击"完成草图"按钮，在【拉伸】对话框中"指定矢量"选"-ZC↓"，开始距离为 0，"结束"选"贯通"，"布尔"选"求差"。

（12）单击"确定"按钮，创建 4 个圆孔，如图 2-113 所示。

（13）单击"拉伸"按钮，在【拉伸】对话框中单击"绘制截面"按钮，以 ZOX 平面为草绘平面，绘制 3 个直径为 5mm 的圆，如图 2-114 所示。

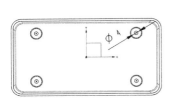
图 2-112　草绘截面（三）

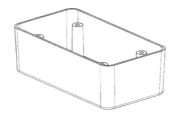
图 2-113　创建 4 个通孔

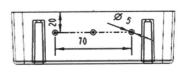
图 2-114　草绘截面（四）

（14）单击"完成草图"按钮，在【拉伸】对话框中"指定矢量"选"YC↑"，"开始"选"贯通"，"结束"选"贯通"，"布尔"选"求差"。

（15）单击"确定"按钮，创建 3 个通孔，如图 2-115 所示。

（16）单击"拉伸"按钮，在【拉伸】对话框中单击"绘制截面"按钮，以 ZOX 平面为草绘平面，绘制草绘面，如图 2-116 所示。

（17）单击"完成草图"按钮，在【拉伸】对话框中"指定矢量"选"YC↑"，"结束"选"对称值"，"距离"为 10mm，"布尔"选"求和"。

（18）单击"确定"按钮，创建扣位，如图 2-117 所示。

（19）同样的方法，创建另一个扣位。

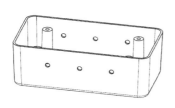
图 2-115　创建 3 个通孔

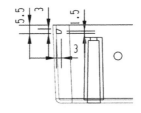
图 2-116　草绘截面（五）

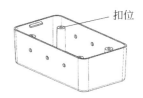
图 2-117　创建扣位

（20）单击"拉伸"按钮，以 ZOX 平面为草绘平面，绘制截面，如图 2-118 所示。

（21）单击"完成草图"按钮，在【拉伸】对话框中"指定矢量"选"YC↑"，"开始"选"贯通"，"结束"选"贯通"，"布尔"选"求差"。

（22）单击"确定"按钮，创建分型面，如图 2-119 所示。

（23）单击"保存"按钮，保存文档。

作业：绘制下列产品图形，如图 2-120 所示。

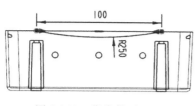

图 2-118　草绘截面(六)

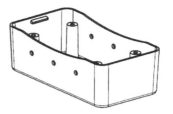

图 2-119　创建分型面

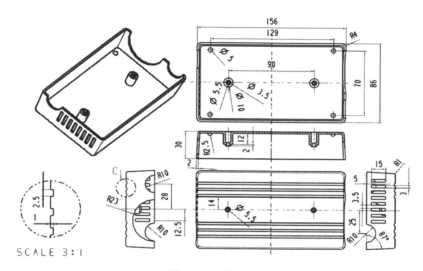

图 2-120　产品图

2.8　塑料轮

本节通过绘制一个简单的零件图,重点讲述了 UG 的一些基本命令:拉伸、旋转、抽壳、倒圆角、倒全圆角、布尔运算、拔模、阵列、替换等,产品图如图 2-121 所示。

(1)启动 NX 10.0,单击"新建"按钮 ,在【新建】对话框中输入"名称"为"wheel.prt","单位"选"毫米",选取"模型"模块,单击"确定"按钮,进入建模环境。

(2)单击"旋转"按钮 ,以 YZ 平面为草绘平面,绘制一个草图,其中圆弧与水平线相切,如图 2-122 所示。

(3)单击"完成草图"按钮 ,在【旋转】对话框中"指定矢量"选"ZC↑" ,开始角度为0,结束角度为360°,单击"指定点" 按钮,在【点】对话框中输入(0,0,0)。

(4)单击"确定"按钮,创建一个旋转实体,如图 2-123 所示。

(5)在主菜单中选取"插入|设计特征|拉伸"命令,在【拉伸】对话框中选取"绘制截面"按钮 ,以 XOY 平面为草绘平面,X 轴为水平参考,绘制一个截面,如图 2-124 所示。

(6)单击"完成草图"按钮 ,在【拉伸】对话框中"指定矢量"选"ZC↑" ,开始距离为10mm,"结束"选"贯通","布尔"选"求差" ,"拔模"选"从起始限制","角度"为-5°。

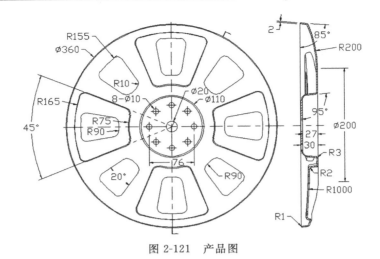

图 2-121　产品图

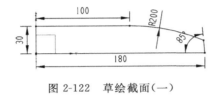

图 2-122　草绘截面(一)

图 2-123　旋转实体图

（7）单击"确定"按钮,创建一个切除特征,如图 2-125 所示。

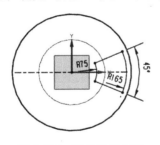

图 2-124　草绘截面(二)

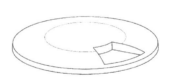

图 2-125　创建切除特征

（8）单击"边倒圆"按钮 ,单击"确定"按钮,创建边倒圆特征（R10mm）,如图 2-126 所示。

（9）在主菜单中选取"插入|关联复制|阵列特征"命令,在【阵列特征】对话框中"布局"选"圆形" ,"旋转矢量"选"ZC↑"轴 ,"间距"选"数量和节距","数量"为 4,"节距角"为 90°,单击"指定点" 按钮,在【点】对话框中输入(0,0,0)。

（10）按住 Ctrl 键,在部件导航器中选"拉伸(2)"、"边倒圆(3)",如图 2-127 所示。

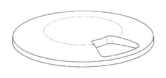

图 2-126　边倒圆特征

图 2-127　选取阵列对象

（11）单击"确定"按钮，创建阵列特征，如图 2-128 所示。

（12）单击"旋转"按钮，以 ZX 平面为草绘平面，绘制一个草图，如图 2-129 所示。

图 2-128　创建阵列特征

图 2-129　草绘截面（三）

（13）单击鼠标右键，单击"完成草图"按钮，在【旋转】对话框中"指定矢量"选"ZC↑"，"开始角度"为 0°，"结束角度"为 360°，单击"指定点"按钮，在【点】对话框中输入（0，0，0）。

（14）单击"确定"按钮，创建一个旋转曲面。

（15）在主菜单中选取"插入|同步建模|替换面"命令，选取实体凹坑的底面为要替换的面，旋转曲面为替换面。

（16）单击"确定"按钮，创建替换特征，如图 2-130、图 2-131 所示。

（17）在主菜单中选取"格式|移动至图层"命令，在工作区中选中曲面，在【图层移动】对话框"目标图层或类别"文本框中输入：10。

（18）单击"确定"按钮，旋转曲面移至图层 10。

（19）在主菜单中选取"插入|设计特征|拉伸"命令，在【拉伸】对话框中选取"绘制截面"按钮，选取 XOY 平面为草绘平面，X 轴为水平参考，绘制一个直径 $\phi105mm$ 的圆，如图 2-132 所示。

图 2-130　替换前

图 2-131　替换后

图 2-132　草绘截面（四）

（20）单击"完成草图"按钮，在【拉伸】对话框中"指定矢量"选"ZC↑"，开始距离为 3mm，"结束"选"贯通"，"布尔"选"求差"，"拔模"选"从起始限制"，"角度"为 -5°。

（21）单击"确定"按钮，创建一个切除特征，如图 2-133 所示。

（22）单击"边倒圆"按钮，创建边倒圆特征，如图 2-134 所示。

（23）单击"抽壳"按钮，在【抽壳】对话框中选"移除面，然后抽壳"，"厚度"为 2mm，选取底面为"要穿透的面"，单击"确定"按钮，创建抽壳特征，如图 2-135 所示。

图 2-133　创建切除特征

图 2-134　创建边倒圆特征

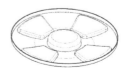

图 2-135　创建抽壳特征

（24）在主菜单中选取"插入|设计特征|拉伸"命令，选取 XOY 平面为草绘平面，选取 X 轴为水平参考线，绘制一个截面，如图 2-136 所示。

（25）单击鼠标右键，单击"完成草图"按钮 ，在【拉伸】对话框中"指定矢量"选"ZC↑" ，开始距离为 0，"结束"选"贯通"，"布尔"选"求差" 。

（26）单击"确定"按钮，创建切除特征，如图 2-137 所示。

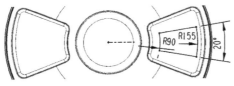

图 2-136　草绘截面（五）

图 2-137　创建切除特征

（27）单击"边倒圆"按钮 ，选取切除特征的 4 个角，创建倒圆特征 R10mm，如图 2-138 所示。

（28）在主菜单中选取"插入|设计特征|拉伸"命令，选取 XOY 平面为草绘平面，绘制一个截面，如图 2-139 所示。

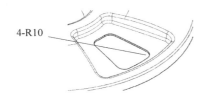

图 2-138　创建倒圆特征

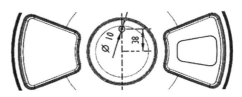

图 2-139　草绘截面（六）

（29）单击鼠标右键，单击"完成草图"按钮 ，在【拉伸】对话框中"指定矢量"选"ZC↑" ，开始距离为 0，"结束"选"贯通"，"布尔"选"求差" 。

（30）单击"确定"按钮，创建切除特征。

（31）在主菜单中选取"插入|关联复制|阵列特征"命令，在【阵列特征】对话框中"布局"选"圆形" ，"旋转矢量"选"ZC↑"轴 ，"间距"选"数量和节距"，"数量"为 8，"节距角"为 45°，单击"指定点"按钮，在【点】对话框中输入(0,0,0)。

（32）按住 Ctrl 键，在部件导航器中选取"拉伸(11)"、"边倒圆(12)"、"拉伸(13)"。

（33）单击"确定"按钮，创建阵列特征，如图 2-140 所示。

（34）创建边倒圆特征 R1mm。

（35）创建中间圆孔特征（直径 $\phi20$mm），如图 2-141 所示。

（36）在主菜单中选取"插入|细节特征|面倒圆"命令，在【面倒圆】对话框中"类型"选"三个定义面链"。

（37）在辅助工具条中选取"单个面"，如图 2-81 所示。

（38）选取内表面为面链 1（箭头朝外），外表面为面链 2（箭头朝内），口部平面为中间面（箭头朝下），如图 2-142 所示。

图 2-140　创建阵列特征图

（39）单击"确定"按钮,创建全圆角。

（40）单击"保存"按钮![save]圖,保存文档。

作业：创建一个车轮产品模型,尺寸如图 2-143 所示。

图2-141　创建中间圆孔(ϕ20mm)　　　图 2-142　选取面链

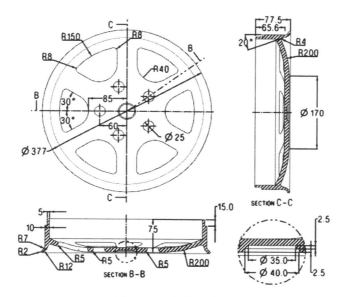

图 2-143　车轮尺寸图

复杂零件设计

本章以 4 个复杂的零件为例,介绍了 UG 扫掠、替换、阵列、图层、投影、组合投影、曲面修剪、实体修剪、曲面延伸、曲面偏移、不等厚抽壳、网格曲面、桥接曲线等命令的使用方法。

3.1 笔筒

本节通过创建笔筒零件的建模过程,详细介绍了拉伸、拔模、扫掠、阵列、孔、替换、图层等特征的使用方法,零件尺寸如图 3-1 所示。

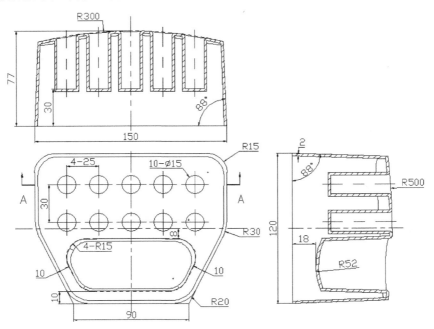

图 3-1 产品零件图

(1) 启动 NX 10.0,单击“新建”按钮 ,在【新建】对话框中输入“名称”为“bitong.prt”,“单位”选“毫米”,选取“模型”模块,单击“确定”按钮,进入建模环境。

（2）单击"拉伸"按钮，以 XY 平面为草绘平面，X 轴为水平参考，绘制一个矩形截面，两竖直边关于 Y 轴对称，两水平边关于 X 轴对称，如图 3-2 所示。

（3）单击"完成草图"按钮，在【拉伸】对话框中"指定矢量"选"ZC↑"，开始距离为0，结束距离为 80mm。

（4）单击"确定"按钮，创建一个拉伸实体，如图 3-3 所示。

（5）单击"倒斜角"按钮，在【倒斜角】对话框中"横截面"选"非对称"，"距离 1"为30mm，"距离 2"为 60mm。

（6）单击"确定"按钮，生成倒斜角特征，如图 3-4 所示。

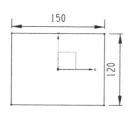

图 3-2　草绘截面（一）

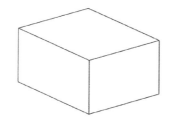

图 3-3　创建拉伸体

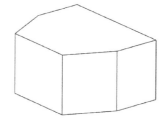

图 3-4　创建倒斜角特征

（7）在主菜单上选取"插入|设计特征|孔"命令，在【孔】对话框中"类型"选"常规孔"，"孔方向"选"垂直于面"，"形状"选"简单孔"，"直径"为 15mm，"深度限制"选"值"，"深度"为50mm，"顶锥角"为 0，"布尔"选"求差"。

（8）在【孔】对话框中单击"绘制截面"按钮，以零件上表面为草绘平面，X 轴为水平参考，绘制一点，尺寸如图 3-5 所示。

（9）单击"确定"按钮，在零件上创建一个孔，如图 3-6 所示。

（10）在主菜单中选取"插入|关联复制|阵列特征"命令，在【阵列特征】对话框中"布局"选"线性"，在"方向 1"区域中，"指定矢量"选"-XC"，"间距"选"数量和节距"，"数量"为 5，"节距"为 25mm，在"方向 2"区域中，"指定矢量"选"YC"，"间距"选"数量和节距"，"数量"为2，"节距"为 30mm。

（11）单击"确定"按钮，生成一个阵列图形，如图 3-7 所示。

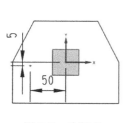

图 3-5　绘制点

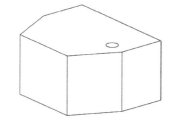

图 3-6　创建【孔】特征

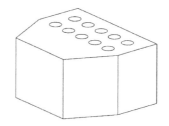

图 3-7　创建阵列特征

（12）单击"拉伸"按钮，以 YZ 平面为草绘平面，绘制一条圆弧，如图 3-8 所示。

（13）单击"完成草图"按钮，在【拉伸】对话框中"指定矢量"选"XC↑"，"结束"选"对称值"，"距离"为 80mm。

（14）单击"确定"按钮，生成拉伸曲面，如图3-9所示。

（15）单击"拉伸"按钮▦，以零件上表面为草绘平面，X轴为水平参考，单击"确定"按钮。

（16）在主菜单中选"插入|来自曲线集的曲线|偏置曲线"命令，在辅助工具条中选"仅在工作部件内"和"单条曲线"，选取实体的边线，偏移距离为10mm，如图3-10所示，单击"确定"按钮，创建偏置曲线。

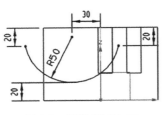

图3-8　草绘截面（二）

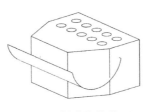

图3-9　创建拉伸曲面

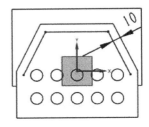

图3-10　创建偏置曲线

（17）单击"直线"按钮╱，绘制一条水平线，与X轴的垂直距离为8mm，如图3-11所示。

（18）单击"制作拐角"按钮✛，修剪曲线，如图3-12所示。

（19）单击鼠标右键，单击"完成草图"按钮🏁，在【拉伸】对话框中"指定矢量"选"-ZC↓"，"开始距离"为0，"结束距离"为30mm，"布尔运算"选"求差"🗗。

（20）选中实体后，再单击"确定"按钮，创建切除实体特征，调整视角后，如图3-13所示。

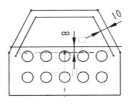

图3-11　绘制直线

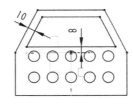

图3-12　修剪曲线

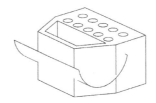

图3-13　创建切除特征

（21）在主菜单中选取"插入|同步建模|替换面"命令，选取中间凹坑的底面为要替换的面，选取圆弧曲面为替换面。

（22）单击"确定"按钮，即完成曲面的替换，如图3-14所示。

（23）在主菜单中选取"格式|移动至图层"命令，在零件图上选取曲面，单击"确定"按钮，在【图层移动】对话框中，"目标图层或类别"中输入"10"，如图3-15所示，单击"确定"按钮。

（24）选取主菜单中"格式|图层设置"命令，在【图层设置】对话框中取消"10"前面的"√"，如图3-16所示。

（25）在主菜单中选取"插入|细节特征|拔模"命令，在【拔模】对话框中"拔模方向"选"ZC↑"🔼，"角度"为2°，选取实体的下底面为固定面，选取实体周围的6个侧面为要拔模的面。

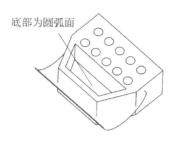

底部为圆弧面

图 3-14 替换曲面

图 3-15 【图层移动】对话框

（26）单击"确定"按钮，创建四周 6 个面拔模特征，如图 3-17 所示。

（27）在主菜单中选取"插入|细节特征|拔模"命令，在【拔模】对话框中"拔模方向"选"ZC↑""ZC↑"，"角度"为 2°，选取实体的上表面为固定面，选取实体中间凹坑的 4 个侧面为要拔模的面。

（28）单击"确定"按钮，创建零件中间凹坑 4 个面拔模特征，如图 3-17 所示。

（29）单击"草图"按钮，以 YZ 平面为草绘平面，绘制一条圆弧，如图 3-18 所示。

图 3-16 【图层设置】对话框

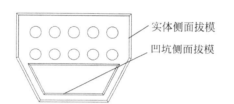

实体侧面拔模
凹坑侧面拔模

图 3-17 创建拔模特征

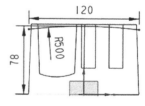

图 3-18 草绘截面（三）

（30）单击"草图"按钮，以 ZX 平面为草绘平面，绘制一条圆弧，如图 3-19 所示。

（31）在主菜单中选取"插入|扫掠|扫掠"命令，选取第一条曲线为引导曲线，第二条曲线为截面曲线。

（32）单击"确定"按钮，创建扫掠曲面，如图 3-20 所示。

（33）在主菜单中选取"插入|同步建模|替换面"命令，选取顶面为要替换的面，选取圆弧曲面为替换面。

（34）单击"确定"按钮，即完成曲面的替换，如图 3-21 所示。

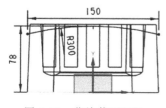

图 3-19 草绘截面（四）

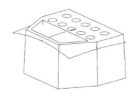

图 3-20 创建扫掠曲面

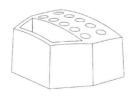

图 3-21 替换面

（35）在主菜单中选取"格式|移动至图层"命令，在零件图上选取曲面以及曲线，单击"确定"按钮。

（36）在【图层移动】对话框"目标图层或类别"中输入：10，如图3-15所示，单击"确定"按钮。

（37）单击快捷菜单的"倒圆角"按钮 ■，创建倒圆角特征 R15，如图3-22所示。

（38）同样的方法，创建其他圆角特征，如图3-23所示。

（39）在主菜单中选取"插入|偏置/缩放|抽壳"命令，在【抽壳】对话框中"类型"选"移除面，然后抽壳"，"厚度"为2mm。

（40）选取实体的底面为穿透面，单击"确定"按钮，创建抽壳特征，如图3-24所示。

图 3-22　边倒圆特征（一）　　　图 3-23　边倒圆特征（二）　　　图 3-24　创建抽壳特征

（41）单击"保存"按钮 ■，保存文档。

作业：完成下列作业，尺寸如图3-25所示。

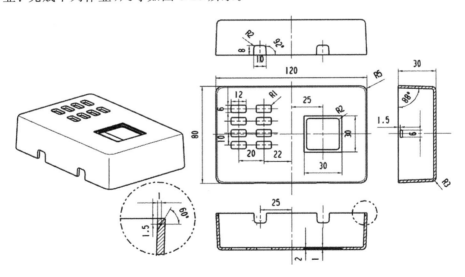

图 3-25　零件尺寸图

3.2　按键外壳

本节通过创建一个按键外壳零件，详细介绍了拉伸、拔模、扫掠、阵列、替换、图层、投影、曲面修剪、曲面延伸、曲面偏移等特征的使用方法，零件尺寸如图3-26所示。

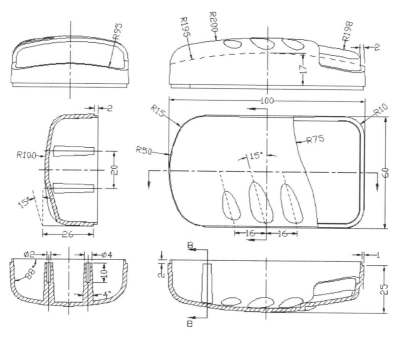

图 3-26 按键外壳产品图

（1）启动 NX 10.0，单击"新建"按钮，在【新建】对话框中输入"名称"为"anjian.prt"，"单位"选"毫米"，选取"模型"模块，单击"确定"按钮，进入建模环境。

（2）单击"拉伸"按钮，以 XY 平面为草绘平面，创建一个草图，如图 3-27 所示。

（3）单击"完成草图"按钮，在【拉伸】对话框中"指定矢量"选"ZC↑"，开始距离为 0，结束距离为 25mm，"拔模"选"从起始限制"，"角度"为 2°。

（4）单击"确定"按钮，创建一个实体，在屏幕上方单击，切换视图后如图 3-28 所示。

（5）以 ZOX 平面为草绘平面，X 轴为水平参考，绘制一条圆弧 R200mm，如图 3-29 所示。

图 3-27 绘制截面（一）　　图 3-28 创建实体　　图 3-29 绘制截面（二）

（6）以 YOZ 平面为草绘平面，Y 轴为水平参考，绘制一条圆弧 R100mm，尺寸如图 3-30 所示。

（7）单击"完成草图"按钮，在屏幕上方单击，切换视图后两条曲线如图 3-31 所示。

（8）选取"插入|扫掠|扫掠"命令，选取第一条曲线为截面曲线，第二条曲线为引导曲线，在【扫掠】对话框中"截面位置"选"沿引导线任何位置"，选中"保留形状"，"对齐"选"参数"。

（9）单击"确定"按钮，创建扫掠曲面，如图 3-32 所示。

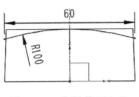

图 3-30　绘制截面(三)

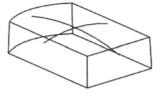

图 3-31　两条曲线

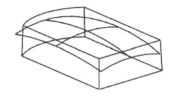

图 3-32　扫掠曲面

（10）选取"插入|同步建模|替换面"命令，选取实体上表面为要替换的面，选取扫掠曲面为替换面，单击"确定"按钮，创建替换曲面，如图 3-33 所示。

（11）在主菜单中选取"格式|移动至图层"命令，选取曲面和曲线，单击"确定"按钮。

（12）在【图层移动】对话框"目标图层或类别"中输入 10，单击"确定"按钮，如图 3-15 所示。

（13）选取主菜单中"格式|图层设置"命令，在【图层设置】对话框中取消"10"前面的"√"，如图 3-16 所示。

（14）单击"边倒圆"按钮🔲，在实体上选取实体 4 个角的边线，创建"边倒圆"特征，如图 3-34 所示。

（15）在工具栏中单击"边倒圆"按钮🔲，选取实体上表面的边线。

（16）在【边倒圆】对话框中单击"指定新的位置"按钮⬚，在【点】对话框"类型"栏中选"端点"⬚。

（17）在实体上选取变圆角的第一点（R6 所在的点），如图 3-35 所示，输入圆角半径 R6mm，单击 Enter 键确认。

（18）同样的方法，创建其他三个点的圆角（分别为 R8mm、R10mm、R12mm），如图 3-35 所示。

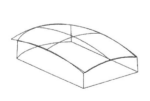

图 3-33　替换曲面

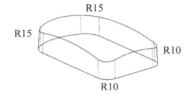

图 3-34　创建边倒圆特征

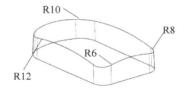

图 3-35　变圆角各节点的半径

（19）单击"确定"按钮，创建变圆角特征，如图 3-36 所示。

（20）以 ZX 平面为草绘平面，X 轴为水平参考，绘制一条圆弧（R195mm），如图 3-37 所示。

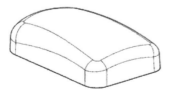

图 3-36　变圆角

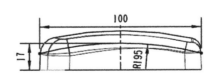

图 3-37　绘制截面(四)

(21) 以 YZ 平面为草绘平面，Y 轴为水平参考，绘制一条圆弧（R95mm），如图 3-38 所示。

(22) 在主菜单中选取"插入|扫掠|扫掠"命令，选取第一条曲线为截面曲线，第二条曲线为引导曲线，在【扫掠】对话框中"截面位置"选"沿引导线任何位置"，选中"☑保留形状"，"对齐"选"参数"。

(23) 单击"确定"按钮，创建扫掠曲面，如图 3-39 所示。

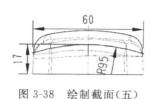

图 3-38 绘制截面（五）

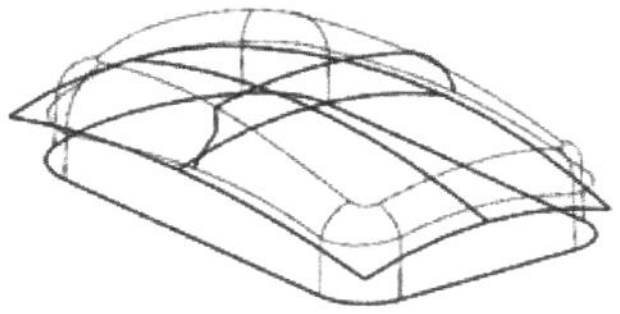

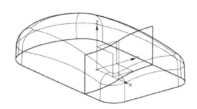

图 3-39 创建扫掠曲面

(24) 在主菜单中选取"格式|移动至图层"命令，在零件图上选取曲面，单击"确定"按钮，在【图层移动】对话框"目标图层或类别"文本框中输入"11"，单击"确定"按钮，将所选中的曲面移至第 11 层。

(25) 单击"拉伸"按钮 ，以 XY 平面为草绘平面，绘制草图截面（六），如图 3-40 所示。

(26) 单击"完成草图"按钮 ，在【拉伸】对话框中"指定矢量"选"ZC↑"，开始距离为 0，结束距离为 25mm。

(27) 单击"确定"按钮，创建一个拉伸曲面，在屏幕上方单击 ，如图 3-41 所示。

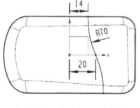

图 3-40 绘制截面（六）

图 3-41 创建拉伸曲面

(28) 在主菜单中选取"格式|移动至图层"命令，在零件图上选取曲面，单击"确定"按钮，在【图层移动】对话框"目标图层或类别"文本框中输入"11"，单击"确定"按钮，将所选中的曲面移至第 11 层。

(29) 选取主菜单中"格式|图层设置"命令，在【图层设置】对话框中"工作图层"输入"11"，将"图层 11"设为工作图层，取消"1"前面的"√"，隐藏图层 1。

(30) 在主菜单中选取"插入|修剪|修剪片体"命令，选取扫掠曲面为目标片体，拉伸曲面为边界片体，在【修剪片体】对话框中选取"◉保留"，单击"确定"按钮，创建修剪片体，如图 3-42 所示。（如果效果不相同，请在【修剪片体】对话框中点选"◉放弃"。）

(31) 在主菜单中选取"插入|修剪|延伸片体"命令，在【延伸片体】对话框中"限制"选"偏置"，距离为 2mm，"曲面延伸形状"选"自然曲率"，"边延伸形状"选"自动"，"体输出"选"延伸原片体"。

(32) 在曲面上选取延伸的边界，单击"确定"按钮，曲面延伸 2mm，如图 3-43 所示。

（33）在主菜单中选取"插入|修剪|修剪片体"命令，选取拉伸曲面为目标片体，延伸后的扫掠曲面为边界片体，创建修剪片体，如图3-44所示。（如果不能修剪，请在对话框中将"公差"值调大一些。）

图3-42　修剪片体　　　　图3-43　延伸片体　　　　图3-44　修剪曲面

（34）选取主菜单中"格式|图层设置"命令，在【图层设置】对话框中勾选"☑1"，显示第一层的实体。

（35）在主菜单中选取"插入|偏置/缩放|偏置曲面"命令。

（36）在辅助工具条中选取"相切面"，如图3-45所示。

图3-45　选取"相切面"

（37）选取实体表面，输入偏置距离为2mm，单击"反向"按钮，使箭头朝里，单击"确定"按钮，创建偏置曲面，如图3-46所示。

（38）选取主菜单中"格式|图层设置"命令，在【图层设置】对话框中取消勾选"□1"。

（39）在主菜单中选取"插入|修剪|修剪片体"命令，选取偏置曲面为目标片体，拉伸曲面和扫掠曲面为边界片体，在【修剪片体】对话框选取"◉保留"，单击"确定"按钮，修剪偏移片体，如图3-47所示。

（40）以拉伸曲面和扫掠曲面为目标片体，偏置曲面为边界片体，修剪拉伸片体，如图3-48所示。

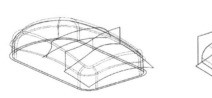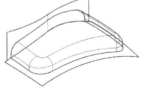

图3-46　创建偏置曲面　　　　图3-47　修剪偏移片体　　　　图3-48　修剪拉伸片体

（41）在主菜单中选取"插入|组合|缝合"命令，以偏置曲面为目标片体，其他曲面为工具片体，单击"确定"按钮，完成"缝合"特征。

（42）选取主菜单中"格式|图层设置"命令，在【图层设置】对话框中勾选"☑1"，显示第一层的实体。

（43）在主菜单中选取"插入|修剪|修剪体"命令，选取实体为目标体，选取缝合曲面为工具片体（所有曲面都要选取），单击"确定"按钮，创建修剪体。

（44）选取主菜单中"格式|图层设置"命令，在【图层设置】对话框中"工作图层"文本框中输入：12，将"图层12"设为工作图层，取消"11"前面的"√"，隐藏图层11，显示结果如图3-49所示。

（45）在主菜单中选取"格式|移动至图层"命令，在零件图上选取两条曲线，单击"确定"按钮，在【图层移动】对话框中"目标图层或类别"中输入"11"，单击"确定"按钮，刚才创建的两条曲线移至第11层。

（46）以 YOZ 平面为草绘平面，Y 轴为水平参考，绘制第七个草图，尺寸如图 3-50 所示。

（47）以 XOY 平面为草绘平面，X 轴为水平参考，绘制第八个草图，尺寸如图 3-51 所示。

图 3-49　显示结果

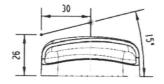

图 3-50　绘制草图（七）

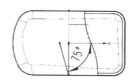

图 3-51　绘制草图（八）

（48）在主菜单中选取"插入|派生曲线|组合投影"命令，选取刚才创建的第一条曲线为"曲线1"，第二条曲线为"曲线2"，单击"确定"按钮，创建组合投影曲线，如图3-52所示。

（49）在主菜单中选取"插入|基准/点|基准平面"命令，在【基准平面】对话框中"类型"选"点和方向" ，"指定点"选"端点"按钮 ，选取组合投影曲线的端点，"指定矢量"选"曲线上的矢量"按钮 。

（50）选取刚才创建的组合投影曲线，创建一个基准平面，如图3-53所示。

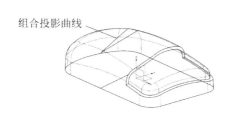

图 3-52　组合投影曲线

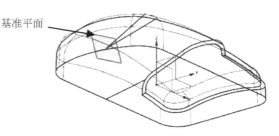

图 3-53　创建基准平面

（51）选取主菜单中"插入|草图"命令，以刚才创建的基准平面为草绘平面，以刚才创建的曲线的端点为圆心，绘制一个 ϕ15mm 的圆，如图3-54所示。

（52）在主菜单中选取"插入|扫掠|扫掠"命令，在【扫掠】对话框中"截面位置"选"沿引导线任何位置"，勾选"√保留形状"，"对齐"选"参数"，"体类型"选"实体"。

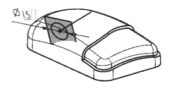

图 3-54　创建草图

（53）选取圆为截面曲线，直线为引导曲线，单击"确定"按钮，创建扫掠实体，如图3-55所示。

注：以上四个步骤可以用下列步骤替代：在主菜单中选取"插入|扫掠|截面"命令，在【剖切截面】对话框中"类型"选"圆形"，"模式"选"中心半径"，"规律类型"选"恒定"，"半径"为 7.5mm，选取组合曲线为引导曲线与脊线（引导曲线与脊线为同一条曲线），单击"确定"按钮，可创建同样的实体。

（54）单击"减去"按钮 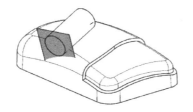，在【求差】对话框中取消选中"□保存目标"与"□保存工具"复选框。

（55）以主实体为目标体，扫描实体为工具体，创建切除特征，如图 3-56 所示。

图 3-55　创建扫掠实体　　　　　　　　　　图 3-56　创建切除特征

（56）在主菜单中选取"插入|关联复制|阵列特征"命令，在【阵列特征】对话框中"布局"选"线性" 、"指定矢量"选"XC↑" ，"间距"选"数量与节距"，"数量"为 2，"节距"为16mm，选中" 对称"复选框。

（57）按住键盘 Ctrl 键，在"部件导航器"中选取"扫掠（26）"和"求差（27）"为阵列对象。

（58）单击"确定"按钮，生成一个阵列特征。

（59）选取主菜单中"格式|图层设置"命令，在【图层设置】对话框中双击"1"，将"图层 1"设为工作图层，取消"11"和"12"前面的"√"，隐藏图层 11、12，实体显示效果如图 3-57 所示。

（60）创建圆角特征，如图 3-58 所示。

（61）创建抽壳特征，以底面为可移除面，厚度：2mm，如图 3-59 所示。

图 3-57　阵列特征　　　　　　图 3-58　边倒圆特征　　　　　　图 3-59　抽壳特征

（62）在主菜单中选取"插入|派生曲线|偏置"命令，系统弹出【偏置曲线】对话框。

（63）在辅助工具栏中选取"相切曲线"，如图 3-60 所示。

图 3-60　选取"相切曲线"

（64）选取实体口部边线，距离为 1mm，单击"应用"，创建一条偏置曲线，如图 3-61所示。

（65）在主菜单中依次选取"插入|设计特征|凸起"命令，在【凸起】对话框中"指定方向"选"-ZC↓""，"几何体"选"凸起的面"，"位置"选"偏置"，"距离"为 2mm，"拔模"选"从截面"，"指定脱模方向"选"-ZC↓""，"角度 1"为 5°，勾选"☑全部设为相同值"复选框。

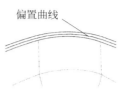

图 3-61　偏置曲线

（66）选取刚才创建的偏置曲线为"截面曲线"，选取实体的口部曲面为"要凸起的面"。

（67）单击"确定"按钮，创建唇特征，如图 3-62 所示。

（68）选取"拉伸"按钮，以 XY 平面为草绘平面，绘制一个 $\phi4mm$ 的圆，如图 3-63 所示。

图 3-62　创建唇特征

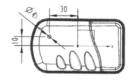

图 3-63　草绘

（69）单击"完成草图"按钮，在【拉伸】对话框中"指定矢量"选"ZC↑""，开始距离为 0，"结束"选"贯通"，"布尔"选"求和""，"拔模"选"从截面"，"角度"为 -2°。

（70）选中实体，再单击"确定"按钮，创建一个实体，如图 3-64 所示。

（71）在主菜单中选取"插入|设计特征|孔"命令，在【孔】对话框中"类型"选"常规孔"，"孔方向"选"垂直于面"，"形状"选"简单孔"，"直径"为 2mm，"深度"为 7mm，"顶锥角"为 0，"布尔"选"求差""。

（72）在【孔】对话框中单击"绘制截面"按钮，选取圆柱体上表面的圆心。

（73）单击"确定"按钮，生成一个孔特征，如图 3-65 所示。

（74）在主菜单中选取"插入|关联复制|镜像特征"命令，按住键盘 Ctrl 键后，在"部件导航器"中选取"拉伸(35)"、"简单孔(36)"，选取 ZOX 平面为镜像平面。

（75）单击"确定"按钮，生成一个镜像特征，如图 3-66 所示。

图 3-64　创建圆柱特征

图 3-65　创建孔特征

图 3-66　创建镜像特征

（76）单击"保存"按钮，保存文档。

作业：完成后板零件的建模，尺寸如图 3-67 所示。

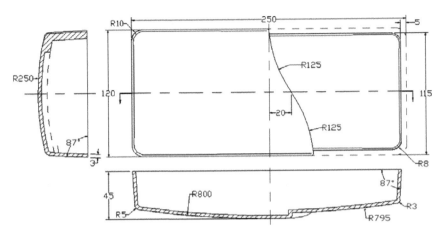

图 3-67　后板尺寸图

3.3　茶壶

本节通过介绍茶壶的创建过程,重点讲述了扫掠、图层、组合投影、实体修剪、不等厚抽壳等命令,茶壶尺寸如图 3-68 所示。

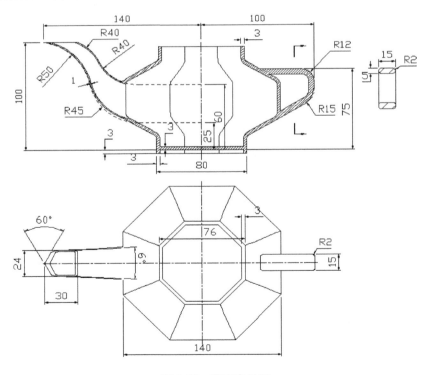

图 3-68　茶壶产品图

（1）启动 NX 10.0，单击"新建"按钮 ，在【新建】对话框中输入"名称"为"chahu.prt"，"单位"选"毫米"，选取"模型"模块，单击"确定"按钮，进入建模环境。

（2）以 XOY 平面为草绘平面，X 轴为水平参考，绘制第一个草图（正八边形），如图 3-69 所示。

（3）以 YOZ 平面为草绘平面，Y 轴为水平参考，绘制第二个草图，如图 3-70 所示。

（4）在主菜单中选取"插入|派生曲线|镜像"命令，选取第二条曲线为镜像曲线，ZOX 平面为镜像平面，单击"确定"按钮，创建第三条曲线，如图 3-71 所示。

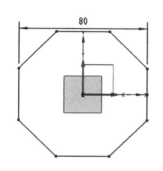

图 3-69 绘制正八边形截面

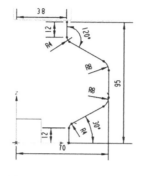

图 3-70 绘制第二条曲线

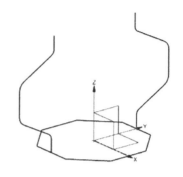

图 3-71 镜像曲线

（5）在主菜单中选取"插入|扫掠|扫掠"命令，在【扫掠】对话框中"截面位置"选"引导线末端"，勾选" 保留形状"复选框，"对齐"选"参数"。

（6）选取八边形为截面曲线，选取第二条曲线为引导曲线（一），镜像曲线为引导曲线（二）。

（7）单击"确定"按钮，生成扫掠实体，如图 3-72 所示。

（8）在主菜单选取"格式|移动至图层"命令，选取刚才创建的三条曲线，在【图层移动】对话框中输入：10，所选的曲线移至图层 10。

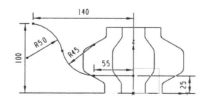

图 3-72 创建扫掠实体

（9）在主菜单选取"格式|图层设置"命令，在【图层设置】对话框"工作图层"栏中输入"11"，设定"11"为工作层。

（10）以 YOZ 平面为草绘平面，Y 轴为水平参考，绘制壶嘴第一条曲线，如图 3-73 所示。

（11）以 YOZ 平面为草绘平面，Y 轴为水平参考，绘制壶嘴第二条曲线，如图 3-74 所示。

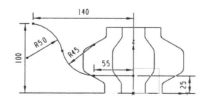

图 3-73 创建壶嘴第一条曲线

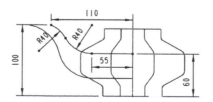

图 3-74 创建壶嘴第二条曲线

（12）在主菜单中选取"插入|基准/点|基准平面"命令，在【基准平面】对话框中"类型"选"点和方向" 点和方向，"通过点"选"/端点"，"指定矢量"选"ZC↑" ZC↑。

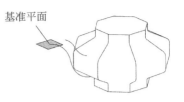

图 3-75　创建基准平面

（13）选取壶嘴第一条曲线，单击"确定"按钮，创建一个基准平面，如图 3-75 所示。

（14）以刚才创建的基准平面为草绘平面，X 轴为水平参考，绘制壶嘴第三条曲线，如图 3-76 所示。

（15）以 XOY 平面为草绘平面，Y 轴为水平参考，绘制第四条曲线，如图 3-77 所示。

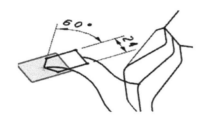

图 3-76　绘制壶嘴第三条曲线

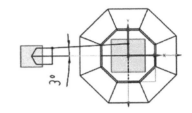

图 3-77　绘制第四条曲线

（16）在主菜单中选取"格式|图层设置"命令，在【图层设置】对话框中取消"1"和"10"前面的"√"，隐藏第 1 层与第 10 层。

（17）在主菜单中选取"插入|派生曲线|组合投影"命令，在【组合投影】对话框中"投影方向 1"选"垂直于曲线平面"，"投影方向 2"选"垂直于曲线平面"，选第二条曲线和第四条曲线，创建组合投影曲线，如图 3-78 所示。

（18）在主菜单中选取"插入|派生曲线|镜像"命令，选取组合投影曲线为镜像曲线，选取 YOZ 平面为镜像平面，单击"确定"按钮，完成镜像曲线，如图 3-78 所示。

（19）在主菜单中选取"插入|扫掠|扫掠"命令，在【扫掠】对话框中"截面位置"选"引导线末端"，选中"√保留形状"复选框，"对齐"选"参数"。

（20）选取壶嘴第四条曲线为截面曲线，壶嘴第一条曲线为引导曲线 1，组合投影曲线为引导曲线 2，镜像曲线为引导曲线 3。

（21）单击"确定"按钮，创建壶嘴扫掠实体，如图 3-79 所示。

图 3-78　组合投影曲线与镜像曲线

图 3-79　扫掠实体

（22）单击"边倒圆"按钮 ，先选边线，再选端点 1，输入 R2mm，然后选端点 2，输入 R15mm，创建第一个圆角特征，如图 3-80 所示。

（23）同样的方法，创建另外四条边线的倒圆角，如图 3-81 所示。

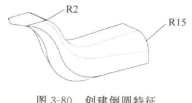
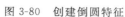

图 3-80　创建倒圆特征　　　　　　　　图 3-81　创建倒圆特征

（24）在主菜单中选取"格式|图层设置"命令，在【图层设置】对话框中双击"1"，将图层 1 设为工作层。

（25）单击"求和"按钮🔨，选取壶身为目标体，壶嘴为工具体，单击"确定"按钮，合并壶身与壶嘴，合并后的实体在第 1 层。（如果以壶嘴为目标体，壶身为工具体，则合并后的实体在第 11 层。）

（26）在主菜单中选取"格式|图层设置"命令，取消"11"前面的"√"，将图层"11"隐藏，只显示第 1 层。

（27）单击"抽壳"按钮，在【抽壳】对话框标题栏上单击鼠标右键，选"抽壳（更多）"，选"显示折叠的组"，弹出"厚度"备选项，如图 3-82 所示。

（28）选取壶身顶部平面与壶嘴顶部平面为"要穿透的面"，厚度为 3mm，选取壶嘴圆弧曲面为"备选厚度面"，"备选厚度"为 1mm，单击"确定"按钮，创建不等厚抽壳特征，如图 3-83 所示。

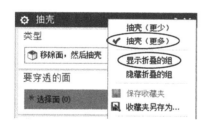
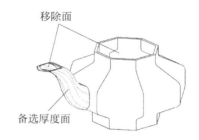

图 3-82　展开有"备选厚度"　　　　　　图 3-83　不等厚抽壳

（29）在主菜单中选取"格式|图层设置"命令，在【图层设置】对话框中"工作图层"文本框中输入：12，将图层 12 设为工作层，勾选"√ 10"，显示第 10 层。

（30）以 YOZ 平面为草绘平面，Y 轴为水平参考，绘制手柄轮廓线，尺寸如图 3-84 所示。

（31）在主菜单中选取"格式|图层设置"命令，在对话框中取消"1"和"10"前面的"√"，只显示图层 12。

（32）以 YOZ 平面为草绘平面，Y 轴为水平参考，绘制一个矩形（15mm×5mm），如图 3-85 所示。

（33）在主菜单中选取"插入|扫掠|扫掠"命令，在【扫掠】对话框中"截面位置"选"引导线末端"，勾选"√保留形状"复选框，"对齐"选"参数"。

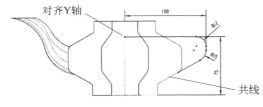

图 3-84　绘制手柄轮廓线

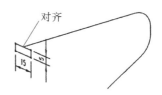

图 3-85　绘制手柄截面

（34）选取矩形为截面曲线，选取手柄轮廓曲线为引导线。

（35）单击"确定"按钮，生成手柄，如图 3-86 所示。

（36）在主菜单中选取"格式|图层设置"命令，在【图层设置】对话框中双击"1"，将"图层 1"设为工作图层。

（37）在主菜单中选取"插入|修剪|修剪体"命令，在【修剪体】对话框中单击"选择体"按钮 ■ 。

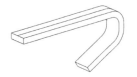

图 3-86　创建手柄

（38）在辅助工具条中选取"单个体"，如图 3-87 所示。

图 3-87　选取"单个体"

（39）在实体上选取手柄为目标体。

（40）在【修剪体】对话框中单击"选择面或平面"按钮 ■ 。

（41）在辅助工具条上选取"相切面"，如图 3-88 所示。

图 3-88　选取"相切面"

（42）在实体上选取壶身的侧面为工具体。

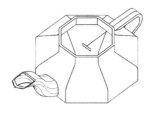

图 3-89　修剪壶柄

（43）单击"反向"按钮 ⊠ ，使箭头朝壶身内部。

（44）单击"确定"按钮，修剪手柄，如图 3-89 所示。

（45）单击"合并"按钮 ■ ，选取壶身为目标体，手柄为工具体，单击"确定"按钮，合并壶身与手柄，合并后的实体在第 1 层。（如果手柄为目标体，壶身为工具体，则合并后的实体在 12 层。）

（46）单击"拉伸"按钮 ■ ，在【拉伸】对话框中单击"绘制截面"按钮 ■ ，以壶底为草绘平面，绘制两个正八边形，其中一个正八边形的内切圆直径为 80mm，另一个正八边形的内切圆直径为 74mm，如图 3-90 所示。

（47）单击"完成草图"按钮 ■ ，在【拉伸】对话框中"指定矢量"选"-ZC ↓" ■ ，开始距离为 0，结束距离为 3mm，"布尔"选"求和" ■ 。

（48）单击"确定"按钮，创建底部拉伸特征，如图 3-91 所示。

（49）单击"保存" ■ 按钮，保存文档。

作业：创建电话外壳模型，尺寸如图 3-92 所示。

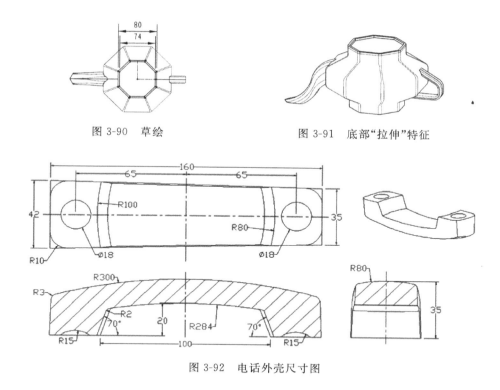

图 3-90 草绘

图 3-91 底部"拉伸"特征

图 3-92 电话外壳尺寸图

3.4 汤匙

本节详细介绍了复杂草图、网格曲面、图层、组合投影、曲面修剪、桥接曲线、交点等命令的使用方法。为了更好地理解网格曲面的使用方法,本节将汤匙匙身的曲面分为几个网格曲面,在实际工作中,可以用一个网格曲面创建匙身,零件尺寸如图 3-93 所示。

(1) 启动 NX 10.0,单击"新建"按钮 ,在【新建】对话框中输入"名称"为"tangshi.prt","单位"选"毫米",选取"模型"模块,单击"确定"按钮,进入建模环境。

(2) 在主菜单中选取"格式|图层设置"命令,在【图层设置】对话框中"工作图层"文本框中输入"10",设定图层 10 为工作图层。

(3) 单击"草图"按钮 ,以 XOY 平面为草绘平面,绘制一个草图,如图 3-94 所示。

(4) 在主菜单中选取"插入|派生曲线|镜像"命令,选取刚才的曲线为镜像曲线,YOZ 平面为镜像平面,单击"确定"按钮,完成镜像特征,如图 3-95 所示。

(5) 在主菜单中选取"格式|图层设置"命令,在【图层设置】对话框"工作图层"文本框中输入:11,取消"10"前面的"√",设定图层 11 为工作层,并隐藏刚才创建的草图。

(6) 单击"草图"按钮 ,以 XOY 平面为草绘平面,绘制第二个草图,如图 3-96 所示。

(7) 在主菜单中选取"插入|派生曲线|镜像"命令,选取刚才的曲线为镜像曲线,YOZ 平面为镜像平面,单击"确定"按钮,完成镜像特征,如图 3-97 所示。

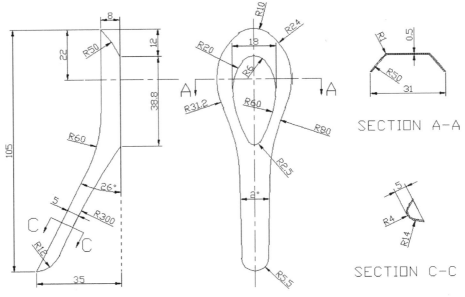

SECTION A-A

SECTION C-C

图 3-93　汤匙尺寸图

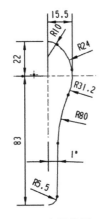

图 3-94　绘制草图(一)

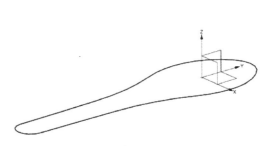

图 3-95　镜像曲线(一)

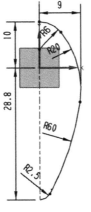

图 3-96　绘制草图(二)

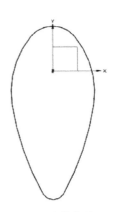

图 3-97　镜像曲线(二)

（8）在主菜单中选取"格式|图层设置"命令,在【图层设置】对话框中双击"10",将图层 10 设为工作图层。

（9）单击"草图"按钮，以 YOZ 平面为草绘平面,Y 轴为水平参考线,绘制两条竖直线,长度分别为 35mm 与 8mm,如图 3-98 所示。

（10）选中这两条直线,单击鼠标右键,在下拉菜单中选取"转换为参考",实线转换为参考线。

图 3-98 绘制草图（三）

（11）在主菜单中选取"插入|草图"命令,以 YOZ 平面为草绘平面,Y 轴为水平参考线,以刚才创建的两条参考线的端点绘制一个草图, 如图 3-99 所示。

（12）单击"草图"按钮，以 YOZ 平面为草绘平面,绘制一条圆弧（R50）,如图 3-100 所示。

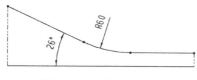

图 3-99 绘制草图（四）

图 3-100 绘制草图（五）

（13）单击"草图"按钮，以 YOZ 平面为草绘平面,Y 轴为水平参考线,单击"确定"按钮,进入草绘模式。

（14）在主菜单中选取"插入|草图曲线|偏置曲线"命令,选取上次草图的斜线,偏置距离:5,选中该直线,单击鼠标右键,选取"转换为参考",该实线转换为参考线,如图 3-101 所示。

（15）单击"草图"按钮，以 YOZ 平面为草绘平面,Y 轴为水平参考线,绘制一个截面, 如图 3-102 所示。

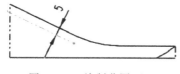

图 3-101 绘制草图（六）

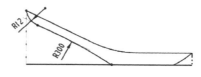

图 3-102 绘制草图（七）

（16）在主菜单中选取"格式|图层设置"命令,在【图层设置】对话框中双击"11",将图层 11 设为工作图层。

（17）在主菜单中选取"插入|派生曲线|组合投影"命令,系统弹出【组合投影】对话框。

（18）在辅助工具条中选取"相切曲线",如图 3-103 所示。

图 3-103 选取"相切曲线"

（19）在零件图上选取第一条曲线和第四条曲线,投影方向选取"垂直于曲线平面",生成组合投影曲线,如图 3-104 所示。

（20）在主菜单中选取"格式|移动至图层"命令，在绘图区中选中第五条、第六条和第七条曲线，在【图层移动】对话框中选中"11"，单击"确定"按钮，第五条曲线、第六条曲线和第七条曲线移至第11层。

（21）在主菜单中选取"格式|图层设置"命令，在【图层设置】对话框中取消"10"前面的"√"，绘图区中只显示第11层的曲线，如图3-105所示。

图3-104 创建组合投影曲线

图3-105 显示第11层

（22）在主菜单中选取"插入|基准/点|点"命令，在【点】对话框中"类型"选"⊕交点"。

（23）在辅助工具条中选取"单条曲线"，如图3-106所示。

图3-106 选取"单条曲线"

（24）在零件图上选取R300的圆弧和偏置距离为5mm的参考线。

（25）单击"确定"按钮，创建第一个基准点，如图3-107所示。

（26）在主菜单中选取"插入|基准/点|基准平面"命令，在【基准平面】对话框中"类型"选"点和方向"，单击"指定点"按钮，选取刚才创建的点，"指定矢量"选"曲线上矢量"按钮，并在工作区中选R300的圆弧线。

（27）单击"确定"按钮，创建基准平面，如图3-108所示。

图3-107 创建基准点（一）

图3-108 创建基准平面

（28）在主菜单中选取"插入|基准/点|点"命令，在【点】对话框中"类型"选"⊕交点"。

（29）在零件图上选取刚才创建的基准平面和组合投影线。

（30）单击"应用"按钮，创建第二个基准点。

（31）同样的方法，创建第三个基准点，如图3-109所示。

（32）单击"草图"按钮，以刚才创建的基准平面为草绘平面，通过刚才创建的三个基准点绘制剖面线（一）（由三段圆弧组成，依次是R14、R4、R14），如图3-110所示。

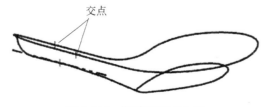

图3-109 创建基准点（二）

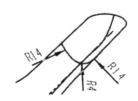

图3-110 绘制剖面线（一）

（33）在主菜单中选取"插入|基准/点|点"命令,在【点】对话框中"类型"选"⊕交点"。

（34）在辅助工具条中选"单条曲线",如图 3-106 所示。

（35）在零件图上选取 ZOX 基准平面和组合投影线。

（36）单击"应用"按钮,创建基准点。

（37）同样的方法,创建其他 3 个基准点,如图 3-111 所示。

（38）在主菜单中选取"插入|草图"命令,以 ZOX 平面为草绘平面,X 轴为水平参考线,通过刚才创建的 4 个基准点绘制剖面线(二)(两条半径为 R50 的圆弧),如图 3-112 所示。

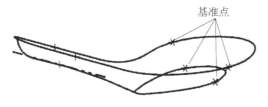

图 3-111 创建 4 个基准点

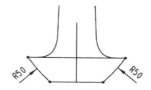

图 3-112 绘制剖面线(二)

（39）在主菜单中选"插入|派生曲线|桥接"命令,选取刚才创建的曲线,创建桥接曲线,如图 3-113 所示。

（40）在主菜单中选取"插入|基准/点|点"命令,在【点】对话框中"类型"选"⊕交点"。

（41）在辅助工具条中选"单条曲线",如图 3-106 所示。

（42）在零件图上选取 YOZ 基准平面和刚才创建的桥接曲线。

（43）单击"应用"按钮,创建基准点,如图 3-114 所示。

图 3-113 创建桥接曲线

图 3-114 创建基准点(三)

（44）单击"草图"命令,以 YOZ 平面为草绘平面,单击"确定"按钮,进入草绘模式。

（45）在主菜单中选取"插入|草图曲线|艺术样条"命令,在【艺术样条】对话框"类型"选"通过点","移动"区域中选"◉视图"复选框。

（46）在绘图区中至少选取 5 个点,创建艺术样条曲线,如图 3-115 所示。

（47）在主菜单中选取"插入|草图约束|几何约束"命令,选取"相切"按钮⬚,设定样条曲线与曲线相切。

（48）选取"点在曲线上"按钮⬚,在零件图上选取艺术样条曲线和基准点,艺术样条与基准点重合。

（49）在主菜单中选取"分析|曲线|显示曲率梳"命令,选中艺术曲线后,再选"分析|曲线|显示曲率梳",显示曲率梳。

（50）拖动艺术样条的节点,使艺术样条的曲率梳光滑,如图 3-116 所示。

（51）单击"完成草图"按钮⬚。

（52）选中艺术曲线后,再选取"分析|曲线|显示曲率梳"命令,关闭曲率梳。

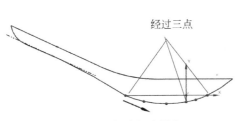

图 3-115　创建艺术样条

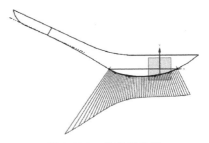

图 3-116　曲率梳光滑

（53）在主菜单中选取"插入|网格曲面|通过曲线网格"命令，在【通过曲线网格】对话框"主曲线"区域单击"点对话框"按钮，如图 3-117 所示。

（54）在【点】对话框中"类型"选 "端点"，如图 3-118 所示。

（55）在零件上选取一个端点，如图 3-119 所示，单击【点】对话框中"确定"按钮。

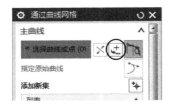

图 3-117　单击"点对话框"按钮

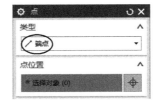

图 3-118　选"端点"

图 3-119　选取端点

（56）在【通过曲线网格】对话框中"主曲线"栏单击"添加新集"按钮，如图 3-120 所示。

（57）在辅助工具栏中选"相切曲线"，如图 3-103 所示。

（58）在零件图上选取曲线，如图 3-121 所示，按中键确定。

（59）在【通过曲线网格】对话框"交叉曲线"区域中选"曲线"按钮，如图 3-122 所示。

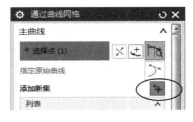

图 3-120　单击"添加新集"按钮

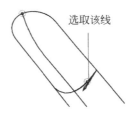

图 3-121　选取曲线

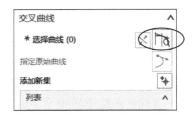

图 3-122　选取"曲线"按钮

（60）在辅助工具条中选"相切曲线"、"在相交处停止"按钮，如图 3-123 所示。

图 3-123　选取"相交处停止"按钮

（61）在零件图上选取第一条交叉曲线，单击鼠标中键确定。

（62）选取第二条交叉曲线，单击中键确定。

（63）选取第三条交叉曲线，单击中键确定，如图 3-124 所示。

（64）单击"确定"按钮，创建曲面（一），如图 3-125 所示。

图 3-124 选取交叉曲线

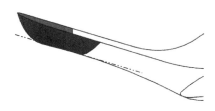

图 3-125 创建曲面（一）

（该曲面也可以用"插入|扫掠|扫掠"命令，选取图 3-121 所示的曲线为截面曲线，图 3-124 所示的曲线为引导曲线，创建扫掠曲面，此方法更方便。）

（65）采用同样的方法，选取主曲线和交叉曲线，如图 3-126 所示，创建曲面（二）。

（66）在主菜单中选取"插入|网格曲面|通过曲线网格"命令，在零件图上选取主曲线和交叉曲线，如图 3-127 所示。

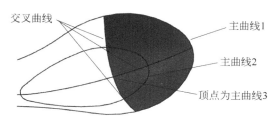

图 3-126 创建曲面（二）

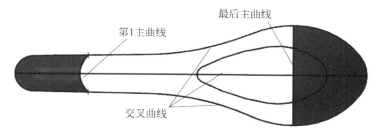

图 3-127 选取主曲线和交叉曲线

（67）在【通过曲线网格】对话框"连续性"区域中"第一主线串"选"G1（相切）"，选取第一个曲面为相切曲面，"最后主线串"选"G0（位置）"，如图 3-128 所示。

（68）单击"确定"按钮，创建曲面（三），如图 3-129 所示。

图 3-128 设定"G1（相切）"

图 3-129 创建曲面（三）

（69）在主菜单中选取"插入|基准/点|基准平面"命令，在【基准平面】对话框中"类型"选"按某一距离"，"平面参考"选"ZOX 平面"，"距离"为 12mm。

（70）单击"确定"按钮，创建基准平面，如图3-130所示。

（71）在主菜单中选取"插入|修剪|修剪片体"命令，以曲面为目标片体，刚才创建的基准平面为边界，"投影方向"选"沿矢量"，"指定矢量"选"ZC↑"。

（72）单击"确定"按钮，创建修剪曲面，如图3-131所示。

图3-130 创建基准平面

图3-131 修剪曲面

（73）在主菜单中选取"插入|网格曲面|通过曲线网格"命令，在零件图上选取主曲线和交叉曲线，如图3-132所示。

（74）在【通过曲线网格】对话框"连续性"区域中"第一主线串"选"G1（相切）"，选第三个曲面为相切曲面，"最后主线串"选"G1（相切）"，选第二个曲面为相切面，创建曲面（四），如图3-133所示。

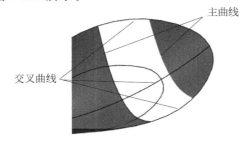

图3-132 主曲线和交叉曲线

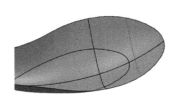

图3-133 创建曲面（四）

（75）在主菜单中选取"插入|基准/点|基准平面"命令，在【基准平面】对话框中"类型"选"按某一距离"，"平面参考"选"XOY平面"，"距离"为5mm。

（76）单击"确定"按钮，创建基准平面，如图3-134所示。

（77）在主菜单中选取"插入|修剪|修剪片体"命令，以曲面为目标片体，刚才创建的基准平面为边界，"投影方向"选"沿矢量"，"指定矢量"选"ZC↑"。

（78）单击"确定"按钮，创建修剪曲面，如图3-135所示。

图3-134 创建基准平面

图3-135 修剪片体

（79）创建第五个网格曲面与第六个网格曲面，且与相邻面相切，如图3-136、图3-137所示。

图3-136 创建曲面（五）

图3-137 创建曲面（六）

（80）在主菜单中选取"插入|曲面|有界平面"命令，创建一个有界平面，如图3-138所示。

（81）在主菜单中选取"插入|组合|缝合"命令，缝合所有曲面。

（82）单击"边倒圆"按钮█，选取有平界平面的边线，输入圆角为R2mm，创建倒圆特征，如图3-139所示。

图 3-138　创建有界平面　　　　　　　　图 3-139　创建边倒圆特征 R2

（83）在主菜单中选取"插入|偏置/缩放|加厚"命令，选取缝合曲面为加厚面，输入厚度0.5mm，单击"确定"按钮。

（84）单击"拉伸"按钮█，在【拉伸】对话框中单击"绘制截面"按钮█，以ZOY平面为草绘平面，Y轴为水平参考，绘制一个截面，如图3-140所示。

（85）单击"完成草图"按钮█，在【拉伸】对话框中"指定矢量"选"XC↑"█，"开始"选"贯通"，"结束"选"贯通"，"布尔运算"选"求差"█。

（86）选中实体后，再单击"确定"按钮，修整实体口部，调整视角后，如图3-141所示。

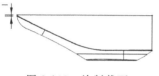

图 3-140　绘制截面　　　　　　　　图 3-141　修整实体口部

（87）在主菜单中选取"格式|移动至图层"命令，在绘图区中选中实体，在【图层移动】对话框中选中"2"，单击"确定"按钮，将实体移至第2层。

（88）在主菜单中选取"格式|图层设置"命令，只打开图层2，关闭其他图层，只显示实体。

（89）单击"保存"按钮█，保存文档。

作业一：创建花洒实体，尺寸如图3-142所示（在草绘曲线时，要用艺术样条命令和曲率梳命令）。

作业二：绘制图3-143所示的草图，并绘制曲面。

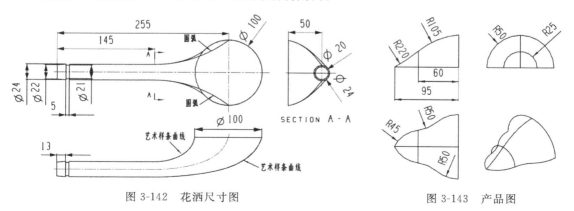

图 3-142　花洒尺寸图　　　　　　　　　　　图 3-143　产品图

参数式零件设计

本章讲述了 UG 参数式曲线的设计方法,同时也介绍了参数式零件设计的一般过程。

4.1　渐开线齿轮

本节通过创建一个渐开线齿轮,讲述了 UG 参数式曲线的设计方法,同时也介绍了参数式零件设计的一般过程等,产品图如图 4-1 所示。

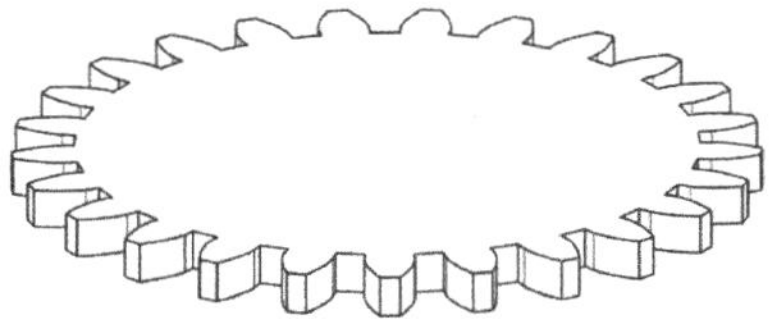

(1) 启动 NX 10.0,单击"新建"按钮📄,在【新建】对话框中输入"名称"为"chilun. prt","单位"选"毫米",选取"模型"模块,单击"确定"按钮,进入建模环境。

(2) 渐开线齿轮各参数的名称及公式如表 4-1 所示。

图 4-1　齿轮零件图

(3) 选取主菜单中"工具|表达式"命令,在【表达式】对话框中"类型"选"数字"和"恒定","名称"为"m","公式"为"2"。

(4) 依次输入表 4-1 中各项参数后,【表达式】对话框如图 4-2 所示,单击"确定"按钮。

(5) 单击"草图"按钮🖼,以 XOY 平面为草绘平面,X 轴为水平参考,以原点为圆心绘制一个圆。

表 4-1　齿轮各项参数的名称及公式

名称	公式	类型	参数的含义
m	2	数字、恒定	模数
zm	25	数字、恒定	齿数
Alpha	20	数字、角度	压力角
d	zm ＊ m	数字、长度	分度圆直径
da	(zm＋2) ＊ m	数字、长度	齿顶圆直径
db	zm ＊ m ＊ cos(Alpha)	数字、长度	齿基圆直径
df	(zm－2.5) ＊ m	数字、长度	齿根圆直径

图 4-2　【表达式】对话框

（6）双击尺寸标注，在【半径尺寸】对话框中"方法"选"直径"模式，输入"d"，如图 4-3 所示。

（7）单击 Enter 键确认，圆弧的直径变为 50mm。

（8）单击"完成草图"按钮 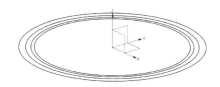，创建第一个草图。

（9）相同的方法，创建另外 3 个草图，草图圆弧直径分别是：da、db、df，4 个同心圆如图 4-4 所示。（4 个圆在不同的草图中）

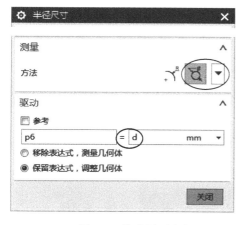

图 4-3　修改圆弧半径

图 4-4　创建 4 个同心圆

（10）在主菜单中选取"工具|表达式"命令，在【表达式】对话框中添加渐开线参数，如表 4-2 所示。

表 4-2　渐开线参数

名　称	公　　式	类　型	备　注
t	1	数字、恒定	系统变量,变化范围:0～1
theta	45 ＊ t	数字、角度	渐开线展开角度
xt	db ＊ cos(theta)/2＋theta ＊ pi()/360 ＊ db ＊ sin(theta)	数字、长度	渐开线上任意点 x 坐标
yt	db ＊ sin(theta)/2－theta ＊ pi()/360 ＊ db ＊ cos(theta)	数字、长度	渐开线上任意点 y 坐标
zt	0	数字、长度	渐开线上任意点 z 坐标

（11）在主菜单中选取"插入|曲线|规律曲线"命令,在【规律曲线】对话框中"规律类型"选"根据方程","参数"为 t,"函数"为 xt、yt、zt,如图 4-5 所示。

（12）单击"确定"按钮后,系统生成一条渐开线,如图 4-6 所示。

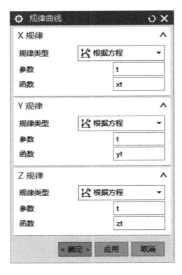

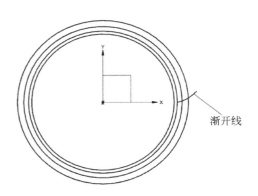

图 4-5　【规律曲线】对话框　　　　　　　　图 4-6　创建渐开线

（13）在主菜单中选取"插入|曲线|直线"命令,以坐标原点和两条曲线的交点创建一条直线,如图 4-7 所示。

（14）选取主菜单中"插入|草图"命令,以 XOY 平面为草绘平面,X 轴为水平参考,以原点为起点绘制一条直线,如图 4-8 所示。

图 4-7　以原点和交点创建一条直线　　　　　图 4-8　绘制一条直线

（15）选取主菜单中"插入|草图约束|尺寸|角度"命令,标注刚才创建的两条直线的夹角,并在【角度尺寸】对话框中输入：360/zm/2/2,如图 4-9 所示。

（16）单击"确定"按钮,角度变为 3.6°,如图 4-10 所示。

（17）单击"完成草图"按钮，创建一条曲线。

图 4-9 【角度尺寸】对话框

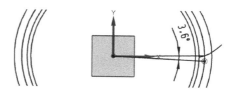

图 4-10 角度为 3.6°

（18）在主菜单中选取"插入|基准/点|基准平面"命令，在【基准平面】对话框中"类型"选"两直线" ，选取 Z 轴和刚才创建的直线，创建一个基准平面，如图 4-11 所示。

（19）选取主菜单中"插入|派生曲线|镜像"命令，以刚才创建的基准平面为镜像平面，镜像渐开曲线，如图 4-12 所示。

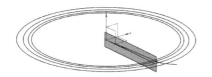

图 4-11 创建基准平面

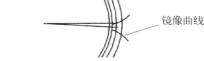

镜像曲线

图 4-12 创建镜像曲线

（20）在主菜单中选取"插入|在任务环境中绘制草图"命令，以 XOY 平面为草绘平面，X 轴为水平参考，以渐开线的端点绘制两条直线（直线与渐开线相切），如图 4-13 所示。

（21）选取主菜单中"工具|表达式"命令，在【表达式】对话框中"名称"文本输入栏中输入"chihou"，"公式"文本输入栏中输入"10"，"类型"为"数字、长度"。

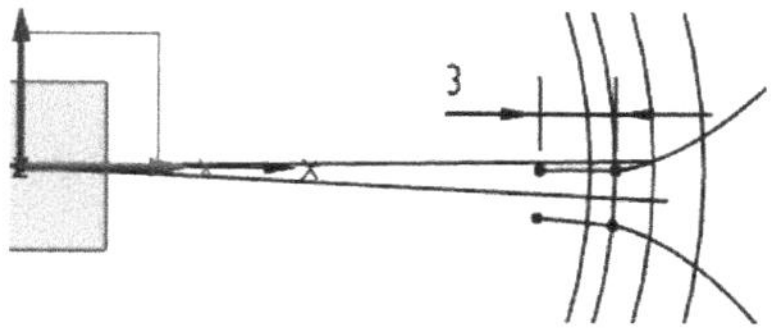

（22）单击"拉伸"按钮 ，选取绘图区中的最大圆为拉伸曲线，在【拉伸】对话框中"指定矢量"选"-ZC ↓"，开始距离为 0，结束距离为"chihou"，如图 4-14 所示。

图 4-13 绘制相切曲线

（23）单击"确定"按钮后，创建一个实体，如图 4-15 所示。

图 4-14 拉伸方向和限制设置

图 4-15 创建拉伸体

（24）单击"拉伸"按钮 ，在辅助工具条中选"单条曲线""在相交处停止"按钮 ，如图 4-16 所示。

图 4-16　选"单条曲线""在相交处停止"按钮

（25）在【拉伸】对话框中单击"曲线"按钮 ，在工作区中依次选取轮齿各段的线段。

（26）在【拉伸】对话框中"指定矢量"选"-ZC↓"，选中"☑开放轮廓智能体积"后，"开始"选"贯通"，"结束"选"贯通"，"布尔"选"求差" 。

（27）单击"确定"按钮，创建一个齿槽，如图 4-17 所示。

（28）在主菜单中选取"插入|关联复制|阵列特征"命令，在【阵列特征】对话框中"阵列布局"选"圆形" ，"指定矢量"选"ZC↑" ，单击"指定点"按钮，在【点】对话框中输入（0，0，0），"间距"选"数量节距"。

（29）单击"数量"文本框中的下拉按钮，在下拉式菜单中选取"＝ **公式(F)**…"。

（30）在"表达式"对话框的"公式"文本输入栏中输入：zm，如图 4-18 所示。

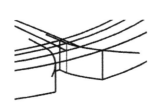

图 4-17　创建一个齿槽　　　　图 4-18　"公式"文本输入栏中输入"zm"

（31）单击"确定"按钮，"数量"文本框中自动显示 25，如图 4-19 所示。

（32）单击"节距角"文本框中的下拉按钮，在下拉菜单中选取"＝ **公式(F)**…"。

（33）在【表达式】对话框"公式"文本输入栏中输入：360/zm，如图 4-20 所示。

（34）单击"确定"按钮后，系统自动算出"节距角"为 14.4°，如图 4-19 所示。

图 4-19　【阵列定义】对话框　　　　图 4-20　"公式"文本输入栏中输入：360/zm

（35）选取刚才创建的切口为"要形成阵列的特征"，单击"阵列特征"对话框中的"确定"按钮，创建一个阵列特征，如图 4-21 所示。

（36）同时按住键盘的 Ctrl 键和 W 键，在【显示和隐藏】对话框中单击"基准"、"曲线"和"草图"旁边的"－"，将曲线、草图和基准全部隐藏。

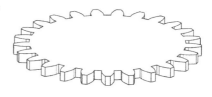

图 4-21　阵列特征

（37）单击"保存"按钮 🔲，保存文档。

（38）选取主菜单中"工具|表达式"命令，在表达式中将模数 m 改为 2.5，齿数 zm 改为 20，可以得到不同的齿轮，读者自己将 m 和 zm 改为其他数据，看看有什么不同变化。（在调整 m 与 zm 值变大时，应适当减少 alpha 值；m 与 zm 值变小时，应适当增大 alpha 值，否则不能生成新的齿轮。）

附：UG 自带齿轮的建模步骤。

（1）在主菜单中选取"GC 工具箱|齿轮建模|柱齿轮"命令，在【渐开线圆柱齿轮建模】对话框中单击"◉创建齿轮"。

（2）单击"确定|确定"按钮。

（3）输入齿轮名称：A1，模数：2，牙数：25，齿宽：10mm，压力角：20°。

（4）单击"确定"按钮，在【矢量】对话框中"类型"选"ZC↑轴"。

（5）单击"确定"按钮，在【点】对话框中输入齿轮中心坐标值（0，0，0）。

（6）单击"确定"按钮，即可创建一个齿轮。

作业：创建一个圆筒，高度是底圆直径的 1.2 倍，如图 4-22 所示。

图 4-22　圆筒产品图

4.2　女士太阳帽

本节通过创建一个女士太阳帽，讲述了 UG 创建参数式曲线设计的一般方法等，同时也讲述了网格曲面、有界平面、曲面加厚等曲面命令的使用方法，产品图如图 4-23 所示。

（1）启动 NX 10.0，单击"新建"按钮 📄，在【新建】对话框中输入"名称"为"taiyangmao.prt"，"单位"选"毫米"，选取"模型"模块，单击"确定"按钮，进入建模环境。

（2）在主菜单中选取"插入|草图"命令，以 XOY 平面为草绘平面，X 轴为水平参考，以原点为圆心绘制一个 ϕ150mm 的圆，如图 4-24 所示。

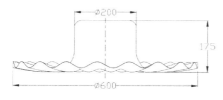

图 4-23　产品尺寸图

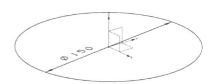

图 4-24　创建 ϕ150mm 的圆

（3）在主菜单中选取"插入|基准/点|基准平面"命令，在【基准平面】对话框中"类型"选"按某一距离"，选取 XOY 平面为平面参考，"偏置距离"为 20mm，单击"反向"按钮 $\boxtimes$，使箭头朝向 -Z↓ 方向。

（4）单击"确定"按钮，创建新基准平面，如图 4-25 所示。

（5）以刚才创建的基准平面为草绘平面，X 轴为水平参考，以原点为圆心绘制一个 ϕ200mm 的圆，如图 4-26 所示。

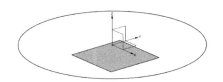

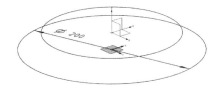

图 4-25　创建基准平面　　　　　　图 4-26　创建 ϕ200mm 的圆

（6）在主菜单中选取"工具|表达式"命令，在【表达式】对话框中依次输入表 4-3 的内容。

表 4-3　圆形的正弦曲线各参数的名称和公式

名　称	公　式	类　型	参数的注释
r	300	数字、长度	圆弧半径
t	1	数字、恒定	系统变量，变化范围：0～1
x	$r * \cos(360 * t)$	数字、长度	X 坐标值
y	$r * \sin(360 * t)$	数字、长度	Y 坐标值
z	$10 * \sin(18 * 360 * t) - 150$	数字、长度	Z 坐标值

注：在 $10 * \sin(18 * 360 * t) - 150$ 中，"10"表示正弦波的振幅为"10"，"18"表示有 18 个正弦波，"150"表示正弦波上的 Z 值与 XOY 基准平面的距离。

（7）表 4-3 的参数全部输入后，表达式的输入结果如图 4-27 所示，单击"确定"按钮退出。

图 4-27　表达式的输入结果

（8）在主菜单中选取"插入|曲线|规律曲线"命令，在【规律曲线】对话框中"规律类型"选"根据方程"，"参数"为 t，"函数"为 x（或 y 或 z），如图 4-5 所示。

（9）单击"确定"按钮，创建一个圆形的正弦曲线，共有 18 个波峰，如图 4-28 所示。

（10）在主菜单中选取"插入|曲面|有界平面"命令，在工作区中选取直径为 150mm 的圆，单击"确定"按钮，创建一个有界平面，如图 4-29 所示。

图 4-28　创建正弦曲线

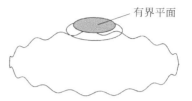

图 4-29　创建有界平面

（11）单击"拉伸"按钮，选中 φ200mm 的圆，在【拉伸】对话框中"指定矢量"选"-ZC↓"，开始距离为 0，结束距离为 80mm，"布尔"选"无"，"体类型"选"片体"。

（12）单击"确定"按钮，创建第二个曲面，如图 4-30 所示。

（13）在主菜单中选取"插入|网格曲面|通过曲线组"命令，选取 φ150mm 的圆为第一组曲线，选取 φ200mm 的圆为第二组曲线，箭头方向一致，如图 4-31 所示。在【通过曲线组】对话框"连续性"区域中，"第一截面"选"G1（相切）"，在零件图上选取有界平面为相切面，"最后截面"选"G1（相切）"，选取拉伸曲面为相切面，勾选"☑保留形状"复选框，"对齐"选"参数"，"体类型"选"片体"，如图 4-32 所示。

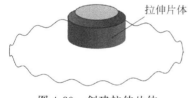

图 4-30　创建拉伸片体

图 4-31　两箭头方向一致

（14）单击"确定"按钮，创建第三个曲面，该曲面与有界平面和拉伸曲面相切，如图 4-33 所示。

图 4-32　【通过曲线组】对话框

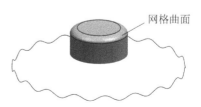

图 4-33　创建第三个曲面

（15）在主菜单中选取"插入|网格曲面|通过曲线组"命令，选取拉伸曲面的边线为第一组曲线，φ600mm 的正弦圆为第二组曲线，箭头方向一致，如图 4-34 所示。在【通过曲线组】对话框"连续性"区域中，"第一截面"选"G1（相切）"，选取拉伸曲面为相切面，"最后截面"选"G0（位置）"，勾选"☑保留形状"复选框，"对齐"选"参数"，"体类型"选"片体"。

（16）单击"确定"按钮，创建一个曲面，该曲面与拉伸曲面相切，如图 4-35 所示。

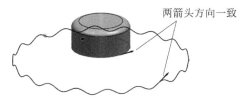

图 4-34　两箭头方向一致　　　　　　　　　　图 4-35　创建第四个曲面

（17）在主菜单中选取"插入|组合|缝合"命令，将所有曲面合并。

（18）在主菜单中选取"插入|偏置/缩放|加厚"命令，在绘图区中选取刚刚缝合的曲面，在"加厚"对话框中"厚度"选项的"偏置 1"中输入 0.5mm，"偏置 2"中输入 0。

（19）单击"确定"按钮，将组合的曲面变为实体，壁厚为 0.5mm。

（20）同时按住键盘的<Ctrl＋W>键，在【显示与隐藏】对话框中单击"片体"、"草图"、"曲线"、"坐标系"和"基准平面"旁边的"一"，隐藏曲线、曲面、坐标系、基准平面。

（21）单击"保存"按钮 🖫 ，保存文档。

作业：创建一个果盆，果盆的边沿有 24 个波峰波谷，波峰波谷的振幅为 5mm，尺寸如图 4-36 所示。

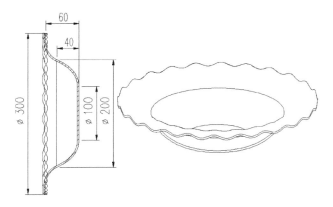

图 4-36　果盆产品图

从上往下零件设计

本章讲述了用 UG 先创建装配图,再运用 WAVE 模式由装配图创建装配组件的方法。

5.1 旧款电视机外壳

本节通过创建一个旧款电视机的塑料外壳,讲述了 UG 运用 WAVE 模式从上往下创建装配组件的方法,同时也讲述"扫掠"、"替换面"、"曲面修剪"、"凸起"等特征的创建方法,产品尺寸图如图 5-1 所示。

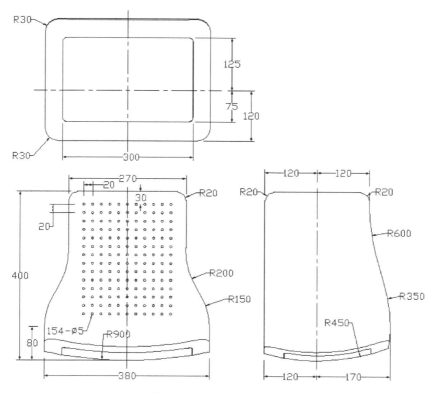

图 5-1 电视机外壳尺寸图

(1) 启动 NX 10.0,单击"新建"按钮▯,在【新建】对话框中输入"名称"为"dianshiji. prt","单位"选"毫米",选取"模型"模块,单击"确定"按钮,进入建模环境。

(2) 单击"拉伸"按钮▯,在【拉伸】对话框中单击"绘制截面"按钮▯,以 ZOX 平面为草绘平面,X 轴为水平参考,绘制一个截面,如图 5-2 所示。

(3) 单击"完成草图"按钮▯,在【拉伸】对话框中"指定矢量"选"YC↑"▯,"开始距离"为 0,"结束距离"为 400mm。

(4) 单击"确定"按钮,生成一个实体。

(5) 单击"拉伸"按钮▯,在【拉伸】对话框中单击"草图"按钮▯,以 YZ 平面为草绘平面,Y 轴为水平参考,绘制两段圆弧,如图 5-3 所示。

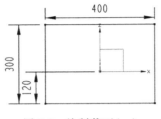

图 5-2　绘制截面(一)

图 5-3　绘制截面(二)

(6) 单击"完成草图"按钮▯,在【拉伸】对话框中"指定矢量"选"YC↑"▯,"结束"选"对称值","距离"为 200mm。

(7) 单击"确定"按钮,生成一个拉伸曲面,如图 5-4 所示。

(8) 选取主菜单中"插入|同步建模|替换面"命令,选取实体上表面为要替换的面,拉伸曲面为替换面。

(9) 单击"确定"按钮,生成替换面特征,如图 5-5 所示。

(10) 单击"拉伸"按钮▯,在【拉伸】对话框中单击"草图"按钮▯,以 XY 平面为草绘平面,X 轴为水平参考,绘制截面,如图 5-6 所示。

(11) 单击"完成草图"按钮▯,在【拉伸】对话框中"指定矢量"选"ZC↑"▯,"开始距离"为−120mm,"结束距离"为 180mm。

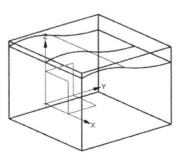

图 5-4　拉伸曲面

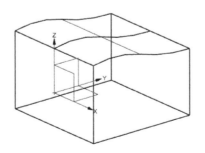

图 5-5　替换上表面

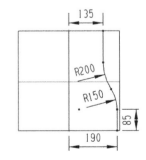

图 5-6　绘制截面(三)

(12) 单击"确定"按钮,生成一个拉伸曲面,如图 5-7 所示。

(13) 在主菜单中选取"插入|关联复制|镜像特征"命令,选取拉伸曲面为镜像曲面,YOZ 平面为镜像平面,单击"确定"按钮,创建镜像特征,如图 5-8 所示。

（14）在主菜单中选取"插入|同步建模|替换面"命令，选取实体侧面为要替换的面，拉伸曲面为替换面，单击"确定"按钮，生成替换特征，如图5-9所示。

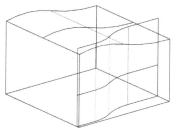
图5-7　创建拉伸特征

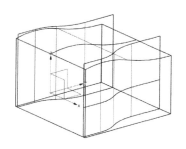
图5-8　创建镜像特征

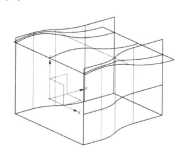
图5-9　替换侧面

（15）在主菜单中选取"格式|移动至图层"命令，选取拉伸曲面，单击"确定"按钮，在【图层移动】对话框"目标图层"文本框中输入：11，拉伸曲面移至第11层。

（16）在主菜单中选取"格式|图层设置"命令，在【图层设置】对话框中取消"11"前面的"√"，所选中的拉伸曲面全部隐藏，只显示实体。

（17）单击"草图"按钮🔲，以XY平面为草绘平面，X轴为水平参考，绘制一条圆弧，如图5-10所示。

（18）单击"草图"按钮🔲，以YZ平面为草绘平面，Y轴为水平参考，绘制一条圆弧，圆弧的两个端点与边线对齐，圆心落在X轴上，半径为R450mm，如图5-11所示。

（19）在主菜单中选取"插入|扫掠|扫掠"命令，在【扫掠】对话框中"截面位置"选"沿引导线任何位置"，勾选"✅保留形状"，"对齐"选"参数"。

（20）选取第一条曲线为截面曲线，选取第二条曲线为引导曲线，单击"确定"按钮，创建扫掠曲面，如图5-12所示。

图5-10　绘制截面（四）

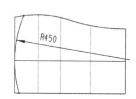
图5-11　绘制截面（五）

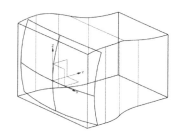
图5-12　创建扫掠曲面

（21）在主菜单中选取"插入|同步建模|替换面"命令，选取实体前面的矩形面为要替换的面，扫掠曲面为替换面，单击"确定"按钮，创建替换面特征，如图5-13所示。

（22）在主菜单中选取"格式|移动至图层"命令，选取扫掠曲面和草绘曲线，单击"确定"按钮，在【图层移动】对话框"目标图层"文本框中输入11，扫掠曲面和草绘曲线移至第11层。

（23）单击"边倒圆"按钮🔲，选取第一组倒圆的边，倒圆半径R30mm，单击"应用"按钮，选取另一组倒圆的边，倒圆半径R20mm，单击"确定"按钮，创建倒圆角特征，如图5-14所示。

（24）单击"正三轴测图"按钮  旁边的下拉菜单按钮，选取"前视图"选项 ⌐，切换成前视图，如图 5-15 所示。

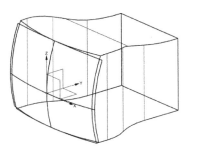

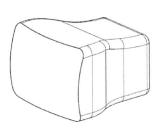

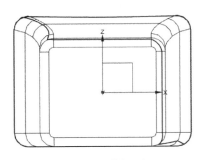

图 5-13　替换前表面　　　　　图 5-14　创建倒圆特征　　　　　图 5-15　前视图

（25）在主菜单中选取"插入|派生曲线|抽取"命令，在【抽取曲线】对话框中选取"轮廓曲线"，再选取实体，创建轮廓曲线，"正三轴测图"按钮，切换视角后，如图 5-16 所示。

（26）在主菜单中选取"插入|派生曲线|投影"命令，将刚才创建的轮廓曲线投影到 XOY 平面上。

（27）单击"拉伸"按钮，选中投影曲线，在【拉伸】对话框中"指定矢量"选"ZC↑"，"开始距离"为—120mm，"结束距离"为 180mm。

（28）单击"确定"按钮，生成一个拉伸曲面，如图 5-17 所示。

（29）在主菜单中选取"插入|修剪|延伸片体"命令，在【延伸片体】对话框中"偏置"为 40mm，"曲面延伸形状"选"自然曲率"，"边延伸形状"选"自动"，"体输出"选"延伸原片体"。

（30）选取刚才创建的拉伸曲面的四条边，单击"确定"按钮，拉伸曲面的四周延长 40mm，如图 5-18 所示。

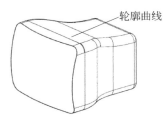

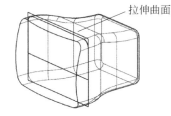

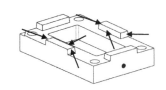

图 5-16　创建轮廓曲线　　　　图 5-17　创建拉伸曲面　　　　图 5-18　延伸片体

（31）在主菜单中选取"插入|修剪|拆分体"命令，选取实体为目标体，选取拉伸曲面为拆分面，单击"确定"按钮，将实体拆分成前、后两部分。

（32）在主菜单中选取"格式|移动至图层"命令，选取拉伸曲面和曲线，单击"确定"按钮，在【图层移动】对话框中"目标图层"文本框中输入"12"，拉伸曲面和曲线移至第 12 层。

（33）在屏幕的左边工具条中，单击"装配导航器"按钮。

（34）在"装配导航器"的空白处单击鼠标右键，在下拉菜单中激活"WAVE 模式"，如图 5-19 所示。

（35）选中 ☑ 🔲 **dianshiji**，单击鼠标右键，在下拉菜单中选取"WAVE"，再选取"新建级别"。

（36）在【新建级别】对话框中单击"指定部件名"按钮，在【选择部件名】对话框中输入文件名为"front_cover"，单击 OK 按钮，选取实体的前半部分，单击"应用"按钮，创建第一个组件，如图 5-20 所示。

（37）再次单击"新建级别"对话框中"指定部件名"按钮，在【选择部件名】对话框中输入文件名为"back_cover"，单击 OK 按钮，选取实体的后半部分，单击"确定"按钮，创建第二个组件，如图 5-21 所示。

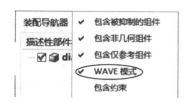
图 5-19　激活 WAVE 模式

图 5-20　添加下层组件（一）

图 5-21　添加下层组件（二）

（38）单击"保存"按钮 💾，将刚才创建的组件生成文档。

（39）在"装配导航器"中选中 ☑ 🔲 front_cover，单击鼠标右键，在下拉菜单中选取"设为显示部件"，打开 front_cover 图档，进入建模环境。（如果此时屏幕上无显示，请在主菜单中选取"格式|图层设置"命令，打开所有图层。）

（40）在主菜单中选取"插入|基准/点|基准 CSYS"命令，单击"确定"按钮，创建坐标系。

（41）在主菜单中选取"格式|图层设置"命令，在【图层设置】对话框中"工作图层"输入"10"，设定图层 10 为工作层。

（42）在主菜单中选取"插入|偏置/缩放|偏置曲面"命令，选取电视机前部弧形曲面，输入偏置距离：10，单击"反向"按钮 ⊠，朝 Y 轴正方向偏置，生成偏置曲面，如图 5-22 所示。

（43）单击"拉伸"按钮 🔳，在【拉伸】对话框中单击"绘制截面"按钮 🔲，以 ZX 平面为草绘平面，X 轴为水平参考，绘制一个 300mm×200mm 的矩形，如图 5-23 所示。

（44）单击"完成草图"按钮 🔳，在【拉伸】对话框中"指定矢量"选"YC↑"🔲，开始距离为 0，结束距离为 50mm，"布尔"选"无"🔲，"体类型"选"片体"。

（45）单击"确定"按钮，生成一个拉伸曲面，如图 5-24 所示。

图 5-22　创建偏置曲面

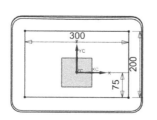
图 5-23　绘制截面（六）

图 5-24　创建拉伸片体

（46）在主菜单中选取"格式|图层设置"命令，在【图层设置】对话框中取消"1"前面的"√"，系统将实体隐藏，只显示曲面，如图5-25所示。

（47）单击"边倒圆"按钮 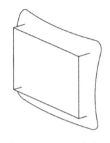，创建4个圆角特征（R10mm），如图5-26所示。

| 图 5-25　只显示曲面 | 图 5-26　创建圆角 |

（48）在主菜单中选取"插入|修剪|修剪片体"命令，选取偏置曲面为目标片体，拉伸曲面为边界对象，在对话框中选择"◉放弃"单选按钮。

（49）单击"应用"按钮，完成第一次修剪，偏置曲面被修剪，拉伸曲面不变，如图5-27所示（如果修剪结果不相同，请在对话框中选择"◉保留"单选按钮）。

（50）选取拉伸曲面为目标片体，偏置曲面为边界对象，在对话框中选择"◉保留"单选按钮。

（51）单击"确定"按钮，完成第二次修剪，拉伸曲面被修剪，修剪后的拉伸曲面与偏置曲面如图5-28所示。

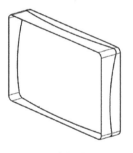

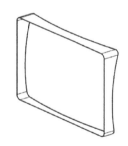

| 图 5-27　修剪偏置曲面 | 图 5-28　修剪拉伸曲面 |

（52）在主菜单中选取"插入|组合|缝合"命令，选择拉伸曲面为目标片体，偏置曲面为工具片体，单击"确定"按钮，缝合拉伸曲面与偏置曲面。

（53）在主菜单中选取"格式|图层设置"命令，在【图层设置】对话框中选中"☑1"，显示实体。

（54）在主菜单中选取"插入|修剪|拆分体"命令，选取前盖为目标体，缝合曲面（选中所有曲面）为工具体。

（55）单击"确定"按钮，创建拆分体特征。

（56）在主菜单中选取"格式|图层设置"命令，双击"1"，设定图层1为工作层，取消"10"前面的"√"，隐藏第10层。

(57) 在屏幕的左边工具条中，单击"装配导航器"按钮 ![icon]，在"装配导航器"中选中 ![icon]front_cover，单击鼠标右键，在下拉菜单中选取"WAVE"，再选取"新建级别"。

(58) 在【新建级别】对话框中单击"指定部件名"按钮，在【选择部件名】对话框中输入文件名"mirror_cover"，单击 OK 按钮，在实体上选取镜片部分，如图 5-29 所示。

(59) 单击"应用"按钮，创建第一个组件。

(60) 在【新建级别】对话框中，单击"指定部件名"按钮，在【选择部件名】对话框中输入文件名"front1_cover"，在实体上选取前盖的另一部分。

(61) 单击"确定"按钮，创建第二个组件，部件导航器中添加了两个组件，如图 5-30 所示。

(62) 单击"保存"按钮 ![icon]，将刚才创建的组件生成文档。

(63) 在"装配导航器"中，选中 ![icon]front1_cover，单击鼠标右键，在弹出的下拉菜单中选取"设为显示部件"，打开前盖 front1_cover.prt 文件。

(64) 在主菜单中选取"插入|基准/点|基准 CSYS"命令，单击"确定"按钮，创建坐标系。

(65) 在主菜单中选取"插入|偏置/缩放|抽壳"命令，选取底部平面为要穿透的面，输入厚度 3mm。

(66) 单击"确定"按钮，创建抽壳特征，如图 5-31 所示。

选取此处

图 5-29 选取镜片部分

图 5-30 创建两个组件

图 5-31 抽壳特征

(67) 在主菜单上选取"插入|派生曲线|偏置"命令，在【偏置曲线】对话框"偏置类型"选"距离"，"偏置距离"为 1.5mm。

(68) 在辅助工具条中选取"相切曲线"，如图 5-32 所示。

图 5-32 选"相切曲线"

(69) 选取口部曲线为偏置的曲线，单击"确定"按钮，生成一条偏置曲线，如图 5-33 所示。

(70) 单击"拉伸"按钮 ![icon]，选中刚才创建的曲线，在【拉伸】对话框中"指定矢量"选"-YC↑"，"开始距离"为 0，"结束距离"为 3mm，"布尔"选"求差"![icon]，在"拔模"区域中，"拔模"选"从起始限制"，"角度"为 5°。

(71) 单击"确定"按钮，生成一个唇位，如图 5-34 所示。

(72) 单击"拉伸"按钮 ![icon]，以 ZX 平面为草绘平面，绘

偏置曲线

图 5-33 偏置曲线

制一个截面,如图 5-35 所示。

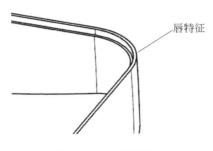

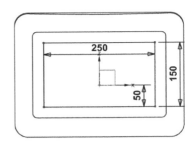

图 5-34　创建唇特征 　　　　　　图 5-35　绘制截面(七)

(73) 单击"完成草图"按钮 ，在【拉伸】对话框中"指定矢量"选"YC↑" "开始距离"为 0,"结束"选"贯通","布尔"选"求差" 。

(74) 单击"确定"按钮,创建拉伸切除实体,如图 5-36 所示。

(75) 单击"保存"按钮 ，保存前盖文档。

(76) 在横向菜单中选取"窗口",选 dianshiji.prt,打开电视机实体。

(77) 在"装配导航器"中展开 dianshiji,再展开 front_cover,选中 mirror_cover,单击鼠标右键,在下拉菜单中选取"设为显示部件",如图 5-37 所示,打开 mirror_cover.prt。

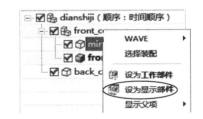

图 5-36　创建切除实体 　　　　图 5-37　将 mirror_cover 设为显示部件

(78) 在主菜单中选取"插入|同步建模|偏置区域"命令,选取 8 个侧面,单击【偏置区域】对话框的"反向"按钮 ，使箭头朝内,输入距离 0.5mm。

(79) 单击"确定"按钮,创建偏置特征,镜片的四周外围缩小 0.5mm,如图 5-38 所示。

(80) 单击"保存"按钮 ，保存镜片文档。

(81) 在横向菜单单击"窗口",选 dianshiji.prt,打开电视机实体。

(82) 单击屏幕左边的"装配导航器"按钮 ，展开 dianshiji,选中 back_cover,单击鼠标右键,选取"设为显示部件",如图 5-39 所示,系统打开 block_cover.prt。

图 5-38　创建偏置特征

(83) 在主菜单中选取"插入|偏置/缩放|抽壳"命令 ，在【抽壳】对话框"类型"选"移除面,然后抽壳",在后盖实体上选取要穿透的面,输入抽壳厚度为 3mm,单击"确定"按钮,创建抽壳特征,如图 5-40 所示。

图 5-39 将 block_cover 设为显示部件

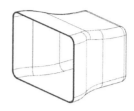

图 5-40 抽壳特征

（84）在主菜单上选取"插入|派生曲线|偏置"命令，在【偏置曲线】对话框"偏置类型"选"距离"，偏置距离为 1.5mm。

（85）在辅助工具条中选取"相切曲线"，如图 5-32 所示。

（86）选取口部最外边的曲线作为偏置的曲线，单击"反向"按钮 $\boxtimes$ ，使箭头朝内，单击"确定"按钮，生成偏置曲线，如图 5-41 所示。

（87）在主菜单中依次选取"插入|设计特征|凸起"命令，在【凸起】对话框中"凸起方向"选"YC↑" ^{YC} ，"几何体"选"凸起的面"，"位置"选"偏置"，"距离"为 3mm，"拔模"选"从选定的面"，选定口部平面为拔模面，"指定脱模方向"选"YC↑" ^{YC} ，"角度 1"为 5°，选中 $\checkmark$ 全部设为相同的值"复选框，"拔模方法"选"等斜度拔模"。

（88）选取刚才创建的偏置曲线为截面曲线，实体的口部平面为"要凸起的面"。

（89）单击"确定"按钮，创建唇特征，如图 5-42 所示。

（90）在主菜单中选取"插入|基准/点|基准 CSYS"命令，单击"确定"按钮，创建坐标系。

（91）单击"拉伸"按钮 ，在【拉伸】对话框中单击"绘制截面"按钮 ，以 XY 平面为草绘平面，X 轴为水平参考，绘制一个 φ5mm 的圆，如图 5-43 所示。

图 5-41 创建偏置曲线

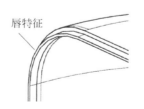

图 5-42 创建唇特征

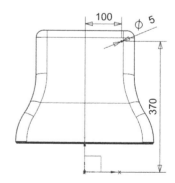

图 5-43 绘制截面（八）

（92）单击"完成草图"按钮 ，在【拉伸】对话框中"指定矢量"选"ZC↑" ^{ZC} ，"开始距离"为 0，"结束"选"贯通"，"布尔"选"求差" 。

（93）单击"确定"按钮，创建一个小孔，如图 5-44 所示。

（94）在主菜单中选取"插入|关联复制|阵列特征"命令，在【阵列特征】对话框中"要形成阵列的特征"选取刚才创建的小孔为阵列对象，"布局"选"线性"，在"方向1"区域中，"指定矢量"选"-YC"，"间隔"选"数量和节距"，"数量"为14，"节距"为20mm，取消选中"□对称"复选框。在"方向2"区域中，"指定矢量"选"-XC"，"间隔"选"数量和节距"，"数量"为11，"节距"为20mm，取消选中"□对称"复选框。

（95）单击"确定"按钮，生成一个阵列，如图5-45所示。

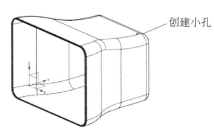
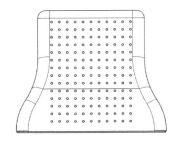

图5-44　创建小孔　　　　　　　　图5-45　阵列小孔

（96）单击"保存"按钮，保存文档。

（97）在横向菜单选取"窗口"，选dianshiji.prt，打开电视机总装图。

（98）同时按住键盘的Ctrl键和W键，在【显示和隐藏】对话框中单击"曲线、草图、片体、基准"旁边的"－"，隐藏曲线、草图、片体、基准。

（99）在"装配导航器"中选中 dianshiji，单击鼠标右键，在下拉菜单中选中"设为工作部件"，如图5-46所示，系统即显示所有的零件。

（100）在"部件导航器"中勾选 dianshiji，在"部件导航器"中5个文件全部呈黄色显示。

（101）再次单击 dianshiji，使5个文件全部呈灰色显示。

（102）然后勾选 back_cover，front1_cover，mirror_cover这三个文件，使这3个文件激活（呈黄色显示），另两个文件冻结（呈灰色显示），如图5-47所示。

（103）单击"保存"按钮，保存文档。

图5-46　设为工作部件　　　　　　图5-47　文件激活与冻结

作业：设计纸巾盒零件，并运用WAVE模式将该零件分成上盒和下盒，尺寸如图5-48所示。

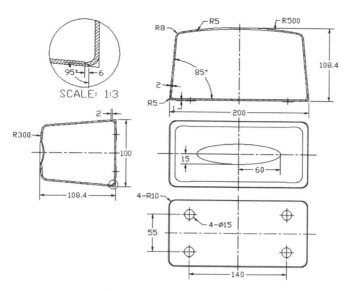

图 5-48　纸巾盒零件尺寸图

5.2　诺基亚手机外壳

本节通过创建诺基亚手机外壳的塑料外壳,讲述了 UG 运用 WAVE 模式从上往下创建装配组件的方法,同时也讲述"拔模"、"抽壳"、"曲面修剪"、"阵列"等特征的创建方法,产品图如图 5-49 所示。

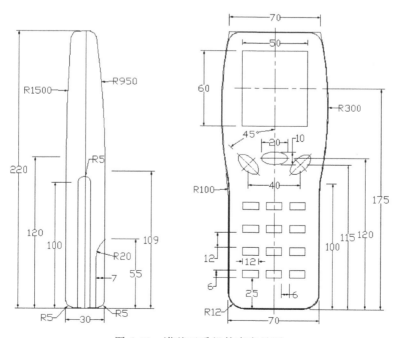

图 5-49　诺基亚手机外壳产品图

（1）启动 NX 10.0，单击"新建"按钮📄，在【新建】对话框中输入"名称"为"shoujiwaike.prt"，"单位"选"毫米"，选取"模型"模块，单击"确定"按钮，进入建模环境。

（2）单击"拉伸"按钮🔳，以 XOY 平面为草绘平面，绘制一个草图，如图 5-50 所示。

（3）单击"完成草图"按钮📷，在【拉伸】对话框中"指定矢量"选"ZC↑"ᶻᶜ↑，"结束"选"对称值"，"距离"为 20mm，"拔模"选"从截面-对称角"，"角度"为 2°。

（4）单击"确定"按钮，创建拉伸实体，该实体上、下都有斜度，如图 5-51 所示。

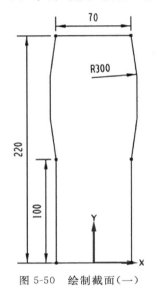

图 5-50　绘制截面（一）

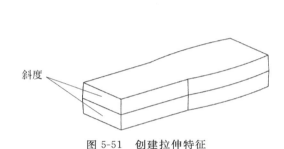

图 5-51　创建拉伸特征

（5）单击"拉伸"按钮🔳，以 YOZ 平面为草绘平面，绘制一个草图，如图 5-52 所示。

（6）单击"完成草图"按钮📷，在【拉伸】对话框中"指定矢量"选"XC↑"ˣᶜ↑，"结束"选"对称值"，"距离"为 50mm。

（7）单击"确定"按钮，创建拉伸实体，如图 5-53 所示。

图 5-52　绘制截面（二）

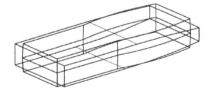

图 5-53　创建拉伸实体

（8）在主菜单中选取"插入|组合|相交"命令，创建两个实体的求交特征，如图 5-54 所示。

（9）单击"边倒圆"按钮🔳，创建边倒圆特征，如图 5-55 所示。

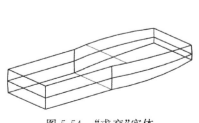

图 5-54　"求交"实体

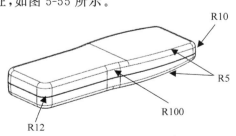

图 5-55　创建边倒圆特征

（10）选取主菜单中"格式|图层设置"命令，在【图层设置】对话框"工作图层"输入"10"。

（11）单击"拉伸"按钮，选取 XY 平面为草绘平面，绘制一个截面，如图 5-56 所示。

（12）单击"完成草图"按钮，在【拉伸】对话框中"指定矢量"选"ZC↑"，"开始距离"为 0，"结束距离"为 20mm，"体类型"选"片体"。

（13）单击"确定"按钮，创建拉伸曲面，如图 5-57 所示。

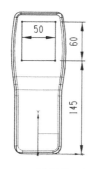

图 5-56　绘制截面（三）

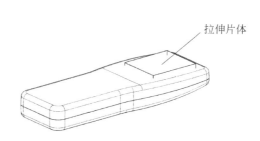

图 5-57　创建拉伸片体

（14）在主菜单中选取"插入|偏置/缩放|偏置曲面"命令，在实体上选取偏置的曲面，双击箭头，使箭头朝下，"偏置距离"为 2mm，创建偏置曲面，如图 5-58 所示。

（15）选取主菜单中"格式|图层设置"命令，在【图层设置】对话框中取消"1"前面的"√"，隐藏实体，只显示曲面。

（16）在主菜单中选取"插入|修剪|修剪片体"命令，选取偏置曲面为目标体，拉伸曲面为修剪边界，在【修剪片体】对话框中选"◉保留"。

（17）单击"应用"按钮，修剪曲面，如图 5-59 所示（如果修剪的效果与图 5-59 不相同，在【修剪片体】对话框中选"◉放弃"）。

（18）选取拉伸曲面为目标体，偏置曲面为修剪边界，在【修剪片体】对话框中选"◉放弃"。

（19）单击"确定"按钮，拉伸曲面被修剪，如图 5-60 所示。

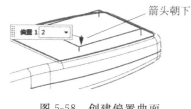

图 5-58　创建偏置曲面

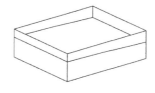

图 5-59　修剪偏置片体

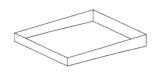

图 5-60　修剪拉伸片体

（20）在主菜单中选取"插入|组合|缝合"命令，拉伸片体与偏置片体缝合。

（21）选取主菜单中"格式|图层设置"命令，在【图层设置】对话框中双击"□1"，将图层 1 设为工作层，并显示实体。

（22）在主菜单中选取"插入|修剪|拆分体"命令，选取实体为目标体，组合曲面为工具体，拆分实体。

（23）选取主菜单中"格式|图层设置"命令，取消"□10"前面的"√"，将曲面隐藏。

（24）单击"装配导航器"按钮，在空白处单击鼠标右键，激活"WAVE 模式"，如

图 5-61 所示。

（25）在"装配导航器"中选中 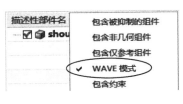，单击鼠标右键，在下拉菜单中选"WAVE"，选"新建级别"，单击"指定部件名"按钮，在【选择部件名】对话框中输入文件名"jingpian"，单击 OK 按钮，选取镜片，如图 5-62 所示，单击"应用"按钮，创建第一个组件。

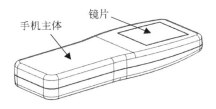

图 5-61　激活 WAVE

图 5-62　选取镜片实体

（26）再次单击"指定部件名"按钮，在【选择部件名】对话框中输入文件名"shoujiwaike-1"，单击 OK 按钮，选取手机主体，单击"确定"按钮，创建第二个组件，如图 5-63 所示。

（27）在"部件导航器"中选中 **shoujiwaike-1**，单击鼠标右键，选"设为显示部件"，打开 shoujiwaike-1 图档。（如果工作区中没有显示，请在主菜单中选取"格式|图层设置"命令，打开所有图层。）

（28）在主菜单中选取"插入|偏置/缩放|抽壳"命令，在【抽壳】对话框中"类型"选"对所有面抽壳"，"厚度"为 1mm。

（29）选取实体为要抽壳的体，单击"确定"按钮，创建抽壳特征（实体没有开口，里面是空心）。

（30）在主菜单中选取"插入|基准/点|基准 CSYS"命令，创建 CSYS 基准坐标系。

（31）单击"拉伸"按钮，在【拉伸】对话框中单击"绘制截面"按钮，以 YZ 平面为草绘平面，Y 轴为水平参考，绘制一个截面，如图 5-64 所示。

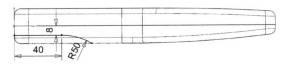

图 5-63　添加两个组件

图 5-64　绘制截面（四）

（32）单击"完成草图"按钮，在【拉伸】对话中"指定矢量"选"XC↑"，"结束"选"对称值"，"距离"为 35mm，"布尔"选"无"，"体类型"选"片体"。

（33）单击"确定"按钮，创建拉伸曲面，如图 5-65 所示。

（34）在主菜单中选取"插入|修剪|拆分体"命令，以实体为目标体，拉伸曲面为工具体，拆分实体特征。

（35）在主菜单中选取"格式|移动至图层"命令，将拉伸曲面移至第 11 层。

（36）选中"装配导航器"按钮，选 **shoujiwaike-1**，单击鼠标右键，选"WAVE"，选"新建级别"，单击"指定部件名"按钮，在【选择部件名】对话框中输入文件名"dianchigai"，在实体上选取电池盖，如图 5-66 所示，单击"应用"按钮，创建一个组件。

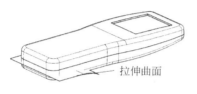

图 5-65　创建拉伸曲面

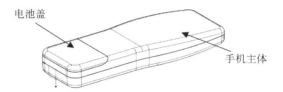

图 5-66　选取电池盖

（37）在【新建级别】对话框中，再次单击"指定部件名"按钮，在【选择部件名】对话框中输入文件名"shoujiwaike-2"，选取手机主体部分，单击"确定"按钮，创建第二个组件，如图 5-67 所示。

（38）选中 shoujiwaike-2，单击鼠标右键，选"设为显示部件"，打开 shoujiwaike-2.prt。

（39）在主菜单中选取"插入|基准/点|基准 CSYS"命令，创建 CSYS 基准坐标系。

（40）单击"拉伸"按钮，在【拉伸】对话框中单击"绘制截面"按钮，以 YOZ 平面为草绘平面，Y 轴为水平参考，绘制一个草图，如图 5-68 所示。

图 5-67　部件导航器

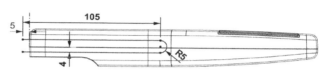

图 5-68　绘制截面（五）

（41）单击"完成草图"按钮，在【拉伸】对话框中"指定矢量"选"XC↑"，"结束"选"对称值"，"距离"为 40mm，"布尔"选"无"，"体类型"选"片体"。

（42）单击"确定"按钮，创建拉伸曲面，如图 5-69 所示。

（43）在主菜单中选取"插入|修剪|拆分体"命令，以刚才创建的拉伸曲面对实体进行拆分。

（44）在主菜单中选取"插入|移动至图层"命令，将拉伸曲面移至图层 10，将曲面隐藏。

（45）选中"装配导航器"按钮，选中 shoujiwaike-2，单击鼠标右键，选"WAVE"，选"新建级别"，单击"指定部件名"按钮，在【选择部件名】对话框中输入文件名"zhuangshitiao"，单击"OK"按钮，在实体上选取装饰条，如图 5-70 所示，单击"应用"按钮，创建第一个组件。

（46）再次单击"指定部件名"按钮，在【选择部件名】对话框中输入文件名"shoujiwaike-3"，单击 OK 按钮，选取主体部分，如图 5-70 所示。单击"确定"按钮，创建第二个组件。

图 5-69　创建拉伸曲面

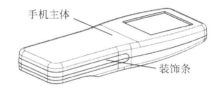

图 5-70　装饰条与手机主体

此时部件导航器中出现两个零件，如图 5-71 所示。

（47）在"装配导航器"中选中  **shoujiwaike -3**，单击鼠标右键，选"设为显示部件"，打开外壳主体。

（48）在主菜单中选取"插入|基准/点|基准 CSYS"命令，创建 CSYS 基准坐标系。

（49）在主菜单中选取"插入|修剪|拆分体"命令，以 XOY 平面将实体拆分为两部分。

（50）选中"装配导航器"按钮，选中 **shoujiwaike -3**，单击鼠标右键，选"WAVE"，选"新建级别"，单击"指定部件名"按钮，在【选择部件名】对话框中输入文件名"shang_ke"，选取实体的上半部分，单击"应用"按钮，创建第一个组件。

（51）再次单击"指定部件名"按钮，在【选择部件名】对话框中输入文件名"xia_ke"，选取实体的下半部分，单击"确定"按钮，创建第二个组件，如图 5-72 所示。

（52）在"部件导航器中"选中 **shang_ke**，单击鼠标右键，选中"设为显示部件"命令，打开 shang_ke.prt。

（53）在主菜单中选取"插入|基准/点|基准 CSYS"命令，创建 CSYS 基准坐标系。

（54）单击"拉伸"按钮，在【拉伸】对话框中单击"绘制截面"按钮，以 XOY 平面为草绘平面，X 轴为水平参考，绘制一个矩形截面（12mm×6mm），如图 5-73 所示。

图 5-71　创建两个组件（一）	图 5-72　创建两个组件（二）	图 5-73　绘制截面（六）

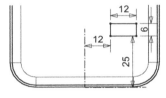

（55）单击"完成草图"按钮，在【拉伸】对话框中"指定矢量"选"ZC↑"，"开始距离"为 0，"结束"选"贯通"，"布尔"选"求差"。

（56）单击"确定"按钮，创建一个切除特征，如图 5-74 所示。

（57）在主菜单中选取"插入|关联复制|阵列特征"命令，在【阵列特征】对话框中"布局"选"线性"，在"方向 1"区域中，"指定矢量"选"-XC"，"间距"选"数量与节距"，"数量"为 3，"间距"为 18mm，在"方向 2"区域中，"指定矢量"选"YC↑"，"间距"选"数量与节距"，"数量"为 4，"间距"为 18mm。

（58）单击"确定"按钮，生成阵列特征，如图 5-75 所示。

（59）单击"拉伸"按钮，在【拉伸】对话框中单击"绘制截面"按钮，以 XY 平面为草绘平面，绘制一个矩形和三个椭圆（长半轴 10mm，短半轴 5mm），两侧椭圆的倾斜度为 45°，如图 5-76 所示。

图 5-74　创建切除特征

图 5-75　创建阵列特征

（60）单击"完成草图"按钮 ，在【拉伸】对话框中"指定矢量"选"ZC↑" ，"开始距离"为0，"结束"选"贯通"，"布尔"选"求差" 。

（61）单击"确定"按钮，生成切除特征，如图5-77所示。

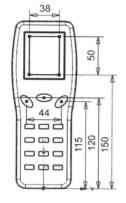

图5-76 绘制截面（七）

图5-77 创建切除特征

（62）在横向菜单单击"窗口"，选取 shoujiwaike. prt，系统打开 shoujiwaike. prt 零件图。

（63）选中"装配导航器"按钮 ，选中 **shoujiwaike.prt**，单击鼠标右键，选"设为工作部件"。

（64）在"部件导航器"中双击 **shoujiwaike（顺序：时间顺序）**，所有的子文件激活（全部呈黄色显示）。

（65）再次取消选中 **shoujiwaike（顺序：时间顺序）**，隐藏所有子文件（全部子文件呈灰色显示）。

（66）选中 zhuangshitiao、 xia_ke、 shang_ke、 dianchigai、 dianchigai，使这5个文件呈黄色显示，其余文件呈灰色显示，如图5-78所示。

（67）显示的总装图效果如图5-79所示。

图5-78 设为显示部件

图5-79 总装图

（68）单击"保存"按钮 ，保存文件。

作业：设计果盒造型，并运用 WAVE 模式，将果盒实体分为上（guopen1. prt）、下（guopen2. prt）两部分，尺寸如图5-80所示。

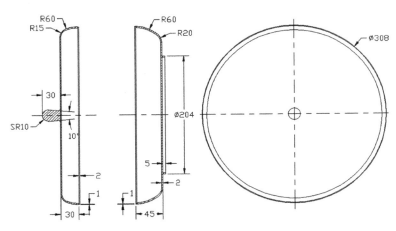

图 5-80　果盒产品尺寸图

UG自带基本特征的设计

本章以设计模架零件为例，详细介绍 UG 自带基本特征(如长方体、圆柱体、孔、腔体、凸起、垫块等)的创建方法，需要指出的是，UG 自带基本特征，一般可以用拉伸、旋转、扫掠等特征代替。

6.1 模架 A 板设计

(1) 启动 NX 10.0，单击"新建"按钮 ⬜，在【新建】对话框中输入"名称"为"A-ban.prt"，"单位"选"毫米"，选取"模型"模块，单击"确定"按钮，进入建模环境。

(2) 以创建长方体的方式，创建 A 板，步骤如下。

① 在主菜单中选取"插入|设计特征|长方体"命令，在【块】对话框中"类型"选"原点和边长"，"长度"为 300mm、"宽度"为 200mm、"高度"为 50mm。

② 单击"指定点"按钮 ⊞，在【点】对话框中输入(-150,-100,0)，如图 6-1 所示。

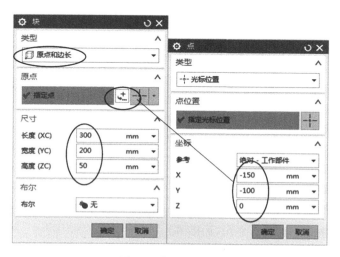

图 6-1 【块】对话框

③ 单击"确定"按钮,即创建一个长方体。如图 6-2 所示。

（3）用创建"凸起"特征的方法,创建基准角标识,步骤如下。

① 在主菜单中选取"插入|设计特征|凸起"命令,在【凸起】对话框中单击"绘制截面"按钮 ,以实体上表面为草绘平面,绘制一个三角形,直角边的边长为 20mm,如图 6-3 所示。

图 6-2　创建长方体

② 单击"完成草图"按钮 ,在【凸起】对话框中"要凸起的面"选实体的上表面,"凸起方向"选"ZC ↑" ,"几何体"选"凸起的面","位置"选"偏置","距离"为 2mm,单击"反向"按钮 ,使箭头朝下。

③ 单击"确定"按钮,创建基准角特征,如图 6-4 所示。

（4）用创建"孔"特征的方法,创建导套孔,步骤如下。

① 在主菜单中选取"插入|设计特征|孔"命令,在【孔】对话框中单击"绘制截面"按钮 ,以实体下表面为绘图平面,X 轴为水平参考,绘制 4 个点,如图 6-5 所示。

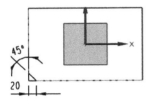

图 6-3　绘制截面

图 6-4　创建基准角标识

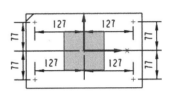

图 6-5　草绘截面

② 单击"完成草图"按钮 ,在【孔】对话框中"类型"选"常规孔","孔方向"选"垂直于面","形状"选"沉头孔","沉头直径"为 30mm,"沉头深度"为 6mm,"孔直径"为 25mm,"深度限制"选"贯通体","布尔"选"求差" 。

③ 单击"确定"按钮,创建 4 个沉头孔,如图 6-6 所示。

（5）用创建"孔"特征的方法,创建吊环孔,步骤如下。

① 在主菜单中选取"插入|设计特征|孔"命令,在【孔】对话框中单击"绘制截面"按钮 ,以端面为绘图平面,Y 轴为水平参考,绘制 1 个点,如图 6-7 所示。

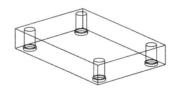

图 6-6　创建沉头孔

图 6-7　绘制点

② 单击"完成草图"按钮 ,在【孔】对话框中"类型"选"常规孔","孔方向"选"垂直于面","形状"选"简单孔","直径"为 10mm,"深度"为 40mm,"顶锥角"为 118°,"布尔"选"求差" 。

③ 单击"确定"按钮,创建 1 个孔,如图 6-8 所示。

④ 在主菜单中选取"插入|设计特征|螺纹"命令,选取刚才创建的模胚两端的孔表面为螺纹放置面,在【螺纹】对话框中选中"● 详细"按钮与"● 右旋"按钮,"大径"为 12mm,"长度"为 35mm,"螺距"为 2mm,"角度"为 60°。

⑤ 单击"确定"按钮,即可创建一个螺纹,如图6-9所示。

⑥ 采用同样的方法,创建另一个螺纹,如图6-9所示。

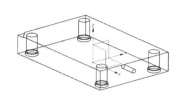

图6-8　创建吊环孔

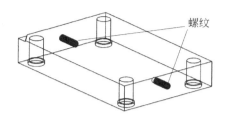

图6-9　创建螺纹

(6) 用创建"腔体"特征的方法,创建A板中间的方坑,步骤如下。

① 在主菜单中选取"插入|设计特征|腔体"命令,在【腔体】对话框中选取"矩形"按钮。

② 以实体上表面为腔体放置面,侧面为水平参考面,在【矩形腔体】对话框中"长度"为200mm,"宽度"为100mm,"深度"为40mm,"拐角半径"为5mm,"底面半径"为0,"锥角"为0,如图6-10所示。

③ 单击"确定"按钮,在【定位】对话框中选取"线落在线上"按钮⏇,如图6-11所示。

④ 先选取ZOY平面,再选取腔体的竖直中心线,竖直中心线与ZOY平面重合。

⑤ 单击"确定"按钮,再在"定位"对话框中选取"线落在线上"按钮⏇,如图6-11所示。

图6-10　设置【矩形腔体】

图6-11　【定位】对话框

⑥ 先选取ZOX平面,再选矩形腔体的水平中心线,水平中心线与ZOX平面重合。

⑦ 单击"定位"特征对话框中的"确定"按钮,创建一个腔体,如图6-12所示。

(7) 用创建"凸起"特征的方法,创建A板锁紧位,步骤如下。

① 在主菜单中选取"插入|设计特征|凸起"命令,在【凸起】对话框中单击"绘制截面"按钮⏇,以实体上表面为草绘平面,绘制一个矩形截面(90mm×25mm),如图6-13所示。

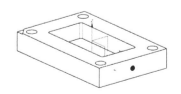

图6-12　创建腔体

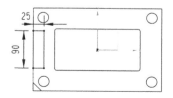

图6-13　绘制截面

② 单击"完成草图"按钮 ，在【编辑凸起】对话框中"凸起方向"选"ZC↑" ^{ZC↑}，"几何体"选"凸起的面"，"位置"选"偏置"，"距离"为 15mm，"拔模选项"选"从凸起的面"，"指定脱模方向"选"ZC↑" ^{ZC↑}，取消选中"□全部设为相同的值"复选框，Angle1 为 0°，Angle2 为 5°，Angle3 为 5°，Angle4 为 5°，如图 6-14 所示。

③ 选取实体上表面为要凸起的面，单击"确定"按钮，创建一个凸起，凸起的 4 个面中，三个面的斜度为 5°，一个面的斜度为 0°。如图 6-15 所示。

④ 同样的方法，可以创建另外一个端面的凸起，如图 6-15 所示。

（8）用创建"垫块"特征的方法，创建 A 板另一个方向的锁紧位，步骤如下。

① 在主菜单中选取"插入|设计特征|垫块"命令，在【垫块】对话框中选取"矩形"按钮。

② 在零件图上选取上表面为放置面，选取 X 轴为水平参考。

③ 在【矩形垫块】对话框中输入长度 90mm，宽度 25mm，高度 15mm，锥角 0，如图 6-16 所示。

图 6-14　设置【编辑凸起】对话框

④ 单击"确定"按钮，在"定位"对话框中选取"线落在线上"按钮 工，如图 6-11 所示。

⑤ 单击屏幕上方的"静态线框"按钮 图，显示垫块的中心线。

⑥ 先选取 YOZ 平面，再选取垫块的竖直中心线，YOZ 平面与竖直中心线重合。

⑦ 单击"确定"按钮，再次选取"线落在线上"按钮 工，如图 6-11 所示。

⑧ 选取实体水平边线，再选垫块的水平边线，创建一个垫块，如图 6-17 所示。

⑨ 采用同样的方法，在另一侧创建垫块，如图 6-17 所示。

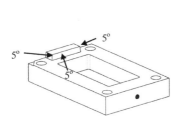

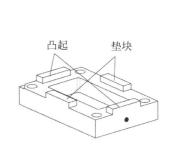

图 6-15　创建凸起　　　　图 6-16　设置【矩形垫块】对话框　　　　图 6-17　创建垫块

⑩ 单击"拔模"按钮 图，在【拔模】对话框中"类型"选"从平面或曲面"，"脱模方向"选"ZC↑" ^{ZC↑}，选取模坯上表面为"固定面"，选择垫块的侧面为"要拔模的面"，共 6 个侧面，"角度"为 5°。

⑪ 单击"确定"按钮,生成拔模,如图 6-18 所示。

（9）创建其他特征,步骤如下。

① 单击"边倒圆"按钮，创建圆角特征(R8),如图 6-19 所示。

② 在主菜单中选取"插入|曲线|文本"命令,在【文本】对话框中"类型"选"曲线上","定位方法"选"矢量","指定矢量"选"ZC↑","文本属性"为"长江模具制造有限公司","描点位置"为"中心","参数百分比"为"50","偏置"为 4mm,"长度"为 60mm,"高度"为 8mm。

③ 选取放置文本的曲线,单击"确定"按钮,创建文本,如图 6-20 所示。

（如果文字的方向不符合要求,可以单击两个"反向"按钮进行调整。）

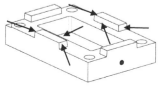
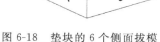
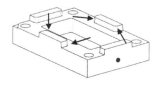
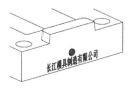

图 6-18　垫块的 6 个侧面拔模　　　　图 6-19　创建圆角特征　　　　图 6-20　创建文本

（10）单击"保存"按钮，保存文档。

6.2　模架 B 板设计

（1）启动 NX 10.0,单击"新建"按钮，在【新建】对话框中输入"名称"为"B_ban.prt","单位"选"毫米",选取"模型"模块,单击"确定"按钮,进入建模环境。

（2）按照创建 A 板长方体的步骤,创建 B 板长方体,尺寸与 A 板相同。

（3）按照创建 A 板导套孔的步骤,创建 B 板导柱孔,导柱孔的"沉头直径"为 21mm,"沉头深度"为 6mm,"孔直径"为 16mm,如图 6-21 所示。

（4）按照创建 A 板吊环孔的方法,创建 B 板吊环孔,尺寸与 A 板尺寸相同,如图 6-22 所示。

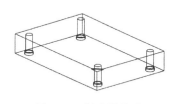
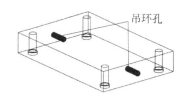

图 6-21　创建导柱孔　　　　　　　　图 6-22　创建吊环孔

（B 板与 A 板配合位的建模,留到第 7 章时再讲述。）

（5）单击"保存"按钮，保存文档。

6.3　模架导柱设计

（1）启动 NX 10.0,单击"新建"按钮，在【新建】对话框中输入"名称"为"daozhu.prt","单位"选"毫米",选取"模型"模块,单击"确定"按钮,进入建模环境。

（2）用创建"圆柱体"特征的方法，创建导柱沉头，步骤如下。

① 在主菜单中选取"插入|设计特征|圆柱体"命令，在【圆柱】对话框中"类型"选"轴、直轴和高度"，"指定矢量"选"ZC↑" ，"直径"为21mm，"高度"为6mm，单击"指定点"按钮 ，在【点】对话框中输入(0,0,0)。

② 单击"确定"按钮，即创建圆柱体，如图6-23所示。

（3）用创建"凸台"特征的方法，创建导柱，步骤如下。

① 在主菜单中选取"插入|设计特征|凸台"命令，在【凸台】对话框中"直径"为16mm，"高度"为90mm，"锥角"为0°，如图6-24所示。

② 选取上一步创建的圆柱的上表面。

③ 单击"确定"按钮，在【定位】对话框中选中"点落在点上"按钮 ，如图6-25所示。

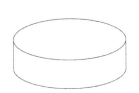

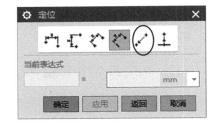

图6-23　创建圆柱体　　　图6-24　【凸台】对话框　　　图6-25　【定位】对话框

④ 选中圆柱上表面的外圆边线。

⑤ 在【设置圆弧的位置】对话框中选取"圆弧中心"按钮，如图6-26所示。

⑥ 系统自动将两个圆柱的中心重合，如图6-27所示。

⑦ 在主菜单中选取"插入|设计特征|凸台"命令，在【凸台】对话框中"直径"为16mm，"高度"为10mm，"锥角"为5°。

⑧ 选取上一步创建的圆柱的上表面。

⑨ 单击"确定"按钮，在【定位】对话框中选中"点落在点上"按钮 ，如图6-25所示。

⑩ 选中圆柱上表面的外圆边线。

⑪ 在【设置圆弧的位置】对话框中选取"圆弧中心"按钮，创建圆台，如图6-28所示。

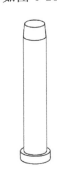

图6-26　选"圆弧中心"按钮　　　图6-27　圆柱中心重合　　　图6-28　创建圆台

（4）创建"槽"特征，步骤如下。

① 在主菜单中选取"插入｜设计特征｜槽"命令，在【槽】对话框中选取"矩形"按钮，如图 6-29 所示。

② 选取圆柱表面为槽的放置面。

③ 在【矩形槽】对话框中"槽直径"为 15mm，"宽度"为 3mm，如图 6-30 所示。

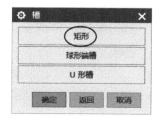

图 6-29　选取"矩形"按钮

图 6-30　【矩形槽】对话框

④ 单击"确定"按钮，先选取圆柱的边线，再选取圆饼的边线，如图 6-31 所示。

⑤ 在【创建表达式】对话框中输入 0。

⑥ 单击"确定"按钮，系统在圆柱上创建一条槽，如图 6-32 所示。

图 6-31　选取顺序

图 6-32　创建槽特征

（5）创建"U 形槽"特征，步骤如下。

① 在主菜单中选取"插入｜设计特征｜槽"命令，在【槽】对话框中选取"U 形槽"按钮。

② 选取导柱表面为槽的放置面。

③ 在"矩形槽"对话框中"槽直径"为 14mm，"宽度"为 5mm，"拐角半径"为 1.5mm。

④ 单击"确定"按钮，先选取圆柱上部的边线，再选取圆饼的边线，如图 6-31 所示。

⑤ 在【创建表达式】对话框中输入 50mm。

⑥ 单击"确定"按钮，系统在圆柱上创建第二条槽，如图 6-33 所示。

⑦ 在主菜单中选取"插入｜关联复制｜阵列特征"命令，在【阵列特征】对话框中在"方向 1"区域中，"布局"选"线性"，"指定矢量"选"ZC↑"，"间距"选"数量和节距"，"数量"为 3，"节距"为 15mm，取消选中"□对称"和"□使用方向 2"复选框。

⑧ 选取上一步创建的 U 形槽为阵列对象，单击"确定"按钮，生成阵列特征，如图 6-34 所示。

（6）创建"中心孔"特征，步骤如下。

① 在主菜单中选取"插入｜设计特征｜圆锥"命令，在【圆锥】对话框中"类型"选"底部直径、高度和半角"，"指定矢量"选"-ZC↓"，"底部直径"为 5mm，"高度"为 4mm，"半角"为 30°，"布尔"选"求差"，单击"指定点"按钮，在【点】对话框中选"圆弧中心/椭圆中心/球心"

按钮⊙,再选中导柱顶圆圆心。

② 单击"确定"按钮,创建一个圆锥特征,如图6-35所示。

③ 同样的方法,在导柱底部也创建一个相同的圆锥。

(7) 创建"键槽"特征,步骤如下。

① 在主菜单中选取"插入|基准/点|基准平面"命令,在【基准平面】对话框中"类型"选"相切","子类型"选"相切",选取圆柱的表面为参考几何体。

② 单击"确定"按钮,创建一个基准平面与圆柱表面相切,如图6-36所示。

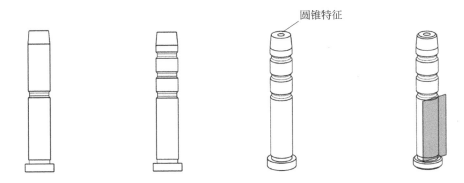

图 6-33　创建 U 形槽　　图 6-34　阵列 U 形槽　　图 6-35　创建圆锥特征　　图 6-36　相切基准面

③ 在主菜单中选取"插入|设计特征|键槽"命令,在【键槽】对话框中选取"U形槽"按钮。

④ 单击"确定"按钮,在零件图上选取刚才创建的基准平面,单击"接受默认边"按钮,选取 ZOX 平面为水平参考面。

⑤ 在【U 形键槽】对话框中宽度为 5mm,深度为 2mm,拐角半径为 1mm,长度为 20mm,如图 6-37 所示。

⑥ 单击"确定"按钮,在【定位】对话框中选取"垂直"按钮，如图 6-38 所示。

⑦ 先选 XOY 基准平面,再选水平参考线。

⑧ 在【创建表达式】对话框中,将尺寸改为 32mm。

⑨ 单击"确定"按钮,在"定位"对话框中选取"线落在线上"按钮，如图 6-11 所示。

⑩ 先选取水平基准平面 ZOX,再选取垂直参考线,创建槽键,如图 6-39 所示。

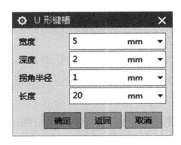

图 6-37　【U 形键槽】对话框　　　图 6-38　【定位】对话框　　　图 6-39　创建 U 形键槽

(8) 在主菜单中选取"插入|细节特征|倒斜角"命令,在【倒斜角】对话框中"横截面"选"对称","距离"为 1mm,"偏置方法"选"偏置面并修剪",创建倒斜角特征。

(9) 同时按住键盘的<Ctrl＋W>键,在【显示与隐藏】对话框中单击"基准平面"与"坐标系"旁边的"-",将坐标系与基准面隐藏。

（10）单击"保存"按钮 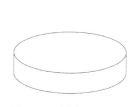，保存文档。

6.4　模架导套设计

（1）启动 NX 10.0，单击"新建"按钮 📄，在【新建】对话框中输入"名称"为"daotao.prt"，"单位"选"毫米"，选取"模型"模块，单击"确定"按钮，进入建模环境。

（2）用创建"圆柱体"特征的方法，创建导套，步骤如下。

① 在主菜单中选取"插入|设计特征|圆柱体"命令，在【圆柱】对话框中"类型"选"轴、直轴和高度"，"指定矢量"选"ZC↑" ，"直径"为 30mm，"高度"为 6mm，单击"指定点"按钮 ，在【点】对话框中输入（0，0，0）。

② 单击"确定"按钮，即创建圆柱体，如图 6-40 所示。

③ 在主菜单中选取"插入|设计特征|圆柱体"命令，在【圆柱】对话框中"类型"选"轴、直轴和高度"，"指定矢量"选"ZC↑" ，"直径"为 25mm，"高度"为 44mm，"布尔"选"求和" ，单击"指定点"按钮 ，在【点】对话框中选"圆弧中心/椭圆中心/球心"按钮 ，然后选中圆柱上表面圆心。

④ 单击"确定"按钮，创建圆柱，如图 6-41 所示。

⑤ 在主菜单中选取"插入|设计特征|圆柱体"命令，在【圆柱】对话框中"类型"选"轴、直轴和高度"，"指定矢量"选"ZC↑" ，直径为 16mm，高度为 50mm，"布尔"选"求差" ，单击"指定点"按钮 ，在【点】对话框中输入（0，0，0）。

⑥ 单击"确定"按钮，即创建导套通孔，如图 6-42 所示。

图 6-40　创建圆柱（一）　　　图 6-41　创建圆柱（二）　　　图 6-42　创建通孔

（3）用"旋转"特征的方式创建"槽"特征，步骤如下。

① 单击"旋转"按钮 ，在【旋转】对话框中单击"绘制截面"按钮 ，以 ZOX 平面为草绘平面，X 轴为水平参考，绘制一个矩形（5mm×3mm），如图 6-43 所示。

② 单击"完成草图"按钮 ，在【旋转】对话框中"指定矢量"选"ZC↑"，"开始"选"值"，"角度"为 0，"结束"选"值"，"角度"为 360°，"布尔"选"求差" ，单击"指定点"按钮 ，在【点】对话框中输入（0，0，0）。

③ 单击"确定"按钮，在导套上创建一条槽，如图 6-44 所示。

（4）在主菜单选取"插入|细节特征|倒斜角"，在【倒斜角】对话框中"横截面"选"对称"，"距离"为 1mm，"偏置方法"选"偏置面并修剪"，选取口部边线，创建端面倒斜角特征。

（5）单击"保存"按钮 ，保存文档。

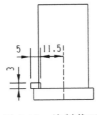

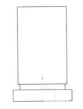

图 6-43　绘制截面　　　　　　　　　图 6-44　创建旋转槽

6.5　模架吊环设计

（1）启动 NX 10.0，单击"新建"按钮 ，在【新建】对话框中输入"名称"为"diaohuan.prt"，"单位"选"毫米"，选取"模型"模块，单击"确定"按钮，进入建模环境。

（2）创建圆环特征，步骤如下。

① 单击"旋转"按钮 ，在【旋转】对话框中单击"绘制截面"按钮 ，以 ZOX 平面为草绘平面，X 轴为水平参考，绘制一个圆 ϕ12mm，如图 6-45 所示。

② 单击"完成草图"按钮 ，在【旋转】对话框中"指定矢量"选"ZC↑"，"开始"选"值"，"角度"为 0，"结束"选"值"，"角度"为 360°，单击"指定点"按钮 ，在【点】对话框中输入（XC、YC、ZC）的值（0、0、0）。

③ 单击"确定"按钮，创建一个圆环，如图 6-46 所示。

（3）创建吊环螺杆，步骤如下。

① 在主菜单中选取"插入|设计特征|圆柱体"命令，在【圆柱】对话框中"类型"选"轴、直轴和高度"，"指定矢量"选"-XC↑"，"直径"为 12mm，"高度"为 40mm，"布尔"选"求和" ，单击"指定点"按钮 ，在【点】对话框中输入 XC、YC、ZC 的值为（65，0，0）。

② 单击"确定"按钮，即创建圆柱体，如图 6-47 所示。

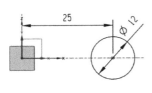

图 6-45　绘制截面　　　　图 6-46　创建圆环　　　　图 6-47　创建圆柱体

③ 在主菜单中选取"插入|设计特征|螺纹"命令，选取圆柱表面为螺纹放置面，圆柱端面为螺纹起始面，在【螺纹】对话框中选中"◉详细"与"◉右旋"复选框，"小径"为 10.25mm，"长度"为 30mm，"螺距"为 2mm，"角度"为 60°。

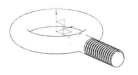

图 6-48　创建螺纹特征

④ 单击"确定"按钮，即可创建一个螺纹，如图 6-48 所示。

（4）创建"槽"特征，步骤如下。

① 在主菜单中选取"插入|设计特征|槽"命令，在【槽】对话框中选取"矩形"按钮。

② 选取螺纹表面为槽的放置面。

③ 在【矩形槽】对话框中"槽直径"为10mm,"宽度"为3mm。

④ 单击"确定"按钮,先选取圆柱的边线,再选取圆饼的边线,如图6-49所示。

⑤ 在【创建表达式】对话框中输入27mm。

⑥ 单击"确定"按钮,在圆柱上创建一条槽,如图6-50所示。

图6-49　选取顺序　　　　　　　　　图6-50　创建【槽】特征

（5）创建其他特征。

① 在主菜单中选取"插入|细节特征|倒斜角"命令,在【倒斜角】对话框中"横截面"选"对称","距离"为1mm,"偏置方法"选"偏置面并修剪",在实体上选取螺纹端面的边线,单击"确定"按钮,创建倒斜角特征,如图6-51所示。（NX 10.0以前的版本,应先倒斜角,再创建螺纹,UG10以后的版本,可以先创建螺纹,再在螺纹的端面倒斜角。）

② 在主菜单中选取"插入|设计特征|三角形加强筋"命令,在【三角形加强筋】对话框中"方法"选"沿曲线","弧长百分比"为25,"角度"为45°,"深度"为2.5mm,"半径"为1mm,选取圆环为第一组曲面,圆柱为第二组曲面,单击"确定"按钮,即可创建加强筋,如图6-52所示。

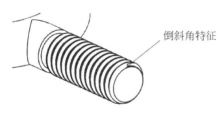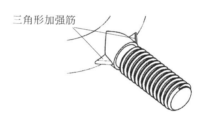

图6-51　创建倒斜角特征　　　　　　图6-52　创建三角形加强筋特征

（6）单击"保存"按钮■,保存文档。

说明：①实际中模具架的A板与B板,基准角所对应的导柱导套孔的中心距与其他三个导柱导套孔中心距不相同。②在实际建模过程中,用拉伸、旋转命令建实体较好,不提倡使用UG自带基本特征。③对UG自带基本特征所设计的零件进行修改时,不如用拉伸、旋转特征修改方便。

作业,尽量用UG自带基本特征创建下列造型。

（1）基座,如图6-53所示。

（2）固定板,如图6-54所示。

（3）推板,如图6-55所示。

（4）挡板,如图6-56所示。

（5）旋杆,如图6-57所示。

（6）螺杆，如图 6-58 所示。

（7）螺钉，如图 6-59 所示。

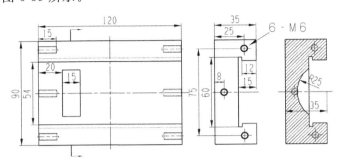

图 6-53　基座

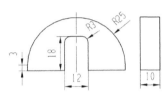

图 6-54　固定板

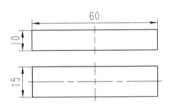

图 6-55　推板

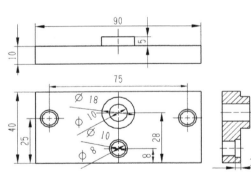

图 6-56　挡板

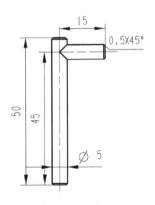

图 6-57　旋杆

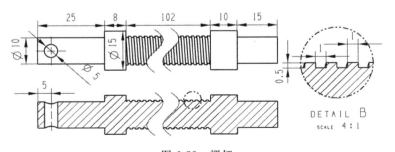

图 6-58　螺杆

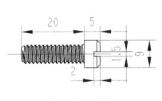

图 6-59　螺钉

第 7 章

装配设计

本章通过对前面章节创建的零件进行装配,详细讲解 UG 装配设计、装配组件的编辑、装配爆炸图设计的主要操作过程。

本章开始前,请老师从本书前言二维码中下载本书配套文件"UG10.0 造型设计、模具设计与数控编程建模图\第 7 章 UG 装配图设计\建模图\装配前"文件夹中的 5 个零件图档,并通过教师机下发给学生,再开始课程。

7.1　零件装配设计

（1）装配第一个零件,步骤如下。

① 启动 NX 10.0,单击"新建"按钮 ，在【新建】对话框中输入"名称"为"zhuangpei.prt","单位"选"毫米",选取"装配"模块,单击"确定"按钮,进入装配环境。

② 在【添加组件】对话框中单击"打开"按钮 ，选取 A-ban.prt。

③ 在【添加组件】对话框中"定位"选"绝对原点",如图 7-1 所示。

④ 单击"确定"按钮,装配第一个零件。

（2）装配第二个零件(daotao.prt),步骤如下。

① 在主菜单中选取"装配|组件|添加组件"命令,在【添加组件】对话框单击"打开"按钮 。

② 选取 daotao.prt 为"要装配的文件",单击 OK 按钮,弹出 daotao.prt 的小窗口。

图 7-1　选"绝对原点"

③ 在【添加组件】对话框中"放置"区域中,"定位"选"通过约束",如图 7-2 所示。

④ 单击"确定"按钮,在【装配约束】对话框中"类型"选"接触对齐","方位"选"接触",选中"☑预览窗口"和"☑在主窗口中预览组件"复选框,如图 7-3 所示。

⑤ 先选小窗口零件的台阶面,再选主窗口零件的台阶面(注意先后顺序),如图 7-4 所示。

⑥ 单击"应用"按钮,系统将所取的两个平面接触对齐。

图 7-2　选"通过约束"　　　　　　　图 7-3　【装配约束】对话框

⑦ 在【装配约束】对话框中"类型"选"接触对齐","方位"选"对齐"。

⑧ 先选小窗口零件的中心线,再选取大窗口零件的中心线,如图 7-5 所示。

⑨ 单击"确定"按钮,完成装配第二个零件(daotao.prt),如图 7-6 所示。

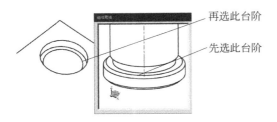

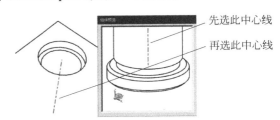

图 7-4　选取两个接触面　　　　　　图 7-5　选取两条中心线

⑩ 在菜单栏上选取"装配|组件|阵列组件"命令,在【阵列组件】对话框中"布局"选"线性"📖,在"方向 1"区域中,"指定矢量"选"-XC↓","间距"选"数量与节距","数量"为 2,"间距"为 254mm,在"方向 2"区域中,"指定矢量"选"-YC↑","间距"选"数量与节距","数量"为 2,"间距"为 154mm。

⑪ 选取 daotao.prt 零件为"阵列对象",单击"确定"按钮,创建阵列特征,如图 7-7 所示。

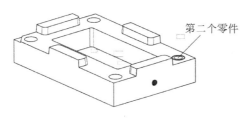

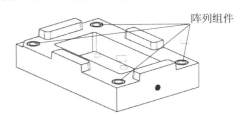

图 7-6　装配第二个零件　　　　　　图 7-7　阵列组件

(3) 装配第三个零件(diaohuan.prt),步骤如下。

① 在菜单栏上选取"装配|组件|添加组件"命令,在【添加组件】对话框中单击"打开"按钮📂。

② 选 diaohuan.prt 为"要装配的文件",单击 OK 按钮,弹出 diaohuan.prt 的小窗口。

③ 在【添加组件】对话框中"定位"选"通过约束",单击"确定"按钮,在【装配约束】对话框中"类型"选"距离",选中"☑预览窗口"和"☑在主窗口中预览组件"复选框。

④ 先选取小窗口中螺纹的端面,再选取大窗口中零件的端面,如图 7-8 所示。

⑤ 在【装配约束】对话框中"距离"输入 30mm,单击"循环上一个约束"按钮 🔄,直到两个零件的装配如图 7-9 所示。

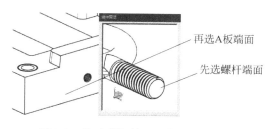

图 7-8　先选螺杆端面,再选 A 板端面

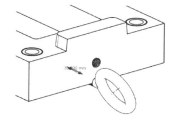

图 7-9　第一组约束装配

⑥ 单击"应用"按钮,在【装配约束】对话框中"类型"选"接触对齐","方位"选"自动判断中心/轴"。

⑦ 先选小窗口中螺杆的中心线,再选取大窗口螺孔的中心线,如图 7-10 所示。

⑧ 单击"应用"按钮,两个零件的中心线对齐,如图 7-11 所示。

图 7-10　先选螺杆中心线,再选螺孔中心线

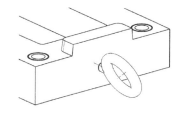

图 7-11　第二组约束装配

⑨ 在【装配约束】对话框中"类型"选"垂直"。

⑩ 先选小窗口中圆环的中心线,再选取大窗口中 A 板的上表面,如图 7-12 所示。

⑪ 单击"确定",装配吊环,如图 7-13 所示。

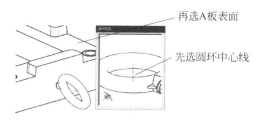

图 7-12　先选圆环中心线,再选 A 板表面

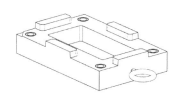

图 7-13　装配吊环

⑫ 在主菜单中选取"装配|组件|镜像装配"命令,在【镜像装配向导】对话框中单击"下一步"按钮,在装配图上选 diaohuan. prt 零件,单击"下一步"按钮,单击"创建基准平面"按钮 ▢,在【基准平面】对话框中"类型"选"二等分",在辅助工具条中选"整个装配",如图 7-14 所示。

没有选择过滤器　整个装配

图 7-14　选"整个装配"

⑬ 选取 A 板的两个端面,在两个端面的中间创建一个基准平面,如图 7-15 所示。

⑭ 依次单击"下一步"→"下一步"→"下一步"→"完成"按钮,镜像 diaohuan. prt 零件,如图 7-16 所示。

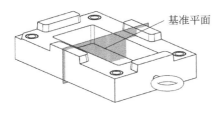

基准平面

图 7-15　创建基准平面

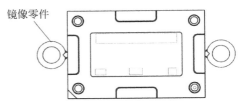

镜像零件

图 7-16　镜像零件

(4) 装配第四个零件(B_ban. prt),步骤如下。

① 在菜单栏上选取"装配|组件|添加组件"命令,在【添加组件】对话框中"定位"选"通过约束"。

② 在【添加组件】对话框中单击"打开"按钮 📂,选取 B_ban. prt,单击 OK 按钮,弹出 B_ban. prt 小窗口。

③ 单击"确定"按钮,在【装配约束】对话框中"类型"选"接触对齐","方位"选"接触",选中"☑预览窗口"和"☑在主窗口中预览组件"复选框,如图 7-3 所示。

④ 先选小窗口零件的平面,再选取大窗口零件的平面,如图 7-17 所示。

⑤ 在【装配约束】对话框中单击"应用"按钮,两零件面与面接触,如图 7-18 所示。

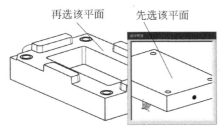

再选该平面　先选该平面

图 7-17　选取装配平面

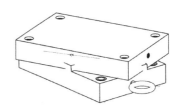

图 7-18　面与面接触

⑥ 在【装配约束】对话框中"类型"选"接触对齐","方位"选"对齐"。

⑦ 选取两个零件的导套孔中心线对齐,单击"应用"按钮,如图 7-19 所示。

⑧ 选取另外导套孔中心线对齐,单击"确定"按钮,如图 7-20 所示。

(5) 装配 daozhu. prt:按照装配 daotao. prt 的方法,装配 daozhu. prt,装配后如图 7-21 所示。

(6) 隐藏装配约束符号,步骤如下。

① 在屏幕左边的工具条中单击"约束导航器"按钮 🔧。

② 单击鼠标右键,在下拉菜单中选"隐藏",隐藏所选中的装配约束符号,如图 7-22 所示。

(7) 单击"保存"按钮 💾,保存文件。

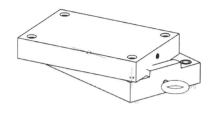

图 7-19 中心线对齐

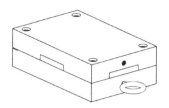

图 7-20 装配 B 板

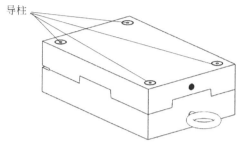

图 7-21 装配导柱

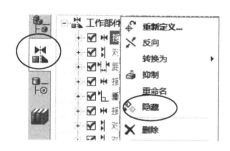

图 7-22 隐藏约束符号

7.2 装配零件的编辑

（1）修改 A_ban.prt 零件，步骤如下。

① 选中 A_ban.prt 零件，单击鼠标右键，选取"设为显示部件"，打开 A_ban.prt 零件图。

② 在主菜单中选取"插入|基准/点|基准 CSYS"命令，插入基准坐标系。

③ 单击"拉伸"按钮 ，在【拉伸】对话框中单击"绘制截面"命令 ，以工件的上表面为草绘平面，X 轴为水平参考，绘制 6 个 ϕ10mm 的圆，如图 7-23 所示。

④ 单击"完成草图"命令 ，在【拉伸】对话框中"指定矢量"选"-ZC↓"，"开始距离"为 0，"结束"选"贯通"，"布尔"选"求差" 。

⑤ 单击"确定"按钮，零件上生成 6 个通孔，如图 7-24 所示。

⑥ 单击"保存"按钮 ，完成 A_ban.prt 零件特征的修改。

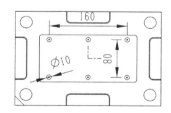

图 7-23 绘制 6 个 ϕ10mm 的圆

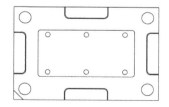

图 7-24 创建 6-ϕ10mm 通孔

（2）修改 B_ban.prt 零件，步骤如下。

① 在横向菜单中单击"窗口→zhuangpei.prt"，打开 zhuangpei.prt 装配图。

② 选中"B_ban.prt"，单击鼠标右键，选取"设为工作部件"，B_ban.prt 被激活。

③ 在主菜单中选取"插入|基准/点|基准 CSYS"命令,插入基准坐标系。

④ 单击"拉伸"按钮 📦,在【拉伸】对话框中单击"绘制截面"命令 📷,以 B_ban.prt 的上表面为草绘平面,X 轴为水平参考线,进入草绘模式。

⑤ 在主菜单中选取"插入|处方曲线|投影曲线"命令,在辅助工具条中选"整个装配",如图 7-14 所示。

⑥ 在 A_ban.prt 零件上选取刚才创建的 6 个孔的边线,在【投影曲线】对话框中单击"确定"按钮,单击"是(Y)"按钮,创建 6 个圆。

⑦ 单击"完成草图"命令 📷,在【拉伸】对话框中"指定矢量"选"-ZC↓","开始距离"为 0,"结束"选"贯通","布尔"选"求差" 📦。

⑧ 单击"确定"按钮,在 B 板上创建 6 个通孔,如图 7-25 所示。

⑨ 单击"拉伸"按钮 📦,选取 A_ban 基准角的三条边,如图 7-26 所示。

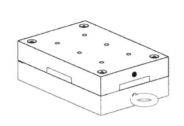

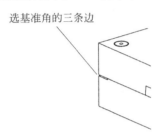

选基准角的三条边

图 7-25　B 板上添加 6-φ10mm 孔　　　　图 7-26　选取基准角的三条边

⑩ 在【拉伸】对话框中"指定矢量"选"ZC↑" 📷,"开始距离"为 0,"结束距离"为 4mm,"布尔"选"求差" 📦。

⑪ 单击"确定"按钮,在 B 板上创建基准角,如图 7-27 所示。

⑫ 单击"拉伸"按钮 📦,选取 A_ban 中间方坑的边线,在【拉伸】对话框中"指定矢量"选"ZC↑" 📷,"开始距离"为 0,"结束距离"为 40mm,"布尔"选"求差" 📦。

⑬ 单击"确定"按钮,在 B_ban.prt 上创建方坑。

⑭ 单击"减去"按钮 📦,选 B_ban.prt 为目标体,在辅助工具条中选"整个装配",再选 A_ban.prt 为工具体,在【求差】对话框中勾选"☑保存工具"复选框。

⑮ 单击【求差】对话框中的"确定"按钮,在 B 板创建与 A 板相配合的特征。

⑯ 在"部件导航器"中选中 ☑ 🧊 **B_ban**,单击鼠标右键,选"设为显示部件",打开 B_ban.prt 零件,如图 7-28 所示。

B 板基准角

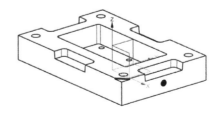

图 7-27　创建 B 板基准角　　　　图 7-28　编辑后的 B 板

（3）单击"保存"按钮 ，保存文件。

7.3　装配爆炸图

（1）创建爆炸图，步骤如下。

① 在横向菜单中单击"窗口→zhuangpei.prt"，打开 zhuangpei.prt 装配图。

② 在主菜单中选取"装配|爆炸图|新建爆炸图"命令，在【新建爆炸图】对话框中"名称"为"爆炸图1"。

③ 单击"确定"按钮，创建"爆炸图1"。

（2）编辑爆炸图，步骤如下。

① 在主菜单中选取"装配|爆炸图|编辑爆炸图"命令，在【编辑爆炸图】对话框选取"◉选择对象"单选按钮，在装配图上选取 B_ban.prt，在【编辑爆炸图】对话框选取"◉移动对象"单选按钮，选取坐标系 Z 轴上的箭头，在【编辑爆炸图】对话框中输入偏移距离：—150mm。

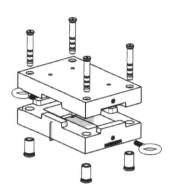

② 单击"确定"按钮，移动 B 板，同样的方法，移动其他零件，如图 7-29 所示。

（3）隐藏爆炸图：在主菜单中选取"装配|爆炸图|隐藏爆炸图"命令，爆炸图恢复成装配形式。

（4）显示爆炸图：在主菜单中选取"装配|爆炸图|显示爆炸图"命令，装配图分解成爆炸形式。

图 7-29　移动所有零件

（5）删除爆炸图，步骤如下。

① 在横向菜单的空白处单击鼠标右键在下拉菜单中，勾选"装配"，如图 7-30 所示。

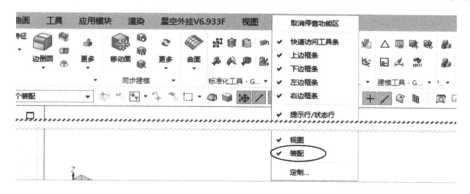

图 7-30　勾选"装配"

② 在横向菜单中依次选取"装配"选项卡→"爆炸图"→"无爆炸"命令，如图 7-31 所示。

③ 在主菜单中选取"装配|爆炸图|删除爆炸图"命令，单击"确定"按钮，即可删除所选中的爆炸图。

（6）单击"保存"按钮 ，保存文件，应将装配图与各零件图保存在同一文件夹中，否则容易出错。

图 7-31　选"无爆炸"命令

作业：

（1）完成第 6 章作业零件的装配，如图 7-32 所示。

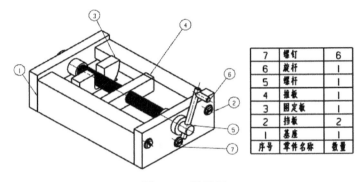

7	螺钉	6
6	旋杆	1
5	螺杆	1
4	推板	1
3	固定板	1
2	挡板	2
1	基座	1
序号	零件名称	数量

图 7-32　装配图

（2）完成装配后，将推板编辑成"T"形块，并添加螺纹孔，如图 7-33 所示。

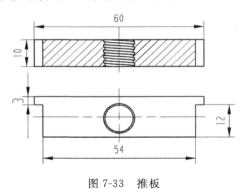

图 7-33　推板

UG工程图设计

本章以第 7 章的 UG 装配图为例,在 8.1 节中详细地介绍了 UG 创建视图、编辑视图、尺寸标注、注释的方法,在 8.2 节中介绍了 UG 装配明细表的创建过程,8.3 节详细地介绍了 NX 10.0 工程图的图框、标题栏的制作,8.4 节讲述了如何将自定义图框设为模板的过程,8.5 节讲述了更改 UG 自带图框标题栏的方法。

本章开始前,请老师从本书前言二维码中下载本书配套文件"UG10.0 造型设计、模具设计与数控编程建模图\第 8 章 UG 工程图设计\建模图\建模前"文件夹中的 6 个零件图档,并通过教师机下发给学生,再开始课程。

8.1　创建工程图

(1)创建基本视图,步骤如下。

① 启动 NX 10.0,单击"新建"按钮 ,在【新建】对话框"图纸"选项卡中"关系"选"引用现有部件","单位"选"毫米",选中"A0++装配……"选项,"新文件名称"为"gongchengtu. prt",选取第 7 章的"zhuangpei. prt",如图 8-1 所示。

② 单击"确定"按钮,在【视图创建向导】对话框中单击"下一步"按钮。

③ 在"选项"选项卡中"视图边界"选"手工",取消勾选"自动缩放至适合窗口"复选框,"比例"设为"1∶1",勾选"处理隐藏线"、"显示中心线"、"显示轮廓线",预览样式选"线框"。

④ 单击"下一步"按钮,在"方向"选项卡上选"俯视图"。

⑤ 单击"下一步"按钮,在"布局"选项卡"放置选项"选"手工",在图框中的适当位置放置视图,即可创建主视图。

⑥ 单击"投影视图"按钮 ,创建右投影视图、俯投影视图、等角视图等。

⑦ 单击"基本视图"按钮 ,创建正等测图、正三轴测图、仰视图等,如图 8-2 所示。

(2)断开视图,步骤如下。

① 在主菜单中选取"插入|视图|断开视图"命令 ,在【断开视图】对话框中"类型"选"常规","主模型视图"选仰视图,"方位"选"矢量","指定矢量"选"XC↑" ,"缝隙"为 15mm,"样式"选 ,"幅值"为 10mm,在仰视图中选取第 1 点和第 2 点,如图 8-3 所示。

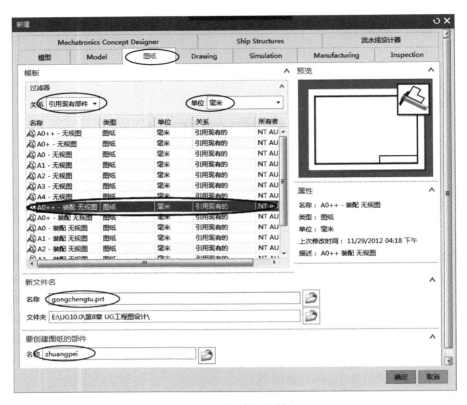

图 8-1　【新建】对话框

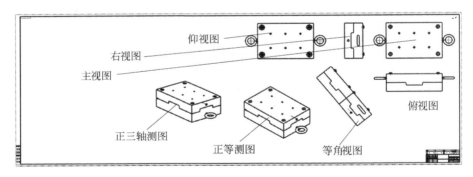

图 8-2　创建视图

② 单击"确定"按钮,创建断开剖视图,如图 8-4 所示。

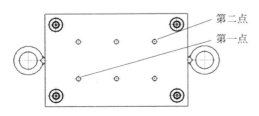

图 8-3　选取第一点和第二点

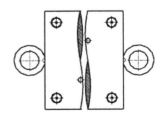

图 8-4　创建断开视图

（3）创建全剖视图，步骤如下。

① 在主菜单中选取"插入|视图|剖视图"命令，在【剖视图】对话框中"定义"选"动态"，"方法"选"简单剖/阶梯剖" 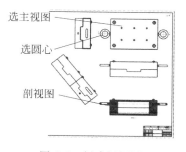 **简单剖/阶梯剖** 。

② 选定主视图作为剖视图的父视图，选取吊环的圆心为截面线位置。

③ 在绘图区中选取存放剖视图的位置，即可创建全剖视图，如图 8-5 所示。

图 8-5　创建剖视图

（4）创建半剖视图，步骤如下。

① 在主菜单中选取"插入|视图|剖视图"命令，在【剖视图】对话框中"定义"选"动态" ⬚，"方法"选"半剖" ⬚。

② 选定主视图为父视图，选取导柱的圆心为指定位置 1，选取小孔的圆心为指定位置 2。

③ 在绘图区中选取存放剖视图的位置，即可创建半剖视图，如图 8-6 所示。

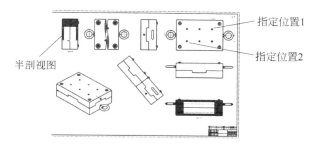

图 8-6　创建半剖视图

（5）旋转剖视图，步骤如下。

① 在主菜单中选取"插入|视图|剖视图"命令，在【剖视图】对话框中"定义"选"动态"，"方法"选"旋转" ⬚。

② 选定右视图为父视图，选取吊环孔的圆心为旋转点，选取支线点 1 与支线点 2。

③ 在绘图区中选取存放剖视图的位置，即可创建旋转剖视图，如图 8-7 所示。

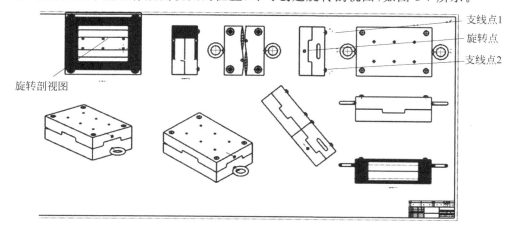

图 8-7　创建旋转剖视图

（6）对齐视图，步骤如下。

① 选取主菜单"编辑|视图|对齐"命令，在【对齐视图】对话框中"方法"选"水平"按钮 ⊞，"对齐"选"对齐至视图"。

② 在工程图中选取旋转剖视图与主视图，两个视图对齐。

（或者拖动旋转剖视图，出现黄色水平虚线后，即与主视图对齐。）

（7）创建局部剖视图，步骤如下。

① 选中右投影视图，单击鼠标右键，在下拉菜单中选取"🔁活动草图视图"命令。

② 在主菜单中选取"插入|草图曲线|艺术样条"命令，在【艺术样条】对话框中"类型"选"通过点"，勾选"☑封闭"复选框，选中"◉视图"单选按钮。

③ 在右视图上绘制一条封闭的曲线，如图8-8所示，单击"完成草图"按钮🏁。

④ 单击"局部剖视图"按钮🖾，在【局部剖】对话框中选中"◉创建"单选按钮，单击"选择视图"按钮⊞，选取右视图，选取"指出基准点"按钮🗂，选取导柱圆心，如图8-9所示，选取"选择曲线"按钮😊，选取刚刚绘制的曲线。

⑤ 单击"应用"按钮，创建局部剖视图，如图8-9所示。

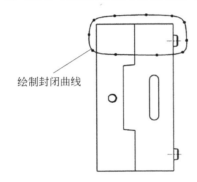

绘制封闭曲线

图8-8　绘制艺术样条曲线

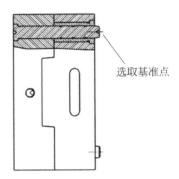

选取基准点

图8-9　创建局部剖视图

（8）局部放大图，步骤如下。

① 单击"局部放大图"按钮🔎，在【局部放大图】对话框中"类型"选"圆形"，"比例"为"3∶1"。

② 在侧视图上绘制一个虚线圆，即可创建局部放大图，如图8-10所示。

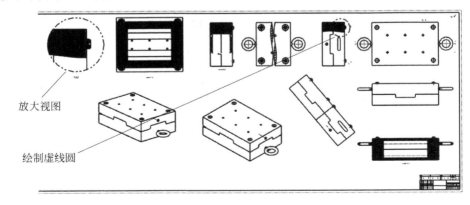

放大视图

绘制虚线圆

图8-10　创建放大视图

（9）创建轴测剖视图,步骤如下。

① 在主菜单中选取"插入|视图|轴测剖"💿命令。

② 选择正等测图为父视图。

③ 定义箭头方向:在对话框中"剖视图方向"中选"＋YC",单击"应用"按钮。

④ 定义剖切方向:选正等测图的上表面为剖切方向(或选"ZC↑"),单击"应用"按钮确认。

⑤ 对话框上选中"剖切位置"按钮后,在正等测图上依次选取剖切位置1、剖切位置2、剖切位置3,在对话框上选中"折弯位置"按钮后,在正等测图上依次选取折弯位置1、折弯位置2,如图8-11所示。

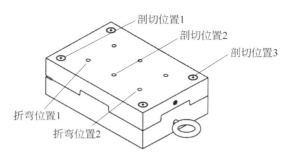

图 8-11　定义剖切位置、折弯位置

⑥ 在对话框中取消选中"□参考"复选框,单击"确定"按钮,创建轴测剖视图,如图8-12所示。

（10）创建半轴测剖视图,步骤如下。

① 在主菜单中选取"插入|视图|半轴测剖视图"命令💿。

② 选择正三轴视图为父视图。

③ 定义箭头方向:在对话框中"剖视图方向"中选"＋YC",单击"应用"按钮确认。

④ 选取正三轴视图上表面的法向为剖切方向(或选"ZC↑"),单击"应用"按钮确认。

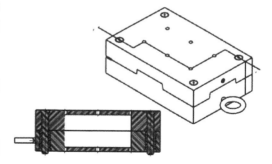

图 8-12　创建轴测剖视图

⑤ 在父视图上依次选取箭头位置、折弯位置、剖切位置,如图8-13所示。

图 8-13　定义箭头位置、折弯位置、剖切位置

⑥ 在对话框取消选中"□参考"复选框,单击"确定"按钮,创建半轴测剖视图,如图 8-14 所示。

(11) 更改剖面线形状,步骤如下。

① 双击视图中的剖面线,在【剖面线】对话框中"距离"为 8mm。

② 单击"确定"按钮,重新调整剖面线的间距,如图 8-15 所示。

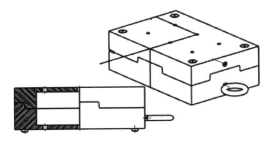
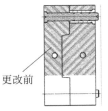

图 8-14 创建半轴测剖视图

图 8-15 更改剖面线的距离

(12) 创建视图 2D 中心线,步骤如下。

① 在主菜单中选取"插入|中心线|2D 中心线"命令。

② 先选第一条边,再选第二条边,单击"确定"按钮,创建中心线,如图 8-16 所示。

③ 同样的方法,可以创建其他中心线。

(13) 添加标注,步骤如下。

① 在主菜单中选取"插入|尺寸|快速"命令,可对零件进行标注,如图 8-17 所示。

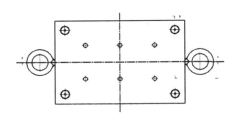
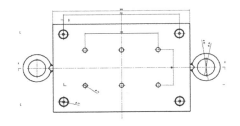

图 8-16 创建中心线

图 8-17 标注尺寸

② 选中标注尺寸,单击鼠标右键,在下拉菜单选"设置",在【设置】对话框中展开"＋文本",选"尺寸文本","颜色"选"黑色","字体"选"黑体","高度"为 20,"字体间隙因子"为 0.3,"宽高比"为 0.6,"行间隙因子"为 0.1,"尺寸线间隙因子"为 0.3,如图 8-18 所示。

③ 单击 Enter 键,即可完成修改,如图 8-19 所示。

(14) 添加标注前缀,步骤如下。

① 选中标注为 $\phi21$ 的数字,单击鼠标右键,选"设置",在【设置】对话框中选取"前缀/后缀"选项,"位置"选"之前","直径符号"选"用户定义","要使用的符号"为"4－＜O＞",如图 8-20 所示。

② 按 Enter 键即可添加前缀,如图 8-21 所示(采用同样的方法,添加其他标注的前缀,如 6-$\phi10$、2-$\phi62$、2-$\phi38$)。

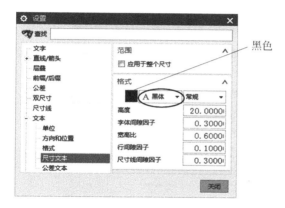

图 8-18　【设置】对话框(一)

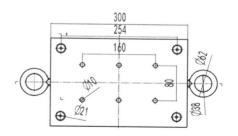

图 8-19　修改后的尺寸标注

图 8-20　【设置】对话框(二)

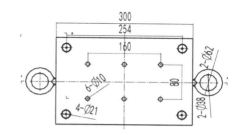

图 8-21　添加前缀

(15) 注释文本,步骤如下。

① 在主菜单中依次选取"插入|注释|注释"命令,在【注释】对话框中输入文本,如图 8-22 所示。

② 在图框中选取适当位置后,即可添加注释文本。

③ 选取刚才创建的文本,单击鼠标右键,在下拉菜单中选取"设置"命令,在【设置】对话框中设定"颜色"选"黑色","字体"选"仿宋","高度"为 25,"字体间隙因子"为 1,"行间隙因子"为 2,参考图 8-18 所示。

④ 按 Enter 键,即可更改文本。

(16) 修改工程图标题栏,步骤如下。

① 在主菜单中选取"格式|图层设置"命令,在【图层设置】对话框中"显示"选"含有对象的图层",双击"✓ 170",使 170 图层为工作图层。

② 双击标题栏中"西门子产品管理软件(上海)有限公司",在【注释】对话框中将"西门子产品管理软件(上海)有限公司"改为"长江模具制造有限公司"。

③ 在主菜单中选取"插入|注释|注释"命令,在"自动对齐"栏中选"Non-associative",取消选中"□层叠注释"与"□水平或竖直对齐"复选框,如图 8-23 所示。

④ 在文本框中输入:张三,并放置在指定的空格,同样的方法,完成其他空格,如图 8-24 所示。

(17) 保存文档,将工程图文档与装配图以及各个零件的文档保存在同一文件夹内,否则容易出错。

图 8-22 【注释】对话框(一)

图 8-23 【注释】对话框(二)

					模具装配图		图号:12345		
							图样标记	重量	比例
标记	处数	更改文件号	签 字	日期					
设计		张三		2016·12·1			共 页	第 页	
校对		李四		2016·12·1		客户名称:上海中华公司			
审核		王五		2016·12·1			长江模具制造有限公司		
批准		赵六		2016·12·1					

图 8-24 修改标题栏

(18) 新建图纸页,步骤如下。

① 在主菜单中选取"插入|图纸页"命令,在【图纸页】对话框中"大小"选"使用模板",在模板框中选"A0-无视图",如图 8-25 所示。

② 单击"确定"按钮,创建一个新的图纸页。

(19) 删除图纸页,步骤如下。

① 单击屏幕左边的"部件导航器"按钮 ，在【部件导航器】对话框中选取刚才创建的图纸页。

② 单击鼠标右键,在下拉菜单选取"删除"命令,可删除所选中的图纸页,如图 8-26 所示。

图 8-25 新建【图纸页】

图 8-26 选"删除"命令

（20）单击"保存"按钮 ![icon],保存文档。

8.2　创建明细表

（1）添加明细表,步骤如下。

① 在主菜单中选取"插入|表格|零件明细表"命令,在工程图中添加明细表,对于第一次创建明细表的 UG 用户,所创建的明细表如图 8-27所示。

（如果在创建明细表时出现图 8-28 所示的错误提示,请"单击我的电脑→单击鼠标右键→属性→系统属性→高级→环境变量→新建",在【新建系统变量】对话框中,将变量名（N）设为"UGII_UPDATE_ALL_ID_SYMBOLS_WITH_PLIST",变量值为 0,如图 8-29 所示,重新启动 UG。）

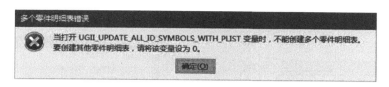

图 8-27　明细表

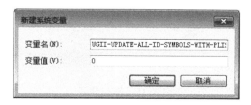

图 8-28　提示错误

② 把鼠标放在明细表左上角处,明细表全部变成黄色后,单击鼠标右键,在下拉菜单中选取"编辑级别"命令。

③ 在【编辑级别】对话框中单击"主模型"按钮,如图 8-30 所示,可展开整个明细表。

图 8-29　新建系统变量

图 8-30　【编辑级别】对话框

④ 单击"√"确认后退出,明细表展开后如图 8-31 所示。

（2）在装配图上生成序号,步骤如下。

① 把鼠标放在明细表左上角处,明细表全部变成黄色后,单击鼠标右键,在下拉菜单中选中"自动符号标注"命令。

② 选取右投影视图,单击"确定"按钮,系统在该视图上添加序号。

③ 选中全部 5 个序号,单击鼠标右键,在下拉菜单中选"设置"命令,在【设置】对话框选中"符号标注"选项卡,颜色选"黑色" ■,线型选"—",线宽选"0.25mm","直径"为 20mm,如图 8-32 所示,选中"文字"选项卡,设定"高度"为 15mm。

④ 单击 Enter 键,序号更改大小。

⑤ 拖动序号,近似排成一列,此时的序号可以不按顺序排列,如图 8-33 所示。

5	A_BAN	1
4	DAOTAO	4
3	DIAOHUAN	2
2	DAOZHU	4
1	B_BAN	1
PC NO	PART NAME	QTY

图 8-31 展开明细表

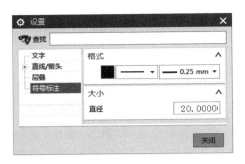

图 8-32 设置符号标注大小

⑥ 在主菜单中选取"GC 工具箱|制图工具|编辑明细表"命令,然后选中明细表,在【编辑零件明细表】对话框中选中"B_ban",单击"上移" ，再单击"更新件号" ，将"B_ban"排在第一位。

⑦ 采用同样的方法,在【编辑零件明细表】对话框中将 A_ban、daotao、daozhu、diaohuan 排第二~第五位,勾选"☑对齐件号"复选框,距离为 20mm,如图 8-34 所示。

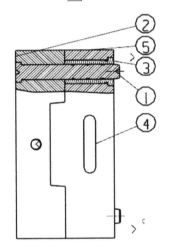

图 8-33 拖动序号近似排成一列

图 8-34 排列序号

⑧ 单击"确定"按钮,明细表的序号重新排列,如图 8-35 所示,右投影视图上的序号重新按顺序排列,如图 8-36 所示。(不同的电脑,排列的序号可能不完全相同)

5	DIAOHUAN	2
4	DAOZHU	4
3	DAOTAO	4
2	A_BAN	1
1	B_BAN	1
PC NO	PART NAME	QTY

图 8-35 重新排序

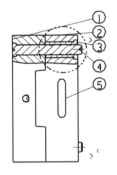

图 8-36 按顺序排序且排列整齐

（3）修改明细表，步骤如下。

① 在明细表中选择"B_ban"单元格，单击鼠标右键，在下拉菜单中选取"选择→列"，如图 8-37 所示。

② 再次选择"B_ban"单元格，单击鼠标右键，在下拉菜单中选取"调整大小"，如图 8-38 所示。

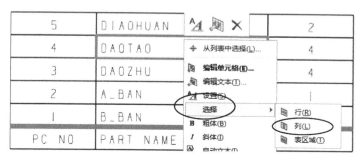

图 8-37 选取"列"

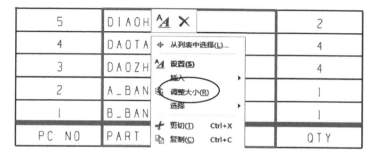

图 8-38 选"调整大小"

③ 在动态框中输入列宽：30，系统将所选中的明细表列宽调整为 30mm。

④ 采用相同的方法，调整第一列宽度为 20mm，第三列宽度为 12mm，将所有行高调整为 8mm，如图 8-39 所示。

⑤ 双击最下面的英文字符，将标题改为"序号"、"零件名称"、"数量"，如图 8-40 所示。

5	DIAOHUAN	2
4	DAOTAO	4
3	DAOZHU	4
2	A_BAN	1
1	B_BAN	1
PC NO	PART NAME	QTY

图 8-39 调整列宽与行高

5	DIAOHUAN	2
4	DAOTAO	4
3	DAOZHU	4
2	A_BAN	1
1	B_BAN	1
序号	零件名称	数量

图 8-40 修改标题

（4）添加零件属性，按如下步骤操作。（这里讲述的是在装配图中添加属性的方法，8.4 节中还将讲述在零件图中添加属性的方法。）

① 在"装配导航器"中选中"B_ban.prt"，单击鼠标右键，在下拉菜单中选"属性"。

② 在【属性】对话框中选"新建"按钮,"标题/别名"为"材质","值"为718♯,如图8-41所示。

③ 采用上述方法,给其他零件添加材质属性:A_ban. prt 的材质为718♯,daotao. prt 的材质为 SUJ2(GCr15),daozhu. prt 的材质为 SUJ2(GCr15),diaohuan. prt 的材质为 45♯。

④ 选择明细表最右边的单元格,单击鼠标右键,选择"选择",选"列"。

⑤ 再次选择该列,单击鼠标右键,选"插入",选"在右侧插入列",明细表的右侧添加一列,如图8-42所示。

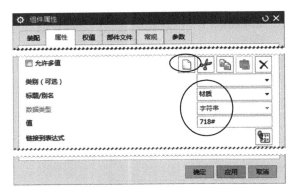

图8-41　新建组件属性

5	A_BAN	1	
4	DAOTAO	4	
3	DIAOHUAN	2	
2	DAOZHU	4	
1	B_BAN	1	
序号	零件名称	数量	

图8-42　右边添加一列

⑥ 选择刚才添加的列,单击鼠标右键,选"选择",选"列"。

⑦ 再次选择该列,单击鼠标右键,在下拉菜单中选取"设置"命令,在【设置】对话框中选"列",单击"属性名称"对应的 ⌫ 按钮,如图8-43所示。

⑧ 在【属性名称】对话框中选"材质",如图8-44所示。

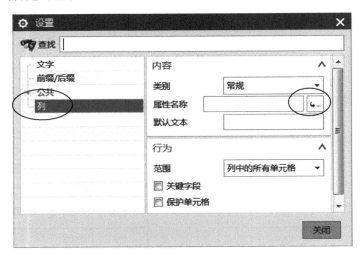

图8-43　先选"列",再单击 ⌫ 按钮

⑨ 单击"确定"按钮,在明细表空白列中添加零件的材质,这一列有的电脑中可能没有方框,如图8-45所示。

(如果此时表格中显示的不是文字,而是♯♯♯♯,是因为文字的高度大于表格的行高,可通过调大明细表的行高即可显示文字内容。)

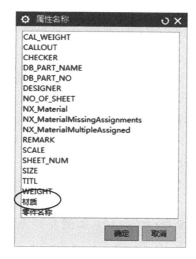

图 8-44 选"材质"

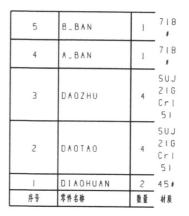

图 8-45 添加"材质"列

⑩ 选取最右边没有方框的列,单击鼠标右键,选"选择→列"。

⑪ 再次选最右边的列,单击鼠标右键,选"调整大小",在动态框中"列宽"为 40mm。

⑫ 单击"确定"按钮,右边列的列宽调整为 40mm 宽。

⑬ 选取最右边的列,单击鼠标右键,选"选择→列",再次选取最右边的列,单击鼠标右键,选"设置",在【设置】对话框中单击"单元格",在"边界"中选择"实体线",如图 8-46 所示,即可给右边的列添加边框。

(5)修改明细表中字型与字体大小,步骤如下。

① 把鼠标放在明细表左上角处,明细表全部变成黄色后,单击鼠标右键,在下拉菜单中选取"单元格设置"。

② 在【设置】对话框"文字"选项卡中,"颜色"选黑色,"高度"为 5mm,"字体"选黑体。

③ 单击 Enter 键,修改后的明细表如图 8-47 所示。

(6)单击"保存"按钮 ，保存文档。

图 8-46 【设置】对话框

5	DIAOHUAN	2	45#
4	DAOZHU	4	SUJ2(GCr15)
3	DAOTAO	4	SUJ2(GCr15)
2	A_BAN	1	718#
1	B_BAN	1	718#
序号	名称	数量	材质

图 8-47 修改后的明细表

8.3　创建自定义工程图模板

（1）创建工程图图框，步骤如下。

① 启动 NX 10.0，单击"新建"按钮 ，在【新建】对话框中输入"名称"为"tukuang. prt"，"单位"为"毫米"，选取"模型"选项，单击"确定"按钮，进入建模环境。

② 在横向菜单中选取"应用模块|制图"命令，在【图纸页】对话框中"大小"选" ⦿ 定制尺寸"，"高度"为 210mm，"长度"为 297mm，"比例"为 1：1，"单位"为"毫米"，"投影"选"第一角投影"按钮，单击"确定"按钮，进入制图环境。

③ 选取主菜单"插入|草图曲线|矩形"命令，在【矩形】对话框中选取"按 2 点"及坐标式，如图 8-48 所示。

④ 在动态框中输入第一点坐标(0,0)及第二点坐标(297,210)，如图 8-49 所示。

图 8-48　选矩形创建方式

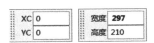

图 8-49　输入矩形坐标值

⑤ 单击"完成草图"按钮，创建一个矩形，尺寸标注可以直接按 Delete 键删除。

⑥ 在主菜单选取"插入|表格|表格注释"命令，在【表格注释】对话框中"描点"选"右下"，"列数"为 6，"行数"为 5，"列宽"为 10mm。

⑦ 在工作区中选中图框的右下角，创建一个 6 列 5 行的表格，如图 8-50 所示。

⑧ 选择左上角的单元格，单击鼠标右键，在下拉菜单中选"选择→列"，如图 8-51 所示。

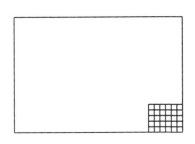

图 8-50　绘制表格

图 8-51　选择"列"

⑨ 再次右击该列，在下拉菜单中选取"调整大小"，输入列宽：8，该列的宽度调整为 8mm。

⑩ 相同的方法，调整其他列宽和行高，如图 8-52 所示。

⑪ 选取表格最下面一行，单击鼠标右键，在下拉菜单中选取"合并单元格"命令，如图 8-53 所示，所选中的单元格合并为一个单元格。

⑫ 重复操作上一步骤，合并其他单元格，合并后如

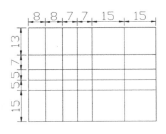

图 8-52　修改表格尺寸

图 8-54 所示。

图 8-53　合并最下面一行　　　　　　　图 8-54　合并后的表格

⑬ 采用相同的方法,创建表格(二)与表格(三),尺寸如图 8-55 所示。

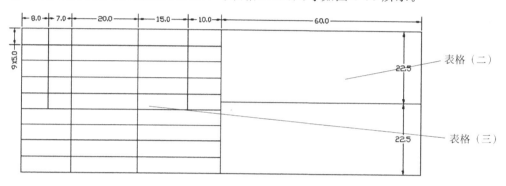

图 8-55　创建表格(二)与表格(三)

(2)在标题栏中输入文字,步骤如下。

① 双击右下角的表格,在动态文本框中输入"长江机械制造有限公司",如图 8-56 所示。

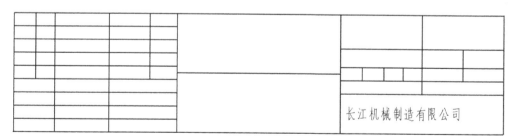

图 8-56　输入文本

② 选中所输入的文字,单击鼠标右键,在下拉菜单中选取"设置",在【设置】对话框"文字"选项卡中,"字体"选"黑体","高度"为 8.0mm,在"单元格"选项卡中,"文本对齐"选"中心"。

③ 同样的方法,创建其他表格的文本,如图 8-57 所示。(如果单元格中所输入的文字用♯表示,这是因为字体高度太大,需将表格的行高调大或文本的高度调小。)

(3)加载投影符号,步骤如下。

① 在菜单栏中选取"插入|符号|用户定义"命令。(如果在菜单上找不到"用户定义"这

个命令,请在横向菜单右边的"命令查找器"中查找"用户定义",如图 8-58 所示。)

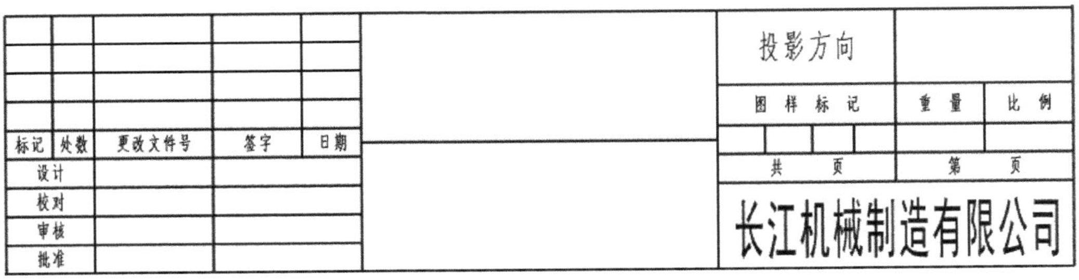

图 8-57　创建表格的文本

图 8-58　查找"用户定义"

② 按 Enter 键确认,在【命令查找器】对话框中选取"用户定义符号"有的电脑上显示的是英语名称,Use Defined Symbol,如图 8-59 所示。

③ 在【用户定义符号】对话框中"使用的符号来自于"选"实用工具目录","ug_default.sbf","1STANG","符号大小定义依据"选"长度和高度","长度"为 20mm,"高度"为 10mm,选取"独立的符号"按钮，如图 8-60 所示。

图 8-59　选取"用户定义符号"

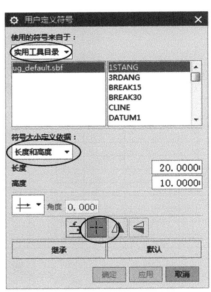

图 8-60　【用户定义符号】对话框

④ 将投影符号放到指定的单元格,自定义的工程图图框如图 8-61 所示。

(4)保存:将该文件保存在:\NX 10.0\LOCALIZATION\prc\simpl_chinese\startup 文件夹中。

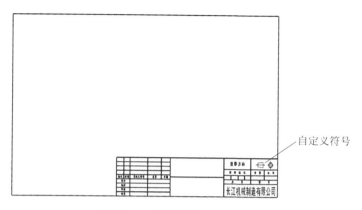

自定义符号

图 8-61 自定义的工程图图框

8.4 将自定义的图框设为模板

有三种方式可以将自定义的图框设为模板,分别是:①创建自定义模板的快捷方式;②将自定义模板挂入【新建】对话框中;③将自定义模板挂入"图纸页"对话框中。下面分别对这三种模板的创建方法进行介绍。

(1)创建自定义模板的快捷方式,步骤如下。

① 启动 NX 10.0,直接选取"文件|首选项|资源板"命令,在【资源板】对话框中单击"新建资源板"按钮，系统在屏幕左侧工具条最下方新创建一个"新建资源板"的快捷图标,如图 8-62 所示。

② 在屏幕左边的空白处单击鼠标右键,在下拉式菜单中,依次选取"新建条目|图纸页模板",如图 8-62 所示。

③ 选取 8.3 节创建的 tukuang.prt,该文件作为模板图标挂在绘图区左边,可作为模板使用。

④ 在主菜单中选取"首选项|资源板"命令,在【资源板】对话框中选取刚才创建的资源板,再单击"属性"按钮，如图 8-63 所示。

快捷图标

图 8-62 选取"新建条目|图纸页模板"

⑤ 在【资源板属性】对话框中输入"长江机械制造有限公司",如图 8-64 所示。

⑥ 单击"确定"按钮后,挂在屏幕左边的快捷模板添加了模板名称,如图 8-65 所示。

⑦ 打开一个零件图(比如 daotao.prt),把屏幕左侧的工程图模板图标直接拖到绘图区中,系统立即切换成工程图模式,如图 8-66 所示。

⑧ 在【视图创建向导】对话框中依次单击"下一步"→"下一步"→"前视图"→"下一步",将前视图放在图框中的适当位置,即可开始创建工程图。

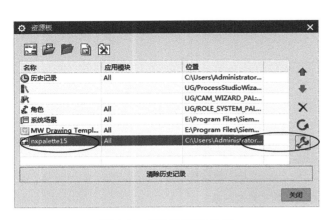

图 8-63 【资源板】对话框

图 8-64 输入"长江机械制造有限公司"

图 8-65 添加图框模板名称

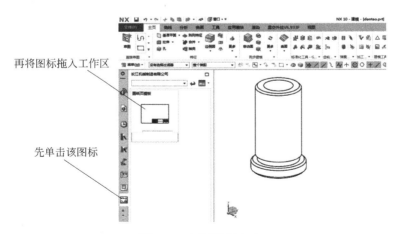

图 8-66 调用图框方法

⑨ 在主菜单中选取"文件|属性"命令,在【显示部件属性】对话框"属性"选项卡中"标题/别名"文本框中输入:"材质","值"为 SUJ2(GCr15),单击"应用"按钮,重新在"标题/别

名"文本框中输入：零件名称，"值"为导套，如图 8-67 所示，单击"确定"按钮。

⑩ 在工程图标题栏选中一个单元格，单击鼠标右键，在下拉菜单中选"导入"，选"属性"，在【导入属性】对话框中选"工作部件属性"，选取"零件名称"，如图 8-68 所示。

图 8-67　添加零件属性

图 8-68　导入属性

⑪ 所选中的单元格中填加了零件的名称，如图 8-69 所示的"导套"文本所在的单元格。

⑫ 采用相同的方法，在另一个单元格中填加零件的材质，如图 8-69 所示。

图 8-69　导入零件名称和材质

（2）在【新建】对话框中挂入自定义图框模板，具体步骤如下：

① 将 tukuang. prt 复制到\NX 10.0\LOCALIZATION\prc\simpl_chinese\startup 文件夹中。

② 在\NX 10.0\LOCALIZATION\prc\simpl_chinese\startup 文件夹中，用记事本打开 ugs_drawing_templates_simpl_chinese. pax 文件，保留以下内容，其余部分全部删除，如图 8-70 所示。

③ 更改文本中所标示的部分内容，如图 8-71 所示。

④ 将文件另存为 my_ugs_drawing_templates_simpl_chinese. pax。

图 8-70　修改 ugs_drawing_templates_simpl_chinese.pax 文件

图 8-71　修改文本内容

⑤ 用 Windows 自带的画图软件，打开 drawing_noviews_template.jpg 文件，先单击"A"，再在图案中添加一行文本"长江机械制造有限公司"，如图 8-72 所示。

⑥ 将该文件另存为：长江 A4 图框.jpg。

⑦ 重新启动 NX 10.0，单击"新建"按钮📄，在【新建】对话框中出现了刚才所创建的"长江公司的图纸"选项卡，该选项卡与 my_ugs_drawing_templates_simpl_chinese.pax 文件的对应关系如图 8-73 所示。

（3）在【图纸页】对话框中挂入自定义图框模板，具体步骤如下。

① 在\NX 10.0\LOCALIZATION\prc\simpl_chinese\startup 文件夹中，用记事本打开 ugs_sheet_templates_simpl_chinese.pax。

② 复制图 8-74 所示的内容，粘贴到这段文字的后面。

③ 将复制后的内容做如下修改（请注意大小写），如图 8-75 所示。

④ 单击"保存"按钮💾，保存该文件。

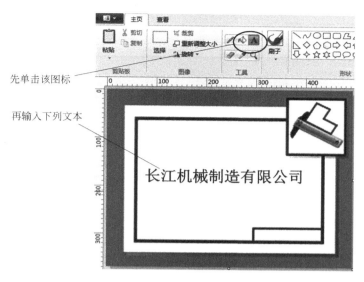

图 8-72　在图片中添加文本

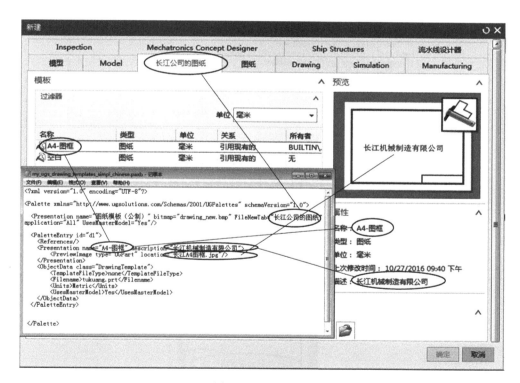

图 8-73　对应关系

⑤ 重新启动 NX 10.0,任意打开一个零件图纸(比如 B_ban. prt),在横向菜单中选取"应用模块|制图|新建图纸页"命令,在【图纸页】对话框中选"◉使用模板"选项,出现刚才所创建的模板,如图 8-76 所示。

```
ugs_sheet_templates_simpl_chinese.pax - 记事本
文件(F)  编辑(E)  格式(O)  查看(V)  帮助(H)
   </ObjectData>
  </PaletteEntry>

  <PaletteEntry id="d20">
   <References/>
   <Presentation name="F - 图纸" description="NX 示例图纸页">
    <PreviewImage type="UGPart" location="drawing_template.jpg"/>
   </Presentation>
   <ObjectData class="SheetTemplate">
    <TemplateFileType>none</TemplateFileType>
    <Filename>F-sheet-template.prt</Filename>
    <Units>English</Units>
   </ObjectData>                                     复制并粘贴到这段文字的后面
  </PaletteEntry>
```

图 8-74   复制并粘贴到这段文字的后面

```
ugs_sheet_templates_simpl_chinese.pax - 记事本
文件(F)  编辑(E)  格式(O)  查看(V)  帮助(H)
      <Filename>F-sheet-template.prt</Filename>
      <Units>English</Units>
    </ObjectData>
  </PaletteEntry>

  <PaletteEntry id="d21">
   <References/>
   <Presentation name="长江公司A4_图框" description="长江机械公司的模板">
    <PreviewImage type="UGPart" location="长江A4图框.jpg"/>
   </Presentation>
   <ObjectData class="SheetTemplate">
    <TemplateFileType>none</TemplateFileType>
    <Filename>tukuang.prt</Filename>
    <Units>Metric</Units>
   </ObjectData>
  </PaletteEntry>

</Palette>                 因tukuang.prt的单位是公制, 所以这里是Metric (注意大小写)。
```

图 8-75   修改 ugs_sheet_templates_simpl_chinese. pax

图 8-76   调用模板

8.5 直接修改 NX 所提供的图框标题栏

步骤如下：

① 取消原文件的只读属性：进入\NX 10.0\UG\LOCALIZATION\prc\simpl_chinese\startup 文件夹，逐一选中这个文件夹中的每个文件，然后右击鼠标，在弹出的菜单中选取"属性"，在弹出的对话框中取消属性栏中"只读"选项前面的"√"，单击"确定"按钮退出。

② 启动 NX 10.0，打开\NX 10.0\UG\LOCALIZATION\prc\simpl_chinese\startup 文件夹中的 A0++-noviews-asm-template 文件，打开工程图图框。

③ 在菜单栏中选取"格式|图层设置"命令，打开"图层设置"对话框，用鼠标双击 170 图层，将 170 图层设为工作图层。

④ 单击"关闭"按钮后，双击标题栏中的"西门子产品管理软件（上海）有限公司"，改为"长江机械制造有限公司"。

⑤ 保存并退出该文档，然后将其属性设为只读，即可作为模板使用。

作业：

（1）创建一个工程图图框，尺寸为（1189mm×841mm），并添加标题栏，如图 8-77 所示。

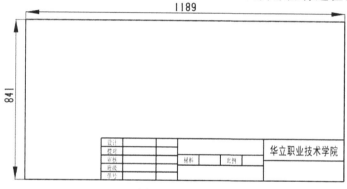

图 8-77 图框

（2）将第一道作业的图框保存为模板。

（3）打开第 7 章作业装配图，添加总装图的属性，如图 8-78 所示。

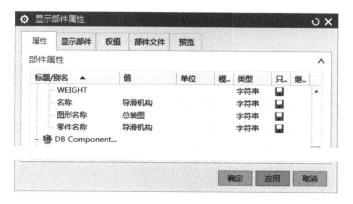

图 8-78 添加属性

（4）创建第7章作业装配图的工程图：主视图，右视图，俯视图，剖视图，断开视图，半剖视图，旋转剖视图，放大视图，局部剖视图，正等测图，在各视图中添加中心线与标注，创建明细表，在正等测图上添加零件序号，在明细表上添加材料属性及设计属性，在标题栏中通过属性导入的方法添加"导滑机构"和"总装图"，如图8-79所示。

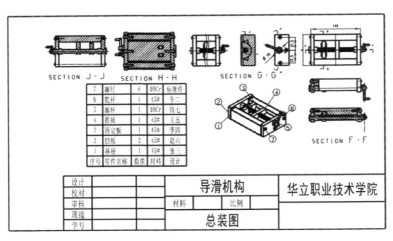

图8-79　导滑机构工程图

第 9 章

UG基准特征设计

本章详细介绍 UG 基准面、基准轴、基准线、基准点、基准坐标等几种主要的基准特征的创建方式,另外也介绍了几种常见的 UG 曲线方程:直线方程、椭圆方程、正弦(余弦)曲线方程、螺旋线方程、阿基米德螺旋线方程、圆形波浪线与齿轮渐开线的创建过程。

本章开始前,请老师从本书前言二维码中下载本书配套文件"UG10.0造型设计、模具设计与数控编程建模图\第 9 章 UG 基准特征设计\建模图\建模前"文件夹中的零件图档,并通过教师机下发给学生,再开始课程。

9.1 基准面

在本章开始前,请先打开前面章节创建的 A_ban.prt 实体。

在主菜单中选取"插入|基准/点|基准平面"命令,单击【基准平面】对话框中"自动判断"旁边的下三角形▼按钮,弹出 15 种创建基准平面的方法,如图 9-1 所示。

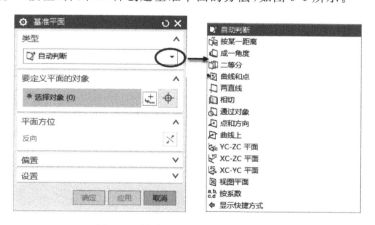

图 9-1 创建基准平面的 15 种方法

(1) 按某一距离:与实体侧面相距 30mm,创建一个基准平面,如图 9-2 所示。

(2) 成某一角度:通过实体的边线,与上表面成 30°,创建一个基准平面,如图 9-3 所示。

(3) 二等分:分为三种情况。

① 在两平行平面的中间位置，创建基准平面，与上述两个平面平行，并且距离相等，如图 9-4 所示。

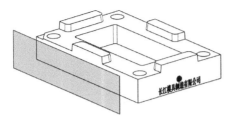

图 9-2   "按某一距离"创建基准平面

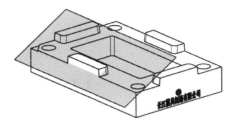

图 9-3   "成一角度"创建基准平面

② 通过两平面的交线，创建基准平面，与两个平面形成的夹角相同，如图 9-5 所示。

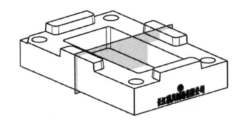

图 9-4   与两平面的距离相等

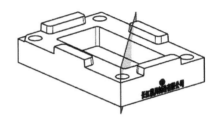

图 9-5   与两平面的夹角相等

③ 在【基准平面】对话框中单击"备选解"按钮 ⟳，生成另一个基准平面，与两个平面形成的夹角相同，且两基准平面互相垂直，如图 9-6 所示。

（4）曲线和点：选取端点 A 与直线 AB，创建一个基准平面，该基准平面经过端点 A，且与直线 AB 垂直，如图 9-7 所示。

（直线 AB 的创建命令："插入｜曲线｜基本曲线"，单击 A、B 点，即可创建 AB 直线。）

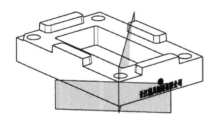

图 9-6   两等分创建基准平面

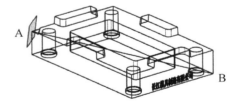

图 9-7   经过曲线和点

（5）两直线：经过两条平行直线（或平行直线），创建基准平面，分为三种情况：

① 基准平面同时经过两条直线 AB 与 CD，如图 9-8 所示。

② 单击"备选解"按钮 ⟳，基准平面经过直线 AB，与第①种平面垂直，如图 9-9 所示。

③ 单击"备选解"按钮 ⟳，基准平面经过直线 CD，与第①种平面垂直，如图 9-10 所示。

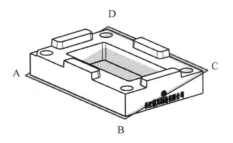

图 9-8   基准面经过直线 AB 与 CD

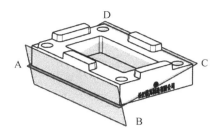

图 9-9　基准面经过直线 AB 与第①种平面垂直

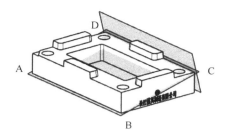

图 9-10　基准面经过直线 CD 与第①种平面垂直

（6）相切：所创建的基准平面与圆柱型曲面相切，分为 5 种子类型：

① 一个面：选取一个圆柱型曲面，所创建的基准平面在默认位置与圆柱型曲面相切，如图 9-11 所示。

② 通过点：选取导柱孔曲面与端点 A（A 可以在曲面外，也可以在曲面上），单击"确定"按钮，创建基准平面，与圆柱型曲面相切，如图 9-12 所示，单击"备选解"按钮 🔄，可以生成不同的基准平面。

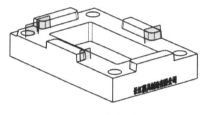

图 9-11　相切曲面

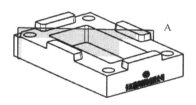

图 9-12　通过点

③ 通过直线：选取直线 AB 与导柱孔曲面，单击"确定"按钮，创建一个基准平面，与圆柱型曲面相切，如图 9-13 所示。单击"备选解"按钮，可以生成不同的基准平面。

④ 两个面：选取两个导柱孔曲面，单击"确定"按钮，创建一个基准平面，与两个圆柱型曲面相切，如图 9-14 所示。单击"备选解"按钮 🔄，可以生成不同的基准平面。

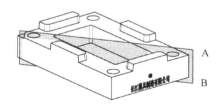

图 9-13　经过直线 AB 与曲面相切

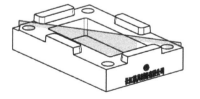

图 9-14　与两曲面相切

⑤ 与平面成一角度：与所选圆柱面相切，且与平面 ABCD 的夹角为 30°，如图 9-15 所示，单击"备选解"按钮 🔄，生成不同的基准平面。

（7）通过对象：选择一段圆弧或一个平面或一条直线，创建基准平面，如图 9-16、图 9-17 所示。

（8）点和方向：分为 3 种情况。

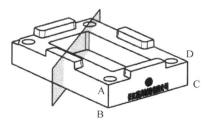

图 9-15　与平面成一角度

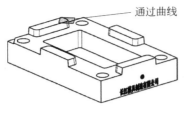

图 9-16 通过曲线创建平面

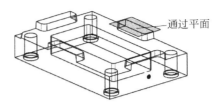

图 9-17 通过平面

① 选取曲线 ABCE 与端点 D,创建一个基准平面,所创建的基准平面与曲线垂直,如图 9-18 所示。

② 单击"备选解"按钮 🔄 ,创建的基准平面与曲线相切,且与第①种基准平面垂直,如图 9-19 所示。

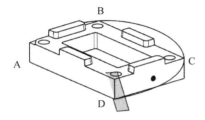

图 9-18 基准平面与曲线垂直

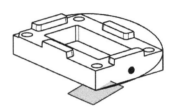

图 9-19 与曲线相切,且与第①种基准平面垂直

③ 单击"备选解"按钮 🔄 ,创建的基准平面与第①种和第②种基准平面垂直,如图 9-20 所示。

(创建艺术样条曲线:在主菜单中选取"插入|曲线|艺术样条"命令,在【艺术样条】对话框"移动"区域中选"◉视图"复选框,依次在零件图上选取 A、B、C、D 四点即可。)

(9)曲线上:选取样条曲线,在【基准平面】对话框"曲线上的位置"区域中,"位置"选"弧长","弧长"为 300mm,单击"确定"按钮,创建一个基准平面,与曲线垂直,如图 9-21 所示。

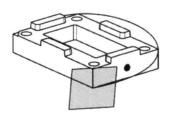

图 9-20 通过端点,且与第①、②种基准平面垂直

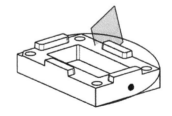

图 9-21 在曲线上创建基准平面

(10)通过坐标系平面:经过 YC-ZC(XC-ZC 或 YC-XC)平面创建基准平面,如图 9-22 所示。

(11)视图方向:通过坐标系原点,创建一个基准平面,基准平面与视图方向平行,如图 9-23 所示。

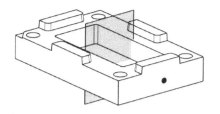

图 9-22　经过 YC-ZC 平面创建基准平面

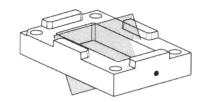

图 9-23　创建与视图方向平行的基准平面

9.2　基准轴

在主菜单中选取"插入│基准/点│基准轴"命令,弹出【基准轴】对话框,单击"类型"的下三角形,可以显示出有 6 种基准轴的创建方式。

(1)交点:选取 A_ban.prt 零件方坑底面与侧面,系统在底面与侧面的交线处创建基准轴,如图 9-24 所示。

(2)曲线/面轴:以圆柱(圆锥)曲面的中心轴创建基准轴,或以曲面的边线创建基准轴,如图 9-25 所示。

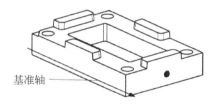

图 9-24　经过两平面的交线创建基准轴

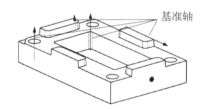

图 9-25　以圆柱中心轴或曲面边线创建基准轴

(3)曲线上矢量:经过曲线上的一点,创建一条基准轴,且与曲线相切,如图 9-26 所示。

(4)点和方向:经过指定点和指定方向,创建一条基准轴,如图 9-27 所示。

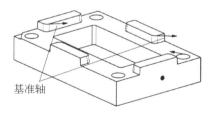

图 9-26　经过曲线上的矢量创建基准轴

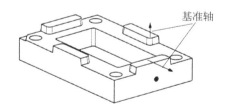

图 9-27　经过指定点和指定方向,创建基准轴

(5)两点:经过两点,创建一条基准轴,基准轴的方向由起点指向终点,如图 9-28 所示。

(6)沿坐标轴:在"类型"栏中选取"ZC 轴",单击"确定"按钮,创建 ZC 基准轴,如图 9-29 所示,同样的方法,可以创建 XC、YC 方向的基准轴。

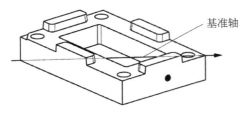

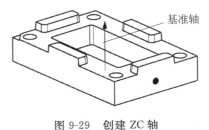

图 9-28　经过两点,创建一条基准轴　　　　　图 9-29　创建 ZC 轴

9.3　基准曲线

（1）在平面上创建文字,步骤如下。

① 在主菜单中选取"插入|曲线|文本"命令,在【文本】对话框中"类型"选"平面的",在"文本属性"框中输入"长江模具制造有限公司","线型"选"仿宋","脚本"选"GB2312","字型"选"粗体","描点位置"选"中下","长度"为 150mm,"高度"为 20mm,如图 9-30 所示。

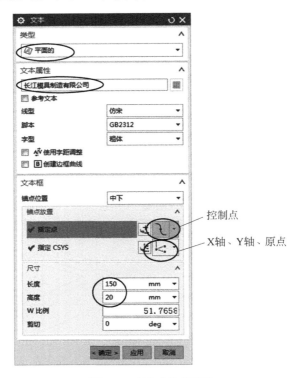

图 9-30　【文本】对话框

② 单击"CSYS 对话框"按钮,在 CSYS 对话框中选取"X 轴、Y 轴、原点"坐标系,在零件图上先选取顶点为原点,再选取水平边线为 X 轴,最后选取竖直边线为 Y 轴,如图 9-31所示。

③ 单击"指定点"按钮 ,在【点】对话框中选"控制点"按钮 ,在线段的中点附近单击鼠标左键,系统自动选取水平线段的中点为文本放置位置,如图 9-32 所示。

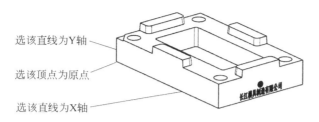

图 9-31 指定 CSYS

④ 单击"确定"按钮,创建一个文本,如图 9-33 所示。

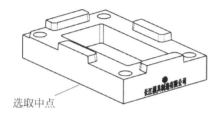

图 9-32 选取中点

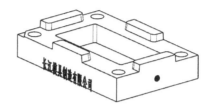

图 9-33 创建文本

(2) 在曲线上创建文字,步骤如下。

① 在主菜单中选取"插入|曲线|文本"命令,在【文本】对话框中"类型"选"曲线上","定位方法"选"矢量","指定矢量"选"ZC↑" ，在"文本属性"框中输入"基准角","线型"选"仿宋","脚本"选"GB2312","字型"选"粗体","描点位置"选"中心","参数百分比"为 85,"偏置"为 2mm,"长度"为 20mm,"高度"为 8mm。

② 在零件图上选取圆柱孔的边线为文本放置曲线,创建文本曲线,如图 9-34 所示。

③ 读者自行在【文本】对话框中将"定位方法"改为"自然",看看有什么不同。

(3) 在曲面上创建文字,具体步骤如下。

① 在主菜单中选取"插入|曲线|文本"命令,在【文本】对话框中"类型"选"面上","放置方法"选"面上的曲线",在"文本属性"框中输入"锁紧块","线型"选"仿宋","脚本"选"GB2312","字型"选"粗体","描点位置"选"中心","参数百分比"为 55,"偏置"为 4mm,"长度"为 25mm,"高度"为 10mm。

② 选取文本放置面及文本放置曲线,单击"确定"按钮,创建曲面上的文本,如图 9-35 所示。

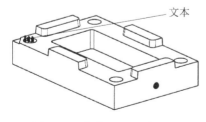

图 9-34 在曲线上创建文本

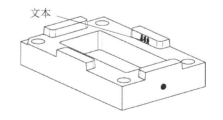

图 9-35 在曲面上创建文本

(4) 相交曲线:通过两组相交曲面创建基准曲线,具体步骤如下。

① 先以零件的底面创建一个圆柱(直径为 75mm,高度为 70mm,圆心在凹坑的侧壁上,

"布尔"选"无" 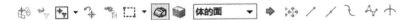）。

② 在主菜单中选取"插入|派生曲线|相交"命令，在工具条中选取"体的面"，如图 9-36 所示。

图 9-36　在工具条中选取"体的面"

③ 在零件图上选取圆柱为第一组曲面，选取 A_ban.prt 实体为第二组曲面，即可创建相交曲线，如图 9-37 所示。（如果两实体已完成布尔"求和"运算，则不能创建相交曲线。）

（5）等参数曲线：绘制截面的 U、V 曲线具体步骤如下。

① 在主菜单中选取"插入|派生曲线|等参数曲线"命令，在【等参数曲线】对话框中"方向"选 ，"位置"选"均匀"，"数量"为 6。

② 在零件图上选取侧面，即创建 U、V 曲线，如图 9-38 所示。

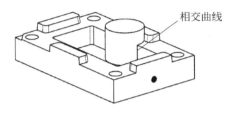

图 9-37　创建相交曲线

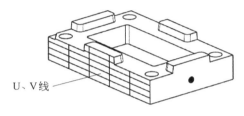

图 9-38　创建 U、V 线

（6）绘制截面曲线。具体步骤如下。

① 在主菜单中选取"插入|派生曲线|截面"命令，在工具条中选取"实体"，如图 9-39 所示。

图 9-39　选"实体"

② 选取实体为"要剖切的对象"，选取 ZX 平面为"剖切平面"。

③ 单击"确定"按钮，实体上即创建截面曲线，如图 9-40 所示。

（7）绘制抽取曲线。具体步骤如下。

① 在主菜单中选取"插入|派生曲线|抽取"命令，在【抽取曲线】对话框中单击"边曲线"按钮。

② 在零件图上选取实体的边缘曲线，单击"确定"按钮，即创建边曲线。

③ 在主菜单上选取"编辑|显示和隐藏|隐藏"命令，隐藏实体后，如图 9-41 所示。

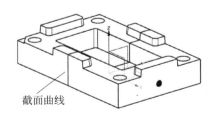

图 9-40　创建截面曲线

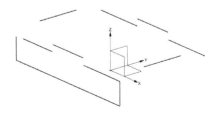

图 9-41　创建抽取曲线

（8）绘制偏置曲线。具体步骤如下。

在主菜单中选取"插入|派生曲线|偏置"命令,在【偏置曲线】对话框中,"偏置类型"可分为"距离"、"拔模"、"规律控制"、"3D轴向"等几种类型。

① 在【偏置曲线】对话框中"偏置类型"选取"距离","距离"为15mm。

② 在零件图上选取一条曲线,即可创建"距离"偏置曲线,如图9-42所示。

③ 在【偏置曲线】对话框中"偏置类型"选"拔模","高度"为10mm,"角度"为45°,"副本数"为2。

④ 在零件图上选取一条曲线,单击"确定"按钮,可创建两条"拔模"偏置曲线,如图9-43所示。（如果不能创建偏置曲线,请在距离或角度文本框中输入负值,即高度为−10mm,角度为−45°。）

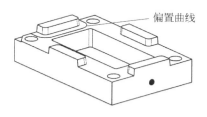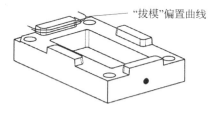

图 9-42 "距离"偏置曲线　　　　　图 9-43 "拔模"偏置曲线

⑤ 在【偏置曲线】对话框中"偏置类型"选取"规律控制","规律类型"选"线性","起点"为5mm,"终点"为30mm,"副本数"为1。

⑥ 在零件图上选取一条曲线,单击"确定"按钮,即可创建"规律控制"偏置曲线,如图9-44所示。

⑦ 在【偏置曲线】对话框中"偏置类型"选取"3D轴向","距离"为10mm,"指定方向"选"ZC↑ "。

⑧ 在零件图上选取一条曲线,单击"确定"按钮,创建沿ZC方向的"3D轴向"偏置曲线,如图9-45所示。

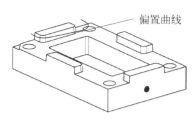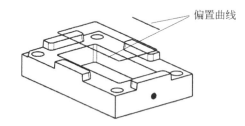

图 9-44 规律控制偏置曲线　　　　图 9-45 3D轴向偏置曲线

（9）在面上偏置。具体步骤如下。

① 在主菜单中选取"插入|派生曲线|在面上偏置"命令,在【在面上偏置曲线】对话框中"类型"选"恒定" ,偏置距离为10mm。

② 在零件图上选取实体的交线为要偏置的曲线,选取斜面为偏置的曲面。

③ 单击"确定"按钮,创建一条偏置曲线,如图9-46所示。

（所创建的偏置曲线在所选的曲面或平面上。）

（10）桥接曲线。

① 在主菜单中选取"插入|派生曲线|桥接曲线"命令，弹出【桥接曲线】对话框。

② 在零件图上选取曲线 1，单击鼠标中键后，再选取曲线 2。

③ 单击"确定"按钮，即创建一条桥接曲线，拖动滑板，可以调整曲线形状，如图 9-47 所示。

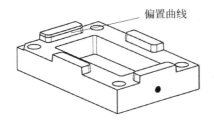

图 9-46 在面上偏置

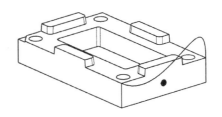

图 9-47 桥接曲线

（11）圆形圆角曲线。

① 在主菜单中选取"插入|派生曲线|圆形圆角曲线"命令。

② 在屏幕上方的辅助工具中选取"单条曲线"，如图 9-48 所示。

图 9-48 选"单条曲线"

③ 在实体上选取曲线 1 与曲线 2，弧长为 40mm。

④ 单击"确定"按钮，系统创建一条圆形圆角曲线，如图 9-49 所示。

（12）投影曲线。

① 在主菜单中选取"插入|派生曲线|投影"命令，弹出【投影曲线】对话框。

② 选取桥接曲线为要投影的曲线，另一端平面为要投影的平面，投影方向为"XC ↑"。

③ 单击"确定"按钮，创建投影曲线，如图 9-50 所示。

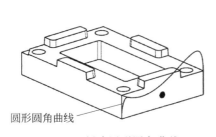

图 9-49 创建圆形圆角曲线

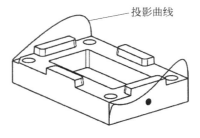

图 9-50 创建投影曲线

（13）通过草绘创建基准曲线。

① 单击"草图"按钮，以侧面 ABCD 为绘图平面，单击"确定"按钮进入草绘环境。

② 在主菜单中选取"插入|草图曲线|艺术样条"命令，任意绘制一条艺术样条曲线。

③ 单击"确定"按钮，单击"完成草图"按钮，生成一条基准曲线，如图 9-51 所示。

（14）镜像曲线。

① 打开 tangshicaotu.prt。

② 在主菜单中选取"插入|派生曲线|镜像"命令，弹出【镜像曲线】对话框。

③ 在零件图上选取曲线和镜像平面。

④ 单击"确定"按钮,生成镜像曲线,如图9-52所示。

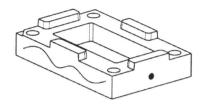

图9-51　通过草绘创建基准曲线

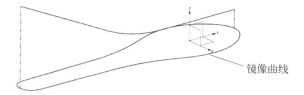

镜像曲线

图9-52　创建镜像曲线

（15）组合投影曲线。

① 在主菜单中选取"插入|派生曲线|组合投影"命令,弹出【组合投影】对话框。

② 在零件图上选取曲线1,单击鼠标中键后,再选取曲线2。

③ 单击"确定"按钮,生成组合投影曲线,如图9-53所示。

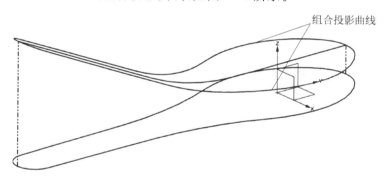

组合投影曲线

图9-53　创建组合投影曲线

（16）缠绕/展开曲线。

① 打开chanraoquxian.prt。

② 在主菜单中选取"插入|派生曲线|缠绕/展开曲线"命令,在【缠绕/展开曲线】对话框中"类型"选"缠绕"。

③ 在零件图上选取曲线、曲面和基准平面。

④ 单击"确定"按钮,生成一个缠绕曲线,如图9-54所示。

⑤ 在【缠绕/展开曲线】对话框中"类型"选"展开"。

⑥ 在零件图上选取实体的上、下边线、圆锥曲面和基准平面。

⑦ 单击"确定"按钮,生成展开曲线,如图9-55所示。

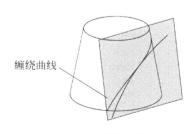

缠绕曲线

图9-54　缠绕曲线

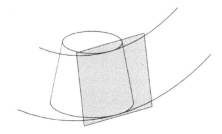

图9-55　展开曲线

9.4　UG 参数式曲线设计

1. 创建直线

若直线经过点(30,20),与 X 轴正方向的夹角 theta 为 35°,长度 L 为 40,即 NX 表达式为:theta＝35,L＝40,a＝30,b＝20,t＝1,x＝a＋L * cos(theta) * t,y＝b＋L * sin(theta) * t,z＝0

NX 参数式曲线设计方法创建直线的具体步骤如下:

(1) 在主菜单上选取"工具 | 表达式"命令,在【表达式】对话框"名称"文本栏中输入"theta","公式"文本栏中输入"35",在"类型"下拉菜单中选择"恒定",单击"应用"按钮。

(2) 按上述方式,依次输入表 9-1 中的其他内容,【表达式】对话框如图 9-56 所示,并单击"确定"按钮退出。

表 9-1　直线方程参数

名　称	表　达　式	类　型	表达式的含义
theta	35	数字、角度	直线与 X 轴正方向的夹角
t	1	数字、恒定	系统变量,变化范围:0～1
L	40	数字、长度	直线的长度(不分大小写)
a	30	数字、恒定	直线经过点(30,20)
b	20		
x	a＋L * cos(theta) * t	数字、长度	直线上任一点的 x 坐标
y	b＋L * sin(theta) * t	数字、长度	直线上任一点的 y 坐标
z	0	数字、长度	直线上任一点的 z 坐标

(3) 在主菜单上选取"插入 | 曲线 | 规律曲线"命令,在【规律曲线】对话框中"规律类型"选择"根据方程","参数"为 t,函数 x\y\z,如图 9-57 所示。

图 9-56　直线方程表达式

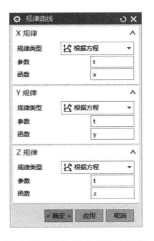

图 9-57　【规律曲线】对话框

（4）单击"确定"按钮，退出【规律曲线】对话框，并创建一条直线，如图9-58所示。

（请将输入法切换为英文输入法，再在【表达式】对话框中输入"("或")"，否则不能创建曲线。）

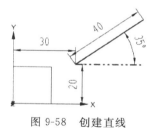

图9-58　创建直线

2. 创建椭圆曲线

椭圆的曲线方程为：$x = x0 + a\cos\theta$，$y = y0 + b\sin\theta$。

以坐标(30,20)为中心，长轴为20mm，短轴为15mm，创建一个椭圆，NX表达式如表9-2所示。

表9-2　椭圆表达式

名　　称	表　达　式	类　　型	表达式的含义
a	40	数字、长度	椭圆长半轴
b	30	数字、长度	椭圆短半轴
t	1	数字、恒定	系统变量，变化范围：0～1
theta	t * 360	数字、角度	表示角度在0°～360°之间变化
x0	25	数字、长度	椭圆中心点(25,20)
y0	20		
x	x0+a * cos(theta)	数字、长度	曲线上任一点的 x 坐标
y	y0+b * sin(theta)	数字、长度	曲线上任一点的 y 坐标
z	0	数字、长度	曲线上任一点的 z 坐标

NX方程椭圆曲线效果如图9-59所示。

如果创建半个椭圆，则只需在主菜单中单击"工具|表达式"，在【表达式】对话框中将theta＝t * 360改为theta＝t * 180，单击"确定"按钮，椭圆曲线如图9-60所示。

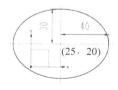

图9-59　创建椭圆

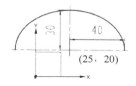

图9-60　创建半个椭圆

3. 创建正弦（余弦）曲线

正弦曲线方程：$y = \sin(x)$，余弦曲线方程：$y = \cos(x)$。

若正弦曲线的波峰为5mm，曲线起止点的距离为8mm，波峰数为4，则NX表达式如表9-3所示。

表9-3　正弦曲线表达式

名　　称	表　达　式	类　　型	表达式的含义
a	5	数字、长度	正弦曲线的振幅
b	4	数字、长度	正弦曲线的波峰数
t	1	数字、恒定	系统变量，变化范围：0～1

名　称	表　达　式	类　型	表达式的含义
p	20	数字、恒定	曲线从起点到终点的距离为20
x	p * t	数字、长度	曲线上任一点的 x 坐标
y	a * sin(b * 360 * t)	数字、长度	曲线上任一点的 y 坐标
z	0	数字、长度	曲线上任一点的 z 坐标

UG 正弦方程曲线效果如图 9-61 所示。

4. 创建螺旋曲线

若圆柱螺旋线半径 r 为 30mm，螺距 p 为 5mm，圈数 n 为 5，即 NX 表达式如表 9-4 所示。

表 9-4　螺旋曲线表达式

名　称	表　达　式	类　型	表达式的含义
r	5	数字、长度	圆弧半径
n	8	数字、恒定	螺纹数
t	1	数字、恒定	系统变量，变化范围：0～1
p	2	数字、长度	螺距
theta	t * 360	数字、角度	每个螺纹旋转360°
x	r * cos(theta * n)	数字、长度	曲线上任一点的 x 坐标
y	r * sin(theta * n)	数字、长度	曲线上任一点的 y 坐标
z	p * n * t	数字、长度	曲线上任一点的 z 坐标

NX 螺旋曲线效果如图 9-62 所示。

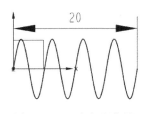

图 9-61　正弦方程曲线　　　　　图 9-62　螺旋曲线

5. 创建圆锥（圆台）曲线

当 z 在同一平面时，又称为阿基米德螺线（等进螺线）。

若圆台小半径 r1 为 5mm，大头半径 r2 为 20mm，圈数 n 为 10，螺距 p 为 5mm，UG 表达式如表 9-5 所示。

表 9-5　圆锥螺旋线表达式

名　称	表　达　式	类　型	表达式的含义
r1	5	数字、长度	圆台小头起始半径 r1 为 5
r2	20	数字、长度	圆台大头终止半径 r2 为 20
n	5	数字、恒定	圈数

续表

名　称	表　达　式	类　型	表达式的含义
t	1	数字、恒定	系统变量,变化范围:0~1
p	5	数字、长度	螺距
d	(r2－r1)/n	数字、恒定	曲线每旋转一圈后,水平方向的增量
x	(r1＋d＊t＊n)＊cos(360＊t＊n)	数字、长度	曲线上任一点的 x 坐标
y	(r1＋d＊t＊n)＊sin(360＊t＊n)	数字、长度	曲线上任一点的 y 坐标
z	p＊n＊t	数字、长度	曲线上任一点的 z 坐标

UG 圆锥螺旋线和圆台螺旋线效果如图 9-63 所示。

6. 创建圆形波浪曲线(碟形曲线)

圆半径 r 为 30mm,波浪线的振幅为 5mm,波峰的数量为 8,NX 表达式如表 9-6 所示。

表 9-6　圆形波浪曲线表达式

名　称	表　达　式	类　型	表达式的含义
r	60	数字、长度	半径为 30
t	1	数字、恒定	系统变量,变化范围:0~1
a	5	数字、长度	波峰波谷的振幅
b	8	数字、恒定	波峰波谷的数量
x	r＊cos(360＊t)	数字、长度	曲线上任一点的 x 坐标
y	r＊sin(360＊t)	数字、长度	曲线上任一点的 y 坐标
z	a＊sin(b＊360＊t)	数字、长度	曲线上任一点的 z 坐标

UG 圆形波浪线曲线效果如图 9-64 所示。

图 9-63　螺旋曲线　　　　　　　图 9-64　圆形波浪线

7. 圆的渐开线

渐开线的数学方程

$$x＝r＊\cos\theta＋r＊\theta＊\sin\theta, y＝r＊\sin\theta - r＊\theta＊\cos\theta$$

式中两个 θ 的含义不同,$\cos\theta(\sin\theta)$ 中的 θ 是角度,正(余)弦前的 θ 是弧度。

$$xt＝r＊\cos(\theta)＋ r＊pi()/180＊\theta＊\sin(\theta)$$

$$yt＝r＊\sin(\theta)－r＊pi()/180＊\theta＊\cos(\theta)$$

$$zt＝0$$

以基圆半径 r 为 30mm,展开角为 90°,渐开线的表达式如表 9-7 所示。

表 9-7 圆的渐开线表达式

名称	表 达 式	类型	表达式的含义	
r	60	长度	半径为 30	渐开线曲线
t	1	恒定	系统变量,变化范围:0～1	
theta	90 * t	角度	渐开线的展角	
x	r * cos(theta)＋r * theta * pi() * sin(theta)/180	长度	曲线上任一点的 x 坐标	
y	r * sin(theta)－r * theta * pi() * cos(theta)/180	长度	曲线上任一点的 y 坐标	
z	0	长度	曲线上任一点的 z 坐标	
xt	r * cos(360 * t)	长度	基圆上任一点的 x 坐标	基圆
yt	r * sin(360 * t)	长度	基圆上任一点的 y 坐标	
zt	0	长度	Z 坐标	

注:pi()为圆周率

UG 渐开线方程曲线效果如图 9-65 所示。

8. 创建抛物线

抛物线方程为:$y^2＝2px$。

假设抛物线的顶点为(40,30),焦点到准线的距离为 $p＝5$,($y－y0$)的取值范围为－20～＋20,则 NX 表达式如表 9-8 所示。

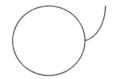

图 9-65 圆的渐开线方程曲线

表 9-8 抛物线表达式

名 称	表 达 式	类 型	表达式的含义
p	5	长度	焦点到准线的距离
t	1	恒定	系统变量,变化范围:0～1
d	20	恒定	($y－y0$)取值范围的绝对值
X0	40	长度	顶点坐标
Y0	30		
y	2 * d * t－d＋y0	长度	曲线上任一点的 y 坐标
x	($y－y0$) * ($y－y0$)/(2 * p)＋x0	长度	曲线上任一点的 x 坐标
z	0	长度	曲线上任一点的 z 坐标

抛物线改为参数式方程:$x＝2pt^2$,$y＝2pt$,则 NX 表达式如表 9-9 所示。

表 9-9 抛物线表达式

名 称	表 达 式	类 型	表达式的含义
p	5	长度	焦点到准线的距离
t	1	恒定	系统变量,变化范围:0～1
d	20	恒定	($y－y0$)取值范围的绝对值
tt	t * (d/10)－d/(2 * 10)	恒定	中间变量
X0	40	长度	顶点坐标
Y0	30		
x	2 * p * tt * tt＋x0	长度	曲线上任一点的 x 坐标
y	2 * p * tt＋y0	长度	曲线上任一点的 y 坐标
z	0	长度	曲线上任一点的 z 坐标

NX 抛物线方程曲线效果如图 9-66 所示。

9. 创建双曲线

双曲线的数学方程为：$\dfrac{x^2}{a^2}-\dfrac{y^2}{b^2}=1$。

若中心坐标为(30,20)，实长半轴 a 为 10mm(在 x 轴上)，虚半轴 b 为 5mm，y-y0 的取值范围为 $-10\sim+10$ 以内的一段，即 NX 表达式如表 9-10 所示。

表 9-10　双曲线表达式

名称	表 达 式	属性	表达式的含义
t	1	恒定	系统变量,变化范围:0~1
a	10	长度	实长半轴
b	5	长度	虚半轴
d	10	长度	(y-y0)取值范围的绝对值
X0	20	长度	顶点坐标
Y0	10	长度	顶点坐标
y	d * t-d/2+y0	长度	曲线上任一点的 y 坐标
x	a/b * sqrt(b * b+(y-y0) * (y-y0))+x0	长度	曲线上任一点的 x 坐标
z	0	长度	曲线上任一点的 z 坐标

UG 双曲线方程曲线效果如图 9-67 所示。

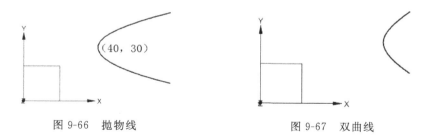

<table>
<tr><td>图 9-66　抛物线</td><td>图 9-67　双曲线</td></tr>
</table>

NX 双曲线方程只能创建一半，如果要创建另一半曲线，可以先在(20,10)创建一个基准坐标系，运用镜像曲线的方法来创建另一半曲线，步骤如下：

(1) 在主菜单中选取"插入|基准/点|基准 CSYS"命令，在【基准 CSYS】对话框中单击"点对话框"按钮，在【点】对话框中输入(20,10,0)，如图 9-68 所示。

图 9-68　创建基准 CSYS

（2）单击"确定"按钮，创建一个基准坐标系，如图 9-69 所示。

（3）在主菜单中选取"插入|派生曲线|镜像"命令，选取刚才创建的双曲线为镜像曲线，在刚才创建的坐标系中选取 YOZ 平面为镜像平面，单击"确定"按钮，创建双曲线的另一支曲线，如图 9-69 所示。

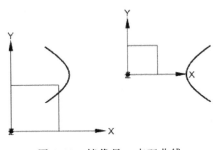

图 9-69　镜像另一支双曲线

曲 面 设 计

本章主要介绍 UG NX 10.0 常用曲面的创建方法及编辑方法,包括通过点创建曲面、通过曲线创建曲面、通过曲面创建曲面以及曲面的编辑功能。

本章开始前,请老师从本书前言二维码中下载本书配套文件"UG10.0 造型设计、模具设计与数控编程建模图\第 10 章 曲面设计\建模图\建模前"文件夹中的零件图档,并通过教师机下发给学生,再开始课程。

10.1　通过点创建曲面

1. 四点曲面

通过四点创建曲面,步骤如下。

(1) 打开课件中的\第 10 章\NX10.0\第 10 章\shidianqumian. prt。

(2) 在主菜单中选取"插入|曲面|四点曲面"命令,系统弹出"四点曲面"对话框。

(3) 依次选取 A、B、C、D 四点,单击"确定"按钮,生成一个曲面,如图 10-1 所示。

2. 整体突变

(1) 在主菜单中选取"插入|曲面|整体突变"命令,在绘图区中选取两点,创建一个矩形曲面,如图 10-2 所示。

图 10-1　四点曲面　　　　　　　　图 10-2　创建整体突变曲面

(2) 在【整体突变形状控制】对话框中拖动滑板,如图 10-3 所示,即可改变曲面形状,如图 10-4 所示。

3. 通过点创建曲面(一)

(1) 打开课件中的\第 10 章\tongguodian. prt。

（2）在主菜单中选取"插入｜曲面｜通过点"命令,在【通过点】对话框中单击"确定"按钮。

（3）在【过点】对话框中单击"全部成链"按钮。

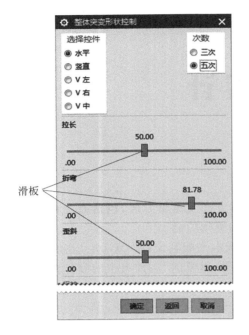

图 10-3　【整体突变形状控制】对话框

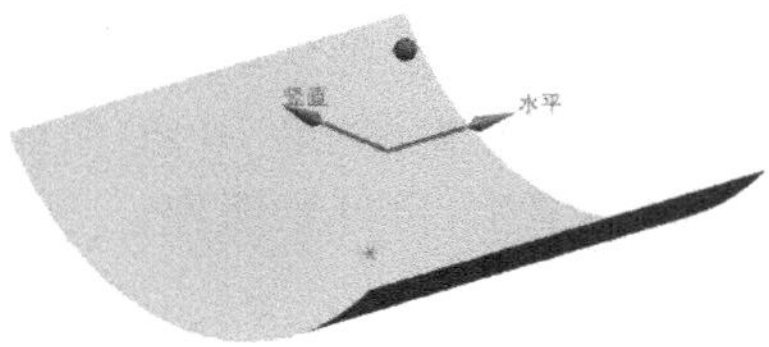

图 10-4　调整曲面形状

（4）用鼠标选取第一列的起点与终点,如图 10-5 所示。

（5）再选取第二列的起点与终点。

（6）再选取第三列的起点与终点。

（7）再选取第四列的起点与终点。

（8）单击【过点】对话框的"指定另一行"按钮,然后选取下一列的起点与终点。

（9）以此类推……。

（10）选完最后一行之后,再单击【过点】对话框中的"所有指定的点"。

（11）单击"确定"按钮,系统生成一个曲面,如图 10-6 所示。

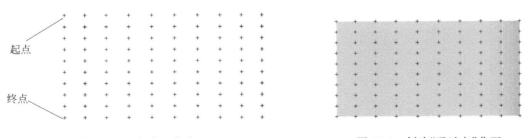

图 10-5　选起点和终点

图 10-6　创建"通过点"曲面

4. 通过点创建曲面（二）

（1）在【过点】对话框中单击"在矩形内的对象成链"按钮。

（2）用框选法选中第一列所有的点，如图 10-7 所示。

（3）采用同样的方法，选第二列、第三列、第四列。

（4）选列第四列后，在【过点】对话框中单击"指定另一行"，再用框选法选第五列所有点。

（5）以此类推……。

（6）选完最后一行之后，再单击"过点"对话框中的"所有指定的点"。

（7）单击"确定"按钮，系统生成一个曲面，如图 10-6 所示。

5．从极点创建曲面

（1）在主菜单中选取"插入|曲面|从极点"命令，单击【从极点】对话框中的"确定"按钮。

（2）依次选取第一列的每个点，单击鼠标中键结束第一列的选取，如图 10-8 所示。

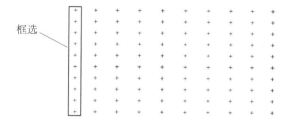

图 10-7　用框选法选中第一列所有的点

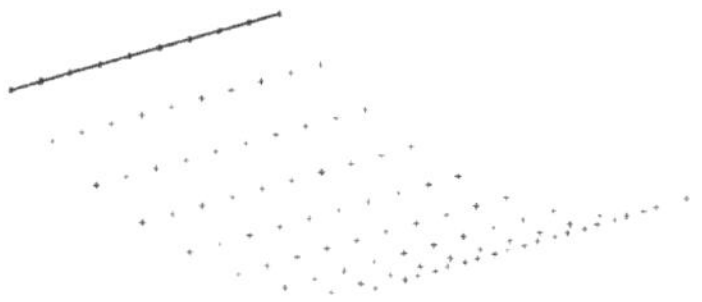

图 10-8　依次选取第一列的每个点

（3）单击【指定点】对话框中的"是"按钮。

（4）重复上面的步骤，依次选取第二列、第三列、第四列。

（5）选列第四列后，在【从极点】对话框中单击"指定另一行"，再选第五列的点，直到选取最后一列。

（6）再单击【从极点】对话框中的"所有指定的点"按钮。

（7）系统生成一个曲面，如图 10-9 所示（所选择的点作为曲面的控制点，不一定在曲面上）。

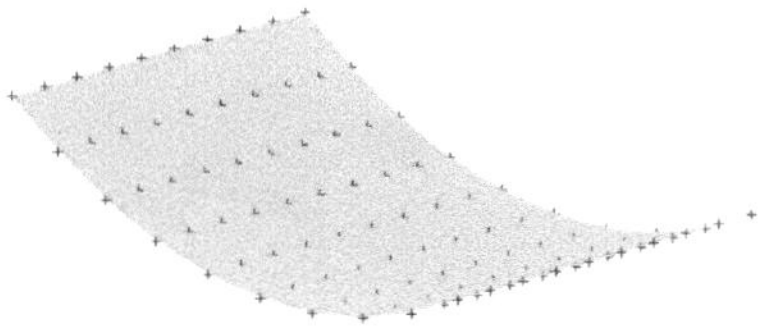

图 10-9　用"从极点"方法创建曲面

10.2　通过曲线创建曲面

1．填充曲面

（1）打开课件中的\第 10 章\tianchongqumian.prt。

（2）在主菜单中选取"插入|曲面|填充曲面"命令，系统弹出【填充曲面】对话框。

（3）用鼠标选中曲面内部孔位的边线。

（4）单击【填充曲面】对话框的"确定"按钮，系统创建一个曲面，如图 10-10 所示。

2．有界平面

（1）打开课件中的\第 10 章\youjiepingmian.prt。

（2）在主菜单中选取"插入|曲面|有界平面"命令，系统弹出【有界平面】对话框。

（3）选取圆形曲线，系统生成一个圆形的平面，如图 10-11 所示。

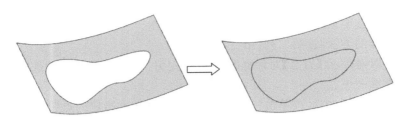

图 10-10　创建填充曲面

（4）选取矩形曲线，生成一个矩形平面，如图 10-11 所示。

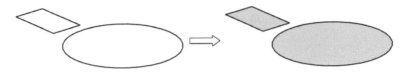

图 10-11　创建有界平面

3. 直纹曲面（一）

（1）打开课件中的\第 10 章\zhiwenqumian1.prt。

（2）在主菜单中选取"插入|曲格曲面|直纹"命令，系统弹出【直纹】对话框。

（3）选取曲线 1，单击鼠标中键后，再选取曲线 2。

（4）单击"确定"按钮，生成一个直纹曲面，如图 10-12 所示。

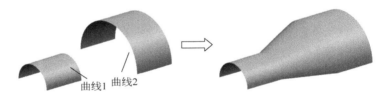

曲线1　曲线2

图 10-12　创建直纹曲面（一）

4. 直纹曲面（二）

（1）打开课件中的\第 10 章\zhiwenqumian2.prt。

（2）在主菜单中选取"插入|曲格曲面|直纹"命令，系统弹出【直纹】对话框。

（3）选取曲线 1，单击鼠标中键后，再选取曲线 2。

（4）在【直纹】对话框中勾选"☑保留形状"复选框，"对齐"选"根据点"。

（5）在零件图上拖动各控制点，使之一一对应。

（6）单击"确定"按钮，生成一个直纹曲面，如图 10-13 所示。

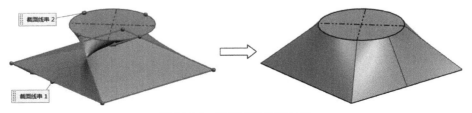

截面线串 2

截面线串 1

图 10-13　创建直纹曲面（二）

5．通过曲线组

（1）打开课件中的\第 10 章\quxianzu.prt。

（2）在主菜单中选取"插入 | 曲格曲面 | 通过曲线组"命令，弹出【通过曲线组】对话框。

（3）选取曲线 1，单击鼠标中键结束选取。

（4）选取曲线 2，单击鼠标中键结束选取。

（5）选取曲线 3，单击鼠标中键结束选取。

（6）在【通过曲线组】对话框中"第一截面"选取"G0（位置）"，"最后截面"选取"G0（位置）"。

（7）单击"确定"按钮，所生成的曲面与"第一截面"和"最后截面"相连，如图 10-14 所示。

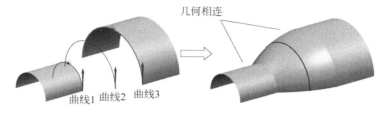

图 10-14　所创建的曲面与其他曲面几何相连

如果在【通过曲线组】对话框中"第一截面"选取"G1（相切）"，选取第一个曲面为相切面，"最后截面"选取"G1（相切）"，选取第二个曲面为相切面，则所生成的曲面与所选定的曲面相切，如图 10-15 所示。

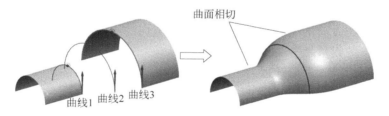

图 10-15　所创建的曲面与其他曲面相切

6．通过曲线网格

（1）打开课件中的\第 10 章\quxianwangge.prt。

（2）在主菜单中选取"插入 | 曲格曲面 | 通过曲线网格"命令，系统弹出【通过曲线网格】对话框。

（3）选取主曲线（1）、主曲线（2）、主曲线（3）（主曲线（3）为端点）（选取端点时，请单击"点对话框"按钮，在弹出的【点】对话框中"类型"下拉菜单选择" 端点"，再选取曲线的端点），如图 10-16 所示。

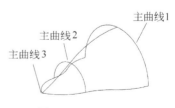

图 10-16　选主曲线

（4）单击鼠标中键结束选取主曲线。

（5）选取交叉曲线（1）、交叉曲线（2）、交叉曲线（3），如图 10-17 所示。

（6）单击"确定"按钮，创建通过曲线网格曲面，如图 10-18 所示。

交叉曲线

图 10-17　选交叉曲线

图 10-18　创建曲线网格曲面

10.3　扫掠曲面

扫掠曲面是 NX 中应用非常广泛的一种曲面设计方式,扫掠曲面由截面曲线、引导曲线及脊线构成。

- 截面曲线

(1) 每条截面曲线可以由多个图素组成;

(2) 组成截面曲线的所有图素不一定相切,但必须连续;

(3) 截面曲线的方向是 U 方向,U 线是指截面方向的线;

(4) 截面曲线的数量是 1～150 条;

(5) 选择截面曲线时,所有的箭头方向必须一致。

- 引导线

(1) 每条引导曲线可以由多个图素组成;

(2) 组成引导曲线的所有图素必须相切;

(3) 引导曲线的方向是 V 方向,V 线是指扫描方向的线;

(4) 引导曲线的数量是 1～3 条;

(5) 选择引导曲线时,所有的箭头方向必须一致。

- 脊线

(1) 只有当用户选择了两条或 3 条引导线时,该选项才处于激活状态;

(2) 使用脊线扫掠时,系统在脊线上每个点构造一个平面,称为截平面,该平面垂直于脊线在该点的切线,然后系统求出截平面与引导线的交点,这些交点用来产生控制方向和收缩比例的矢量轴;

(3) 不选脊线也可以产生扫掠特征,但会发生扭曲变形。

扫掠曲面可以分为以下几种主要类型:

1. 扫掠曲面(1): 由"一个截面线＋引导线"创建扫掠曲面

(1) 打开课件中的\第 10 章\Saoluequmian1.prt。

(2) 在主菜单中选取"插入|扫掠|扫掠"命令,系统弹出【扫掠】对话框。

(3) 选取矩形曲线为截面曲线。

(4) 选取引导线 1、引导线 2、引导线 3,单击鼠标中键结束选取。

(5) 在【扫掠】对话框中勾选"☑保留形状"复选框。

(6) 单击"确定"按钮,创建一个实体,如图 10-19 所示。

(7) 单击"边倒圆"按钮🧊,创建 R30mm 的圆角,如图 10-20 所示。

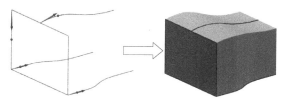

图 10-19　由"一个截面线＋引导线"创建扫掠曲面　　　图 10-20　创建倒圆角

2. 扫掠曲面（2）：由"两个截面线＋引导线"创建扫掠曲面

（1）打开课件中的\第 10 章\Saoluequmian2.prt。

（2）在主菜单中选取"插入|扫掠|扫掠"命令，系统弹出【扫掠】对话框。

（3）选取圆为截面曲线 1，矩形为截面曲线 2，选取两个截面之间的连线为引导曲线。

（4）在【扫掠】对话框中将"缩放"设为"恒定"，其他设默认值。

（5）单击"确定"按钮，生成一个扫掠实体，如图 10-21 所示。

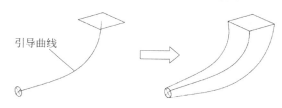

图 10-21　由"两个截面线＋引导线"创建扫掠曲面

（6）在【扫掠】对话框中将"缩放"设为"面积规律"，"规律类型"选"线性"，起点面积为 300mm²，终点面积为 30mm²，则所生成的实体如图 10-22 所示。

（7）在【扫掠】对话框中将"缩放"设为"周长规律"，"规律类型"选"线性"，起点为 50mm，终点为 0mm，则所生成的实体如图 10-23 所示。

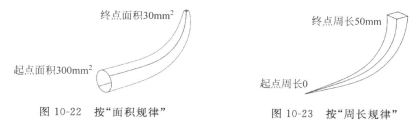

图 10-22　按"面积规律"　　　　　　图 10-23　按"周长规律"

3. 扫掠曲面（3）：由"两个截面线＋引导线＋脊线"创建扫掠曲面

（1）打开课件中的\第 10 章\Saoluequmian3.prt。

（2）选取主菜单中"插入|扫掠|扫掠"命令，系统弹出【扫掠】对话框。

（3）选取大圆为截面曲线 1，小圆为截面曲线 2，再选取引导曲线 1 和引导曲线 2，如图 10-24 所示。

（4）单击"确定"按钮，生成一个扫掠实体，但这个实体已变形，如图 10-25 所示。

（5）在【扫掠】对话框中单击添加脊线按钮，再选取两圆之间的线段为脊线，则创建的扫掠实体没有变形，如图 10-26 所示。

图 10-24 　选取截面曲线和引导曲线

图 10-25 　实体变形

图 10-26 　实体没变形

4. 扫掠曲面（4）："强制"选项与"固定"选项的比较

（1）打开课件中的\第 10 章\Saoluequmian4.prt。

（2）在主菜单中选取"插入|扫掠|扫掠"命令，系统弹出【扫掠】对话框。

（3）选取矩形为截面曲线，选取螺旋曲线为引导曲线。

（4）在【扫掠】对话框"定位方法"区域中"方向"设为"固定"。

（5）单击"确定"按钮，生成一个扫掠实体，但这个实体已变形，如图 10-27 所示。

（6）在【扫掠】对话框"定位方法"区域中"方向"设为"强制方向"，"指定矢量"选"ZC ↑ " 。

（7）单击"确定"按钮，生成一个扫掠实体，这个实体符合要求，如图 10-28 所示。

图 10-27 　方向为固定

图 10-28 　方向为强制方向

5. 扫掠曲面（4）："角度"选项的应用

（1）打开课件中的\第 10 章\Saoluequmian5.prt。

（2）在主菜单中选取"插入|扫掠|扫掠"命令，系统弹出【扫掠】对话框。

（3）选取多边形为截面曲线，选取直线为引导曲线。

（4）在【扫掠】对话框"定位方法"区域中，"方向"选"角度规律"，"规律类型"选"线性"，"起点"为 0°，"终点"为 360°。

（5）单击"确定"按钮，生成一个扫掠实体，如图 10-29 所示。

6. 扫掠曲面（4）："缩放"选项的应用

（1）打开课件中的\第 10 章\Saoluequmian6.prt。

（2）在主菜单中选取"插入|扫掠|扫掠"命令，系统弹出【扫掠】对话框。

（3）选取截面曲线和引导曲线，如图 10-30 所示。

引导曲线

截面曲线

图 10-29　方向为角度规律　　　　图 10-30　选取截面曲线和引导曲线

（4）在【扫掠】对话框"定位方法"区域中"方向"设为"固定"，"缩放方法"区域中"缩放"选"恒定"，"比例因子"为1。

（5）单击"确定"按钮，生成一个扫掠实体，如图 10-31 所示。

（6）在【扫掠】对话框中，将比例因子改为 0.5 后，所生成的扫掠曲面如图 10-32 所示。

图 10-31　比例因子为 1　　　　图 10-32　比例因子为 0.5

作业：运用"通过曲线组"的方法，创建天圆地方实体（图 10-33），天四地八实体（图 10-34）。

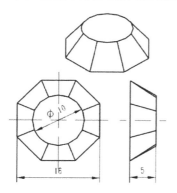

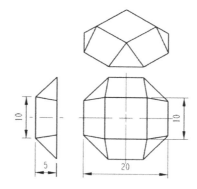

图 10-33　天圆地方　　　　　　　图 10-34　天四地八

第 11 章

钣金设计

本章以几个简单的实例，介绍了 NX 10.0 钣金创建的一般过程。

11.1 钣金基本特征

本节通过一个实例，详细介绍了 NX 10.0 钣金建模的基本命令。

1. 初始化设置

（1）启动 NX 10.0，单击"新建"按钮 ，在【新建】对话框中输入"名称"为"banjinjibentezheng"，"单位"为"毫米"，选"钣金"模块，单击"确定"按钮，进入钣金设计环境。

（2）在主菜单中选取"首选项|钣金"命令，在【钣金首选项】对话框"部件属性"选项卡中"材料厚度"为 0.5mm，"折弯半径"为 2.0mm，"让位槽深度"为 2.5mm，"让位槽宽度"为 1.5mm，选中"◉中性因子值"为 0.33，如图 11-1 所示。

图 11-1　设置【钣金首选项】对话框

2. 突出块特征

（1）在主菜单中选取"插入|突出块"命令，在【突出块】对话框中单击"绘制截面"按钮，以 XY 平面为草绘平面，绘制一个矩形截面（100mm×50mm），如图 11-2 所示。

（2）单击"完成草图"按钮，在【突出块】对话框中"类型"选"基座"，厚度为 0.5mm。

（3）单击"确定"按钮，创建一个突出块特征，如图 11-3 所示。

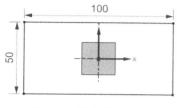

图 11-2　绘制截面（一）

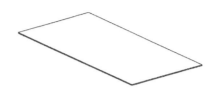

图 11-3　创建突出块

3. 突出块次要特征

（1）在主菜单中选取"插入|突出块"命令，在【突出块】对话框单击"绘制截面"按钮，以刚才创建的突出块表面为草绘平面，绘制一个草图，如图 11-4 所示。

（2）单击"完成草图"按钮，在【突出块】对话框中"类型"选"次要"。

（3）单击【突出块】对话框中的"确定"按钮，创建突出块次要特征，如图 11-5 所示。

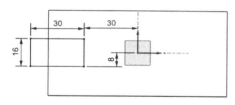

图 11-4　绘制截面（二）

图 11-5　创建次要特征

4. 弯边特征

（1）在主菜单中选取"插入|折弯|弯边"命令，在【弯边】对话框中"宽度选项"选"完整"，"长度"为 8mm，"匹配面"选"无"，"角度"为 90°，"参考长度"选"内部"，"内嵌"选"材料外侧"，"折弯半径"为 1mm，"中性因子"为 3。

（2）在零件上选取上边沿为折弯的边，单击"确定"按钮，创建折弯特征，如图 11-6 所示。

（3）在主菜单中选取"插入|折弯|弯边"命令，在【弯边】对话框中"宽度选项"选"从端点"，"从端点"为 10mm，"宽度"为 50mm，"长度"为 15mm，"角度"为 90°，"参考长度"选"内部"，"内嵌"选"折弯外侧"，"折弯半径"为 3mm，"中性因子"为 3。

（4）单击"确定"按钮，创建一个折弯特征，如图 11-7 所示。

（5）采用同样的方法，在左下角创建一个折弯特征，"宽度选项"选"从两端"，"距离 1"为 10mm，"距离 2"为 50mm，"长度"为 15mm，如图 11-8 左下角所示。

（6）采用相同方法，在右下角创建一个折弯特征，"宽度选项"选"在中心"，"宽度"为 15mm，"长度"为 10mm，如图 11-8 右下角所示。

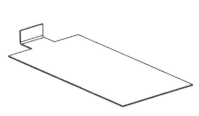

图 11-6 创建折弯特征

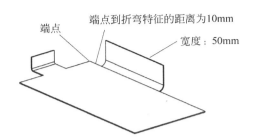

图 11-7 创建"从端点"的折弯特征

5. 带止裂口的弯边特征

（1）在主菜单中选取"插入|折弯|弯边"命令，在【弯边】对话框中"宽度选项"选"在中心"，"宽度"为 9mm，"长度"为 20mm，"匹配面"选"无"，"角度"为 90°，"参考长度"选"内部"，"内嵌"选"材料外侧"，"折弯止裂口"选"正方形"，"深度"为 3mm，"宽度"为 1mm，"拐角止裂口"选"仅折弯"，"折弯半径"为 3mm，"中性因子"为 3。

（2）在零件上选取上边沿为折弯的边，折弯结果如图 11-9 所示。

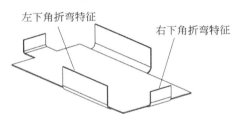

图 11-8 创建另外两个折弯特征

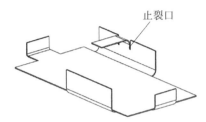

图 11-9 创建带止裂口的弯边特征

6. 编辑弯边轮廓特征

（1）在"部件导航器"中双击刚才创建的弯边特征，在【弯边】对话框中单击"编辑截面"按钮，修改截面草图，如图 11-10 所示。

（2）单击"完成草图"按钮，单击【弯边】对话框的"确定"按钮，创建弯边特征，如图 11-11 所示。

7. 轮廓弯边

（1）在主菜单中选取"插入|折弯|轮廓弯边"命令，在【轮廓弯边】对话框中"类型"选"基座"。

（2）单击【轮廓弯边】对话框中的"绘制截面"按钮，以 ZOX 为草绘平面，创建草图，如图 11-12 所示。

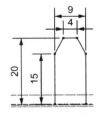

图 11-10 修改截面

图 11-11 弯边轮廓特征

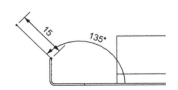

图 11-12 绘制截面（一）

（3）单击"完成草图"按钮 ▨，在【轮廓弯边】对话框中"宽度选项"选"对称"，"宽度"为 10mm。

（4）单击"确定"按钮，创建轮廓弯边特征（此时两个特征没有合并），如图 11-13 所示。

（5）在主菜单中选取"插入|折弯|轮廓弯边"命令，在【轮廓弯边】对话框中"类型"选"次要"，单击"绘制截面"按钮 ▨，在【创建草图】对话框中"位置"选"弧长百分比"，"弧长百分比"为 50，"方向"选"垂直于路径"。

（6）在【创建草图】对话框中单击"选择路径"按钮 ▨，选取零件图的边线，弹出一个坐标系，将坐标系坐标轴方向调整后，如图 11-14 所示。

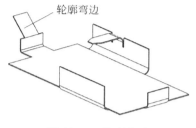

图 11-13　轮廓弯边

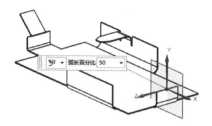

图 11-14　选取边线

（7）单击"确定"按钮，绘制一条草绘曲线，如图 11-15 所示。

（8）单击"完成草图"按钮 ▨，在【轮廓弯边】对话框中"宽度选项"选"对称"，"宽度"为 5mm，"折弯半径"为 2mm，"折弯止裂口"为"正方形"，"深度"为 3mm，"宽度"为 2mm。

（9）单击"轮廓弯边"对话框的"确定"按钮，创建次要轮廓弯边特征，如图 11-16 所示。

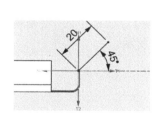

图 11-15　绘制截面（二）

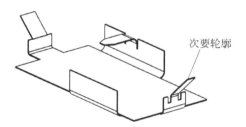

图 11-16　创建次要轮廓弯边特征

8．二次折弯

（1）在主菜单中选取"插入|折弯|二次折弯"命令，在【二次折弯】对话框中单击"绘制截面"按钮 ▨，在【创建草图】对话框中"草图类型"选"在平面上"，选取刚才创建的次要轮廓弯边特征表面为草绘平面，绘制截面草图，如图 11-17 所示。

（2）单击"完成草图"按钮 ▨，在【二次折弯】对话框中"高度"为 10mm，"参考高度"选"内部"，"内嵌"选"材料内侧"，"折弯半径"为 2mm，"折弯止裂口"选"无"。

（3）单击"确定"按钮，创建二次折弯特征，如图 11-18 所示。

（如果出现零件分开的现象，请单击对话框中的"反侧"按钮 ▨。）

（4）在主菜单中选取"插入|折弯|二次折弯"命令，在【二次折弯】对话框单击"绘制截面"按钮 ▨，选取指定平面为草绘平面，如图 11-19 所示，绘制草图，如图 11-20 所示。

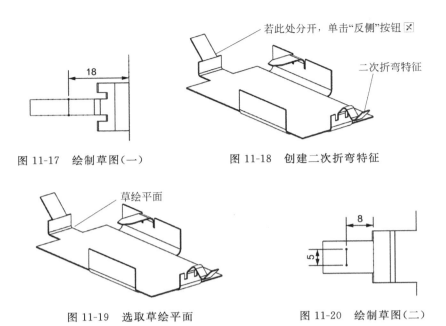

图 11-17　绘制草图(一)　　　　图 11-18　创建二次折弯特征

图 11-19　选取草绘平面　　　　图 11-20　绘制草图(二)

（5）单击"完成草图"按钮🏁，在【二次折弯】对话框中"高度"为 10，"参考高度"选"内部"，"内嵌"选"材料内侧"，取消"□延伸截面"复选框前面的"√"，"折弯半径"为 2mm，"折弯止裂口"选"正方形"，"深度"为 3mm，"宽度"为 1mm。

（6）单击"确定"按钮，创建二次折弯特征，如图 11-21 所示。

9. 折弯

（1）在主菜单中选取"插入|折弯|折弯"命令，单击【折弯】对话框中的"绘制截面"按钮🗏，选取指定的平面为草绘平面，创建截面草图，如图 11-22 所示。

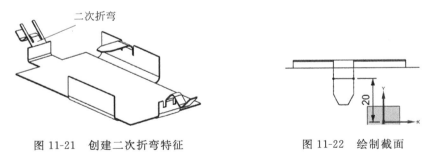

图 11-21　创建二次折弯特征　　　　图 11-22　绘制截面

（2）单击"完成草图"按钮🏁，在【折弯】对话框中设定"角度"为 50°，单击"确定"按钮，创建折弯特征，如图 11-23 所示。

10. 折边弯边

（1）在主菜单中选取"插入|折弯|折边弯边"命令，在【折边】对话框中"类型"选"开放的"，"内嵌"选"材料外侧"，"折弯半径"为 1mm，"折弯长度"为 5mm，"折弯止裂口"为"正方形"，"深度"为 3mm，"宽度"为 2mm。

（2）在零件上选取要折边的边，单击"确定"按钮，创建折边弯边特征，如图 11-24 所示。

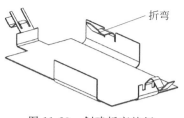

图 11-23　创建折弯特征

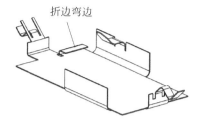

图 11-24　创建折边弯边特征

11. 凹坑

（1）在主菜单中选取"插入|冲孔|凹坑"命令，在【凹坑】对话框中单击"绘制截面"按钮 ，选取零件中间的平面为草绘平面，创建截面矩形（75mm×35mm），如图 11-25 所示。

（2）单击"完成草图"按钮 ，在【凹坑】对话框中"深度"为 10mm，单击"反向"按钮 ，使箭头朝下，"侧角"为 10°，"参考深度"选"内部"，"侧壁"选"材料外侧"，勾选" 凹坑边倒圆"复选框，"凸模半径"为 4mm，"凹模半径"为 2mm，勾选" 圆形截面拐角"复选框，"拐角半径"为 15mm。

（3）单击"确定"按钮，创建凹坑特征，如图 11-26 所示。

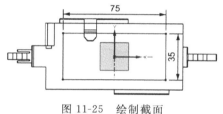

图 11-25　绘制截面

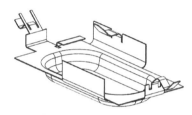

图 11-26　创建凹坑特征

12. 百叶窗

（1）在主菜单中选取"插入|冲孔|百叶窗"命令，在【百叶窗】对话框中单击"绘制截面"按钮 ，选取底面为草绘平面，绘制一条直线，如图 11-27 所示。

（2）单击"完成草图"按钮 ，在【凹坑】对话框中"深度"为 3mm，"宽度"为 5mm，"百叶窗形状"选"成形的"。

（3）单击"确定"按钮，创建百叶窗特征，如图 11-28 所示。

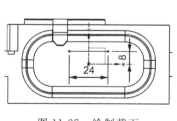

图 11-27　绘制截面

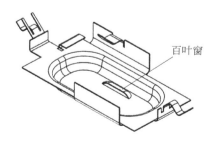

图 11-28　创建百叶窗

13. 冲压除料

（1）在主菜单中选取"插入|冲孔|冲压除料"命令，在【冲压除料】对话框中单击"绘制截

面"按钮，选取底面为草绘平面，绘制一个矩形截面(30mm×12mm)，如图 11-29 所示。

(2) 单击"完成草图"按钮，在【冲压除料】对话框中"深度"为 10mm，单击"反向"按钮，使箭头朝下，"侧角"为 5°，"侧壁"选"材料外侧"，勾选"除料边导圆"复选框，"凸模半径"为 1mm，"凹模半径"为 2mm，勾选"截面拐角导圆"复选框，"拐角半径"为 3mm。

(3) 单击"确定"按钮，创建冲压除料特征，如图 11-30 所示。

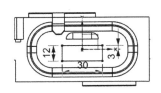 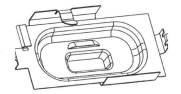

图 11-29　绘制截面　　　　　　图 11-30　创建冲压除料特征

(4) 在零件的一个边、角处创建冲压除料特征时，草绘是不封闭的，如图 11-31 所示。

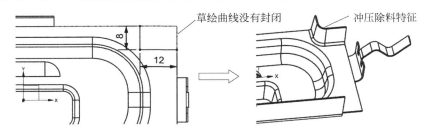

图 11-31　在边、角处创建冲压除料特征时，草绘曲线是不封闭的

14. 筋

(1) 在主菜单中选取"插入|冲孔|筋"命令，在【筋】对话框中单击"绘制截面"按钮，选取平面为草绘平面，绘制一条圆弧，如图 11-32 所示。

(2) 单击"完成草图"按钮，在【冲压除料】对话框中"横截面"为圆弧，"深度"为 2mm，"半径"为 5mm，勾选"筋边导圆"复选框，"凹模半径"为 2mm。

(3) 单击"确定"按钮，创建一个筋特征，如图 11-33 所示。

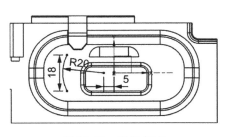 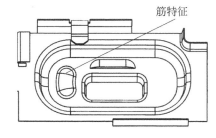

图 11-32　绘制截面　　　　　　图 11-33　创建筋特征

15. 加固板

(1) 在主菜单中选取"插入|冲孔|加固板"命令，在【加固板】对话框中"类型"选"自动生成轮廓"，"深度"为 3mm，"形状"为"正方形"，"宽度"为 4mm，"侧角"为 1°，"凸模半径"为

1mm,"凹模半径"为 2mm。

（2）在实体特征上选取 R 面为折弯面,指定 YOZ 平面为加固板位置。

（3）单击"确定"按钮,创建加固板特征,如图 11-34 所示。

（4）在主菜单中选取"插入|关联复制|阵列特征"命令,在【阵列】对话框中"布局"选"线性" ,"指定矢量"选"-XC","间距"选"数量和节距","数量"为 3,"节距"为 15mm。

（5）选取刚才创建的加固板特征,单击"确定"按钮,即可创建阵列特征,如图 11-35 所示。

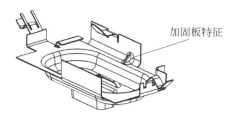
图 11-34 创建加固板特征

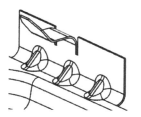
图 11-35 阵列特征

16.实体冲压

（1）在横向菜单中单击"应用模块"命令,单击"建模"按钮,进入建模环境。

（2）单击"拉伸"按钮 ,在【拉伸】对话框中单击"绘制截面"按钮 ,以零件凹坑的平面为草绘平面,绘制一个截面,如图 11-36 所示。

（3）单击"完成草图"按钮 ,在【拉伸】对话框中"指定矢量"选"-ZC↓",开始距离为 0,结束距离为 5mm,"布尔"选"无" 。

（4）单击"确定"按钮,创建一个拉伸特征,按鼠标中键翻转后如图 11-37 所示。

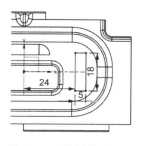
图 11-36 绘制截面（一）

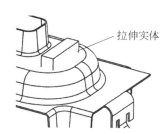
图 11-37 创建拉伸实体（一）

（5）单击"拉伸"按钮 ,在【拉伸】对话框中单击"绘制截面"按钮 ,以刚才创建的长方体底面为草绘平面,绘制一个截面,如图 11-38 所示。

（6）单击"完成草图"按钮 ,在【拉伸】对话框中"指定矢量"选"-ZC↓",开始距离为 0,结束距离为 5mm,"布尔"选"无" 。

（7）单击"确定"按钮,创建一个拉伸特征,如图 11-39 所示。

（8）在主菜单中选取"插入|组合|求和"命令,以圆柱为工具体,长方体为目标体,单击"确定"按钮,使长方体与圆柱体合并。

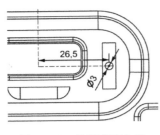

图 11-38　绘制截面(二)

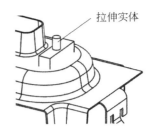

图 11-39　创建拉伸实体(二)

（9）在横向菜单中单击"应用模块"，再单击"钣金"，系统进入钣金设计模式。

（10）在主菜单中选取"插入|冲孔|实体冲压"命令，在【实体冲压】对话框中"类型"选"凸模"，"目标面"选中间凹坑的表面，"工具体"选刚才长方体与圆柱体的组合体，"冲裁面"选圆柱体下表面，勾选"☑实体冲压边倒圆"复选框，"凹模半径"为 1mm，勾选"☑恒定厚度"复选框。

（11）单击"确定"按钮，创建实体冲压特征，如图 11-40 所示，如果不选冲裁面，则底面没有穿孔，如图 11-41 所示。

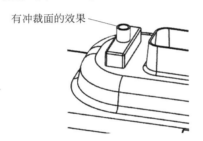

图 11-40　有冲裁面的实体冲压特征

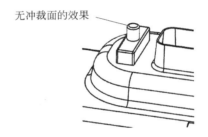

图 11-41　无冲裁面的实体冲压特征

17. 法向除料

（1）在主菜单中选取"插入|切割|法向除料"命令，在【法向除料】对话框中单击"绘制截面"按钮，选取指定平面为草绘平面，绘制一个截面，如图 11-42 所示。

（2）单击"完成草图"按钮，在【法向除料】对话框中"切割方法"选"厚度"，"限制"选"贯通"。

（3）单击"确定"按钮，创建法向除料特征，如图 11-43 所示。

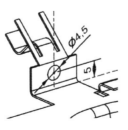

图 11-42　绘制截面

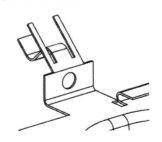

图 11-43　创建法向除料特征

18. 倒角与倒圆角

(1) 在主菜单中选取"插入|拐角|倒角"命令,在【倒角】对话框中半径值为 10mm。

(2) 在零件图中选取倒圆角的边,单击"确定"按钮,生成倒圆角特征。

(3) 同样的方法,可以创建倒斜角特征,如图 11-44 所示。

19. 放样弯边

(1) 打开课件中的 banjinfangyangtezheng.prt。

(2) 在主菜单中选取"插入|折弯|放样弯边"命令,在【放样弯边】对话框中"类型"选"基本","厚度"为 1mm,"折弯半径"为 15mm,选取第一条曲线为起始截面,第二条曲线为终止截面。

(3) 单击"确定"按钮,创建一个放样弯边特征,如图 11-45 所示。

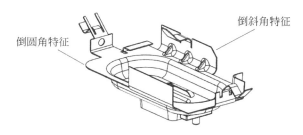

图 11-44　创建倒角与倒圆角特征

图 11-45　创建放样弯边特征

11.2　设计门扣(1)

(1) 启动 NX 10.0,单击"新建"按钮，在【新建】对话框中输入"名称"为"menkou1.prt","单位"为"毫米",选"钣金"模块,单击"确定"按钮,进入钣金设计环境。

(2) 在主菜单中选取"首选项|钣金"命令,在【钣金首选项】对话框"部件选项"卡中"材料厚度"为 1.5mm,"折弯半径"为 1.5mm,"让位槽深度"为 2.5mm,"让位槽宽度"为 1.5mm,选中"◉折弯许用半径公式"选项。

(3) 单击"确定"按钮,完成"NX 钣金首选项"设定。

(4) 在主菜单中选取"插入|突出块"命令,在【突出块】对话框中单击"绘制截面"按钮，以 XY 平面为草绘平面,绘制一个矩形截面(115mm×20mm),如图 11-46 所示。

(5) 单击"完成草图"按钮，单击"确定"按钮,创建突出块特征,如图 11-47 所示。

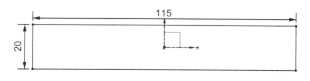

图 11-46　绘制截面(一)

图 11-47　创建突出块特征

（6）在主菜单中选取"插入|切割|法向除料"命令，在【法向除料】对话框中"类型"选"草图"，"切削方法"选"厚度"，"限制"选"贯通"。

（7）在【法向除料】对话框中单击"绘制截面"按钮，以零件表面为草绘平面，绘制两个矩形，尺寸为15mm×6mm，如图11-48所示。

（8）单击"完成草图"按钮，单击"确定"按钮，创建法向除料特征，如图11-49所示。

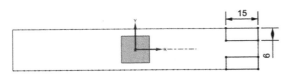

图 11-48　绘制截面（二）

图 11-49　创建法向除料特征（一）

（9）采用相同的方法，创建另一个法向除料特征，截面如图11-50所示，法向除料特征如图11-51所示。

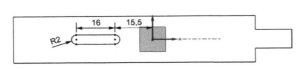

图 11-50　绘制截面（三）

图 11-51　创建法向除料特征（二）

（10）在主菜单中选取"插入|拐角|倒斜角"命令，在【倒斜角】对话框中"横截面"选"非对称"，"距离1"为5mm，"距离2"为20mm。

（11）创建倒斜角特征，如图11-52所示（如果效果与图不相同，请在【倒斜角】对话框中单击"反向"按钮）。

（12）在主菜单中选取"插入|折弯|折弯"命令，在【折弯】对话框中单击"绘制截面"按钮，以零件表面为草绘平面，绘制一条竖直线，如图11-53所示。

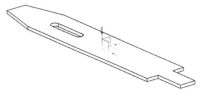

图 11-52　创建倒斜角特征

（13）单击"完成草图"按钮，在【折弯】对话框中"角度"270°，"内嵌"选"折弯中心线轮廓"。

（14）单击"确定"按钮，创建折弯特征，如图11-54所示。（如果效果与图不相同，请在【折弯】对话框中单击"反向"、"反侧"按钮。）

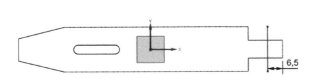

图 11-53　绘制截面（四）

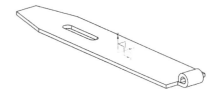

图 11-54　创建折弯特征（一）

(15) 采用相同的方法，创建另一个折弯特征，折弯直线如图 11-55 所示，折弯角度为 30°，折弯效果如图 11-56 所示。

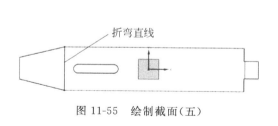

图 11-55 绘制截面(五)

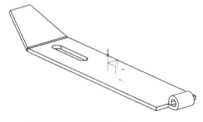

图 11-56 创建折弯特征(二)

(16) 单击"保存"按钮 ，保存文件。

11.3 设计门扣(2)

(1) 启动 NX 10.0，单击"新建"按钮 ，在【新建】对话框中输入"名称"为"menkou2.prt"，"单位"为"毫米"，选"钣金"模块，单击"确定"按钮，进入钣金设计环境。

(2) 在主菜单中选取"首选项|钣金"命令，在【钣金首选项】对话框"部件选项"卡中"材料厚度"为 1.5mm，"折弯半径"为 1.5mm，"让位槽深度"为 2.5mm，"让位槽宽度"为 1.5mm，选中"◉折弯许用半径公式"选项。

(3) 单击"确定"按钮，完成"NX 钣金首选项"的设定。

(4) 在主菜单中选取"插入|突出块"命令，在【突出块】对话框中单击"绘制截面"按钮 ，以 XY 平面为草绘平面，绘制一个矩形截面(40mm×20mm)，如图 11-57 所示。

(5) 单击"完成草图"按钮 ，单击"确定"按钮，创建突出块特征，如图 11-58 所示。

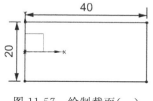

图 11-57 绘制截面(一)

图 11-58 创建突出块特征

(6) 在主菜单中选取"插入|切割|法向除料"命令，在【法向除料】对话框中"类型"选"草图"，"切削方法"选"厚度"，"限制"选"贯通"。

(7) 在【法向除料】对话框中单击"绘制截面"按钮 ，以零件表面为草绘平面，绘制一个矩形截面(15mm×9mm)，如图 11-59 所示。

(8) 单击"完成草图"按钮 ，单击"确定"按钮，创建法向除料特征，如图 11-60 所示。

(9) 在主菜单中选取"插入|拐角|倒斜角"命令，在【倒斜角】对话框中"横截面"选"对称"，"距离"为 3mm。

(10) 在实体上选取需倒角的边，单击"确定"按钮，

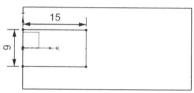

图 11-59 绘制截面(二)

创建倒斜角特征,如图11-61所示。

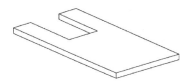

图11-60　创建法向除料特征

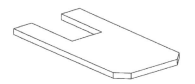

图11-61　创建倒斜角特征

(11) 在主菜单中选取"插入|设计特征|孔"命令,在【孔】对话框中单击"绘制截面"按钮

,以XY平面为草绘平面,在零件图中绘制三点,尺寸如图11-62所示。

(12) 单击"完成草图"按钮,在【孔】对话框中"类型"选"常规孔","孔方向"选"垂直于面","形状"选"埋头孔","埋头直径"为5mm,"埋头角度"为90°,"直径"为4mm,"深度限制"为"贯通体","布尔"选"求差"。

(13) 单击"确定"按钮,创建孔特征,如图11-63所示。

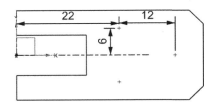

图11-62　绘制截面(三)

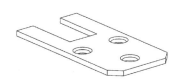

图11-63　创建孔特征

(14) 在主菜单中选取"插入|折弯|折弯"命令,在【折弯】对话框中单击"绘制截面"按钮

,以零件表面为草绘平面,绘制一条竖直的直线,如图11-64所示。

(15) 单击"完成草图"按钮,在【折弯】对话框中"角度"为270°,"内嵌"选"折弯中心线轮廓"。

(16) 单击"确定"按钮,创建折弯特征,如图11-65所示。

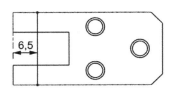

图11-64　绘制截面(四)

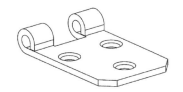

图11-65　创建折弯特征

(17) 单击"保存"按钮,保存文件。

11.4　设计门扣(3)

(1) 启动NX 10.0,单击"新建"按钮,在【新建】对话框中输入"名称"为"menkou3. prt","单位"为"毫米",选"钣金"模块,单击"确定"按钮,进入钣金设计环境。

（2）在主菜单中选取"首选项|钣金"命令，在【钣金首选项】对话框"部件选项"卡中"材料厚度"为 0.5mm，"折弯半径"为 1.5mm，"让位槽深度"为 2.5mm，"让位槽宽度"为 1.5mm，选中"◉折弯许用半径公式"选项。

（3）单击"确定"按钮，完成"NX 钣金首选项"设定。

（4）在主菜单中选取"插入|突出块"命令，在【突出块】对话框中单击"绘制截面"按钮，以 XY 平面为草绘平面，绘制一个矩形截面（12mm×15mm），如图 11-66 所示。

（5）单击"完成草图"按钮，单击"确定"按钮，创建突出块特征，如图 11-67 所示。

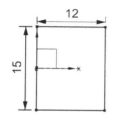

图 11-66 绘制截面（一）

图 11-67 创建突出块特征

（6）在主菜单中选取"插入|折弯|折弯弯边"命令，在【折边】对话框中"类型"选"封闭的"，"内嵌"选"材料外侧"，"弯边长度"为 12mm。

（7）在零件图中选取折弯边，如图 11-68 所示。

（8）单击"确定"按钮，创建折弯特征，如图 11-69 所示。

图 11-68 选取折弯边

图 11-69 创建折弯特征（一）

（9）在主菜单中选取"插入|折弯|弯边"命令，在【弯边】对话框中"宽度选项"选"完整"，"长度"为 10mm，"匹配面"选"无"，"角度"为 90°，"参考长度"选"内部"，"内嵌"选"折弯外侧"，"折弯半径"为 1mm。

（10）在零件图中选取折弯的边线，如图 11-70 所示。

（11）单击"确定"按钮，创建折弯特征，如图 11-71 所示。

（12）同样的方法，创建另一边的折弯特征，如图 11-72 所示。

图 11-70 选取折弯边线

图 11-71 创建折弯特征（二）

图 11-72 创建另一折弯

（13）在主菜单中选取"插入|设计特征|孔"命令，在【孔】对话框中单击"绘制截面"按钮，以 XY 平面为草绘平面，Y 轴为水平参考，绘制两点，如图 11-73 所示。

（14）单击"完成草图"按钮，在【孔】对话框中"类型"选"常规孔"，"孔方向"选"垂直于面"，"形状"选"埋头孔"，"埋头直径"为 5mm，"埋头角度"为 120°，"直径"为 4mm，"深度限制"为"贯穿体"，"布尔"选"求差"。

（15）单击"确定"按钮，创建孔特征，如图 11-74 所示。

图1-73　绘制截面（二）

图 11-74　创建孔特征

（16）在主菜单中选取"插入|切割|法向除料"命令，在【法向除料】对话框中单击"绘制截面"按钮，以零件表面为草绘平面，绘制一个 φ4mm 的圆，如图 11-75 所示。

（17）单击"完成草图"按钮，在【法向除料】对话框中"类型"选"草图"，"切削方法"选"厚度"，"限制"选"贯通"。

（18）单击"确定"按钮，创建法向除料特征，如图 11-76 所示。

图 11-75　绘制截面（三）

图1-76　创建法向除料特征（一）

（19）采用相同的方法，切除工件的两个角，截面尺寸如图 11-77，效果如图 11-78 所示。

（20）在主菜单中选取"插入|拐角|倒斜角"命令，在【倒斜角】对话框中"横截面"选"对称"，"距离"为 3mm，"角度"为 45°。

（21）单击"确定"按钮，生成 4 个倒斜角，如图 11-79 所示。

（22）单击"保存"按钮，保存文件。

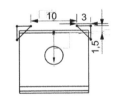

图 11-77　截面尺寸

作业：创建固定板（一）、固定板（二）的钣金模型，如图 11-80、图 11-81 所示。

图 11-78　创建法向除料特征（二）

图 11-79　创建倒斜角特征

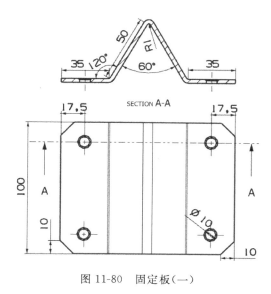

SECTION **A-A**

图 11-80　固定板(一)

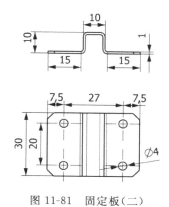

图 11-81　固定板(二)

11.5　设计垃圾铲

(1)启动 NX 10.0,单击"新建"按钮,在【新建】对话框中输入"名称"为"lajichan.prt",
"单位"为"毫米",选"钣金"模块,单击"确定"按钮,进入钣金设计环境。

(2)在主菜单中选取"首选项|钣金"命令,在【钣金首选项】对话框"部件选项"卡中"材料厚度"为 0.5mm,"折弯半径"为 0.5mm,"让位槽深度"为 3mm,"让位槽宽度"为 3mm,选中"◉折弯许用半径公式"选项。

(3)单击"确定"按钮,完成"NX 钣金首选项"设定。

(4)在主菜单中选取"插入|突出块"命令,在【突出块】对话框中单击"绘制截面"按钮🖼,以 XY 平面为草绘平面,绘制一个截面,如图 11-82 所示。

(5)单击"完成草图"按钮🏁,单击"确定"按钮,创建突出块特征,如图 11-83 所示。

(6)在主菜单中选取"插入|折弯|弯边"命令,在【弯边】对话框中"宽度选项"选"完整","长度"为 120mm,"角度"为 90°,"匹配面"选"无","参考长度"选"内部","内嵌"选"折弯外侧","折弯半径"为 3mm,"中性因子"为 1。

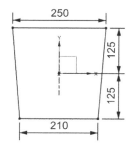

图 11-82　绘制截面(一)

图 11-83　创建突出块特征

（7）在零件图中选取，图 11-84 所示边线的靠上方的边线。

（8）在【弯边】对话框中单击"编辑草图"按钮，修改草图，如图 11-85 所示。

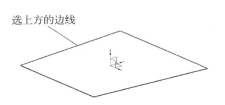

图 11-84　选取折弯的边线

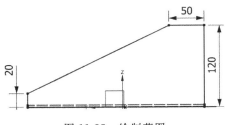

图 11-85　绘制草图

（9）单击"完成草图"按钮，单击"确定"按钮，创建弯边特征，如图 11-86 所示。

注：上述两步可用先折弯，再倒斜角命令代替。

（10）在主菜单中选取"插入|折弯|弯边"命令，在【弯边】对话框中"宽度选项"选"完整"，"长度"为 10mm，"角度"为 85°，"匹配面"选"无"，"参考长度"选"内部"，"内嵌"选"折弯外侧"，"折弯半径"为 1mm，"中性因子"为 1。

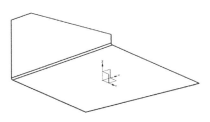

图 11-86　创建弯边特征（一）

（11）选取实体折弯的边，单击"确定"按钮，生成弯边特征，如图 11-87 所示。

（12）在主菜单中选取"插入|关联复制|镜像特征"命令，选取刚才创建的两个弯边特征为要镜像的特征，选取 YOZ 基准平面为镜像平面。

（13）单击"确定"按钮，创建镜像特征，如图 11-88 所示。

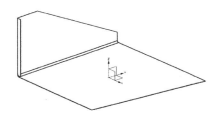

图 11-87　创建弯边特征（二）

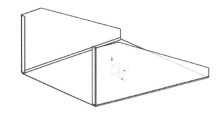

图 11-88　创建镜像特征

（14）在主菜单中选取"插入|折弯|弯边"命令，在【弯边】对话框中"宽度选项"选"完整"，"长度"为 120mm，"角度"为 90°，"匹配面"选"无"，"参考长度"选"内部"，"内嵌"选"折弯外侧"，"折弯半径"为 3mm，"中性因子"为 1。

（15）选取实体折弯的边，单击"确定"按钮，生成弯边特征，如图 11-89 所示。

（16）在主菜单中选取"插入|切割|法向除料"命令，在【法向除料】对话框中单击"绘制截面"按钮，绘制一个 ϕ10mm 的圆，如图 11-90 所示。

（17）单击"完成草图"按钮，在【法向除料】对话框中"切削方法"选"厚度"，"限制"选"贯通"。

（18）单击"确定"按钮，创建法向除料特征，如图 11-91 所示。

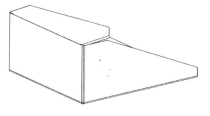

图 11-89 创建弯边特征(三)

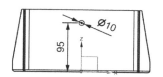

图 11-90 绘制截面(二)

（19）在主菜单中选取"插入|关联复制|阵列特征"命令,在【阵列】对话框中"布局"选"线性" ,在"方向1"区域中,"指定矢量"选"-ZC↓","间距"选"数量和节距","数量"为3,"节距"为30mm。

（20）选取法向除料特征为阵列对象,单击"确定"按钮,生成矩形阵列,如图 11-92 所示。

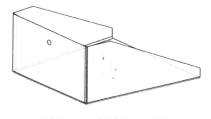

图 11-91 创建通孔特征

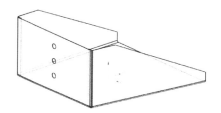

图 11-92 创建阵列特征(一)

（21）采用相同的方法,创建另一个法向除料特征,截面为 ϕ5mm 的圆,如图 11-93 所示,创建的法向除料特征如图 11-94 所示。

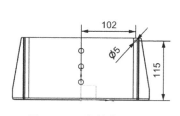

图 11-93 绘制截面(三)

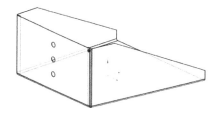

图 11-94 法向除料特征

（22）在主菜单中选取"插入|关联复制|阵列特征"命令,在【阵列】对话框中"布局"选"线性" ,在"方向1"区域中,"指定矢量"选"-ZC↓","间距"选"数量和间距","数量"为3,"节距"为50mm,在"方向2"区域中,"指定矢量"选"-XC","间距"选"数量和间距","数量"为2,"节距"为205mm。

（23）选取刚才创建的特征为阵列对象,单击"确定"按钮,生成矩形阵列,如图 11-95 所示。

（24）在主菜单中选取"插入|展平图样|展平实体"命令,选取零件中间平面为固定面。

（25）单击"确定"按钮,生成一个展开的零件,如图 11-96 所示。

（26）单击"保存"按钮 ,保存文档。

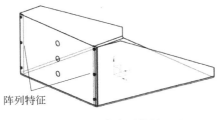

图 11-95　创建阵列特征（二）

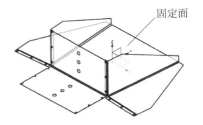

图 11-96　钣金展开图

11.6　设计洗菜盆

（1）启动 NX 10.0，单击"新建"按钮，在【新建】对话框中输入"名称"为"xicaipen.prt"，"单位"为"毫米"，选"钣金"模块，单击"确定"按钮，进入钣金设计环境。

（2）在主菜单中选取"首选项|钣金"命令，在【钣金首选项】对话框"部件选项"卡中"材料厚度"为 0.5mm，"折弯半径"为 1.5mm，"让位槽深度"为 3mm，"让位槽宽度"为 2mm，选中"◉折弯许用半径公式"选项。

（3）单击"确定"按钮，完成"NX 钣金首选项"设定。

（4）在主菜单中选取"插入|突出块"命令，在【突出块】对话框中单击"绘制截面"按钮 ，以 XY 平面为草绘平面，绘制一个矩形截面（500mm×200mm），如图 11-97 所示。

（5）单击"完成草图"按钮 ，单击"确定"按钮，创建突出块特征，如图 11-98 所示。

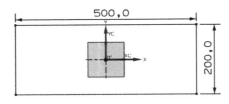

图 11-97　绘制截面（一）

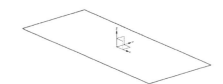

图 11-98　创建突出块特征

（6）在主菜单中选取"插入|冲孔|凹坑"命令，在【凹坑】对话框中单击"绘制截面"按钮 ，选取零件的上表面为草绘平面，创建截面草图，如图 11-99 所示。

（7）单击"完成草图"按钮 ，在【凹坑】对话框中"深度"为 10mm，单击"反向"按钮 ，使箭头朝下，"侧角"为 2°，"参考深度"选"内部"，"侧壁"选"材料外侧"，勾选"☑凹坑边倒圆"复选框，"凸模半径"为 2mm，"凹模半径"为 4mm，勾选"☑圆形截面拐角"复选框，"拐角半径"为 10mm。

（8）单击"确定"按钮，创建凹坑特征，如图 11-100 所示。

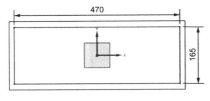

图 11-99　绘制截面（二）

图 11-100　创建凹坑特征（一）

（9）采用相同的方法,创建第二个凹坑,凹坑矩形截面为200mm×130mm,如图11-101所示,在【凹坑】对话框中"深度"为80mm,单击"反向"按钮⊠,使箭头朝下,"侧角"为2°,"参考深度"选"内部","侧壁"选"材料外侧",勾选"☑凹坑边倒圆"复选框,"凸模半径"为10mm,"凹模半径"为5mm,勾选"☑圆形截面拐角"复选框,"拐角半径"为15mm,创建的凹坑特征如图11-102所示。

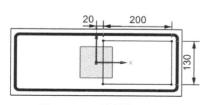

图 11-101　绘制截面(三)

图 11-102　创建凹坑特征(二)

（10）用相同的方法,创建第三个凹坑,凹坑矩形截面为200mm×105mm,如图11-103所示,在【凹坑】对话框中"深度"为50mm,单击"反向"按钮⊠,使箭头朝下,"侧角"为2°,"参考深度"选"内部","侧壁"选"材料外侧",勾选"☑凹坑边倒圆"复选框,"凸模半径"为10mm,"凹模半径"为5mm,勾选"☑圆形截面拐角"复选框,"拐角半径"为15mm,创建的凹坑特征如图11-104所示。

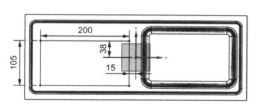

图 11-103　绘制截面(四)

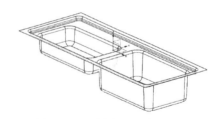

图 11-104　创建凹坑特征(三)

（11）在横向菜单中单击"应用模块",再单击"建模",系统进入建模设计环境。

（12）单击"拉伸"按钮▥,在【拉伸】对话框中单击"绘制截面"按钮▤,以第一个凹坑的上表面为草绘平面,绘制一个矩形截面(170mm×80mm),如图11-105所示。

（13）单击"完成草图"按钮▩,在【拉伸】对话框中"指定矢量"选"-ZC↓"▣,开始距离为0,结束距离为3mm,"布尔"选"无"▣。

（14）单击"确定"按钮,生成一个实体,按住鼠标中键调整视角后,如图11-106所示。

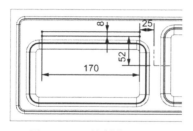

图 11-105　绘制截面(五)

图 11-106　创建拉伸实体

（15）单击"边倒圆"按钮 ▣，选取实体的边线，圆角半径为 R4mm，如图 11-107 所示。

（16）在横向菜单中单击"应用模块"，再单击"钣金"，系统进入钣金设计模式。

（17）在主菜单中选取"插入|冲孔|实体冲压"命令，在【实体冲压】对话框中"类型"选"凸模"，"目标面"选第一个凹坑的表面，"工具体"选刚才创建的拉伸体，勾选"☑实体冲压边倒圆"复选框，"凹模半径"为 1mm，勾选"☑恒定厚度"。

（18）单击"确定"按钮，生成一个实体冲压特征（一），如图 11-108 所示。

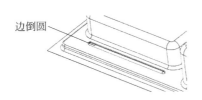

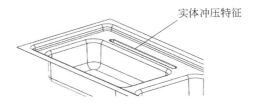

图 11-107　创建边倒圆特征

图 11-108　创建实体冲压特征（一）

（19）在主菜单中选取"插入|冲孔|筋"命令，在【筋】对话框中单击"绘制截面"按钮 ▣，选取平面为草绘平面，绘制一条直线，如图 11-109 所示。

（20）单击"完成草图"按钮 ▣，在【冲压除料】对话框中"横截面"为圆弧，"深度"为 3mm，"半径"为 5mm，勾选"☑筋边导圆"复选框，"凹模半径"为 1mm。

（21）单击"确定"按钮，创建一个筋特征，如图 11-110 所示。

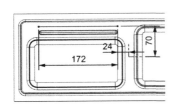

图 11-109　绘制截面（六）

图 11-110　创建筋特征

（22）在主菜单中选取"插入|切割|法向除料"命令，在【法向除料】对话框中单击"绘制截面"按钮 ▣，绘制一个圆形截面（φ25mm），如图 11-111 所示。

（23）单击"完成草图"按钮 ▣，在【法向除料】对话框中"切割方法"选"厚度"，"限制"选"贯通"。

（24）单击"确定"按钮，创建法向除料特征，如图 11-112 所示。

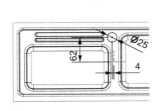

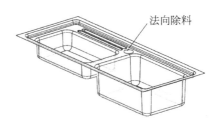

图 11-111　绘制截面（七）

图 11-112　创建法向除料特征

（25）在横向菜单中单击"应用模块"，然后单击"建模"，系统进入建模设计环境。

（26）单击"拉伸"按钮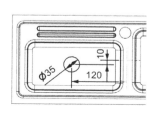，在【拉伸】对话框中单击"绘制截面"按钮，以第一个凹坑的上表面为草绘平面，绘制一个圆形截面（φ35mm），如图 11-113 所示。

（27）单击"完成草图"按钮，在【拉伸】对话框中"指定矢量"选"-ZC↓"，开始距离为 0，结束距离为 10mm，"布尔"选"无"。

（28）单击"确定"按钮，生成一个实体，按住鼠标中键调整视角后，如图 11-114 所示。

图 11-113　绘制截面（八）

图 11-114　创建拉伸体

（29）以刚才创建圆柱的顶面为草绘平面，创建第二个圆柱（直径为 16mm，高为 10mm），如图 11-115 所示。

（30）在主菜单中选取"插入|组合|合并"命令，使刚才创建的两个圆柱合并。

（31）单击"边倒圆"按钮，创建 R2mm 的圆角，如图 11-116 所示。

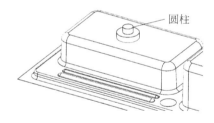

图 11-115　创建圆柱体

图 11-116　创建边倒圆特征

（32）在横向菜单中单击"应用模块"，再单击"钣金"，系统进入钣金设计模式。

（33）在主菜单中选取"插入|冲孔|实体冲压"命令，在【实体冲压】对话框中"类型"选"凸模"，"目标面"选凹坑的内表面，"工具体"选刚才合并的实体，"冲裁面"选圆柱体的下表面为冲裁面，勾选"☑实体冲压边倒圆"复选框，"凹模半径"为 R1mm，勾选"☑恒定厚度"。

（34）单击"确定"按钮，创建实体冲压特征（二），如图 11-117 所示。

（35）同样的方法，在右侧凹坑的中心位置创建实体冲压特征（三），尺寸与刚才的特征相同，如图 11-118 所示。

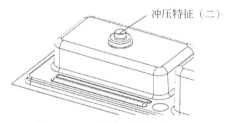

图 11-117　创建冲压特征（二）

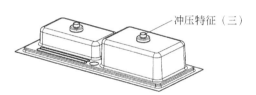

图 11-118　创建冲压特征（三）

（36）在横向菜单中单击"应用模块"，然后单击"建模"，系统进入建模设计环境。

（37）单击"拉伸"按钮 ，在【拉伸】对话框中单击"绘制截面"按钮 ，以第一个凹坑的上表面为草绘平面，绘制一个圆形截面（φ25mm），如图 11-119 所示。

（38）单击"完成草图"按钮 ，在【旋转】对话框中"指定矢量"选"-ZC↓" ，开始距离为 0，结束距离为 10mm，"布尔"选"无" 。

（39）单击"确定"按钮，生成一个拉伸实体，如图 11-120 所示。

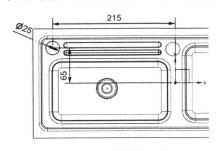

图 11-119　绘制截面（九）

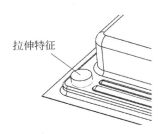

图 11-120　创建拉伸特征

（40）在横向菜单中单击"应用模块"，再单击"钣金"，系统进入钣金设计模式。

（41）在主菜单中选取"插入|冲孔|实体冲压"命令，在【实体冲压】对话框中"类型"选"凸模"，"目标面"选第一个凹坑的表面，"工具体"选刚才创建的拉伸体，勾选"☑实体冲压边倒圆"复选框，"凹模半径"为 1mm，勾选"☑恒定厚度"。

（42）单击"确定"按钮，创建实体冲压特征（四），如图 11-121 所示。（注：该冲压特征底面没穿）

（43）在主菜单中选取"插入|折弯|弯边"命令，在【弯边】对话框中"宽度选项"选"完整"，"长度"为 10mm，"匹配面"选"无"，"角度"为 90°，"参考长度"选"内部"，"内嵌"选"折弯外侧"，"折弯半径"为 1mm，"中性因子"为 3。

（44）在零件上选取折弯的边，单击"确定"按钮，创建折弯特征，如图 11-122 所示。

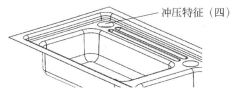

图 11-121　创建冲压特征（四）

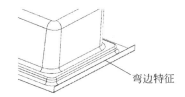

图 11-122　创建弯边特征

（45）同样的方法，创建另外三条边的折弯特征。

（46）在主菜单中选取"插入|拐角|封闭拐角"命令，在【封闭拐角】对话框中"类型"选"封闭和止裂口"，"处理"选"封闭的"，"重叠"选"重叠的"，"缝隙"为 0，"重叠比"为 1。

（47）在实体上选取两个相邻的圆弧面为封闭面，如图 11-123 所示。

（48）单击"确定"按钮，创建封闭拐角特征，如图 11-124 所示。

（49）同样的方法，创建其他三个角的封闭拐角特征。

（50）单击"保存"按钮 ，保存文档。

图 11-123 选相邻圆弧面

图 11-124 封闭拐角特征

作业：用钣金设计的方式，设计排气窗钣金工件，尺寸如图 11-125 所示。

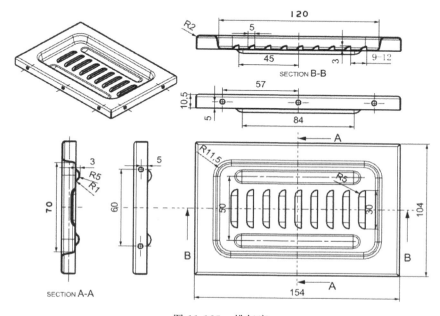

图 11-125 排气窗

11.7 钣金工程图

本节介绍创建钣金工程图的一般过程。

（1）打开文件 lajichan.prt 零件图。

（2）在主菜单中选取"插入|展平图样|展平图样"命令，在零件图中选取固定面，如图 11-126 所示。

（3）单击"确定"按钮，完成展平图样 FLAT_PATTERN#1 的创建。

（4）在横向菜单中单击"应用模块"，再单击"制图"按钮，系统进入工程图环境。

（5）在主菜单中选取"插入|图纸页"命令，在【图纸页】对话框中"大小"选"标准尺寸"，"大小"为"A0−841×1189"，"比例"为 1∶1，"单位"选"毫米"，"投影"选"第一角投影"，取消勾选"✓始终自动视图创建"复选框。

（6）单击"确定"按钮，创建空白图纸页。

（7）在主菜单中选取"插入|视图|基本"命令，在【基本视图】对话框中"方法"选"自动判

断"，"要使用的模型视图"选"俯视图"，"比例"为1：1。

（8）单击空白图框的适当位置，即可创建主视图、俯视图、右视图，如图11-127所示。

图 11-126　选取固定面

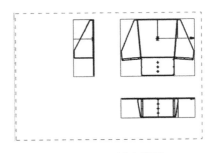

图 11-127　创建视图

（9）在主菜单中选取"首选项|制图"命令，在【制图首选项】对话框中展开"视图"，选中"工作流"，取消"□显示"复选框前面的"√"，如图11-128所示。

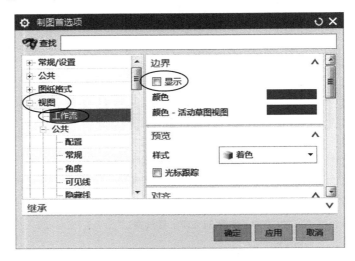

图 11-128　设置【制图首选项】对话框

（10）单击"确定"按钮，视图边框被取消。

（11）其他的内容，与实体工程图创建方法完全相同，请参考实体工程图的创建方式。

第 12 章

NX 10.0塑料模具设计入门

本章以几个简单的零件为例,结合 Mold Wizard 常用注塑模具设计的使用方法,初步介绍 NX 10.0 注塑模具设计的流程。如果在模具设计中需要加载模架配件,必须在\NX10.0\MOLDWIZARD\目录上加载模具设计外挂文件。

本章开始前,请老师从本书前言二维码中下载本书配套文件"UG10.0 造型设计、模具设计与数控编程建模图\第 12 章 NX10.0 塑料模具设计入门\……\建模图\分模前"文件夹中零件图档,并通过教师机下发给学生,再开始课程。

12.1 简单模具设计

(1)启动 NX 10.0,打开 2.1 节创建的 xuanniu. prt。

(2)单击横向菜单栏的"应用模块",再单击"注塑模"按钮,如图 12-1 所示。

图 12-1 加载"注塑模向导"

(3)在横向菜单栏中添加"注塑模向导"菜单,如图 12-2 所示,并显示注塑模的快捷菜单。

图 12-2 添加"注塑模向导"菜单

(4)单击"初始化项目"按钮,在【初始化项目】对话框中"收缩"为 1.005,"项目单位"选"毫米",如图 12-3 所示,单击"确定"按钮,完成设置"初始化项目"。

(5)单击"曲面补片"按钮 ◈,在【边修补】对话框中"类型"选"移刀",取消"□按面的颜色遍历"前面的"√",如图 12-4 所示。

(6)在零件图上选取小孔的下边缘线,如图 12-5 所示。

（7）单击"确定"按钮，创建小孔处的分型曲面，并将小孔封闭。

（8）单击"检查区域"按钮 ，在【检查区域】对话框"计算"选项卡中，"指定脱模方向"选"ZC↑" ，选"◉保持现有的"，单击"计算"按钮 ，如图12-6所示。

图 12-3 初始化项目

图 12-4 设置【边修补】对话框

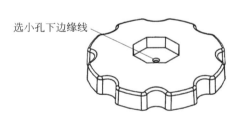

选小孔下边缘线

图 12-5 选小孔边线

图 12-6 "计算"选项卡

（9）选中"区域"选项卡，取消"□内环"、"□分型边"、"□不完整的环"复选框的"√"，选中"◉型腔区域"，单击"设置区域颜色"按钮 ，如图12-7所示，零件分成三种颜色，型腔曲面是棕色、型芯曲面是蓝色、未定义曲面部分（小孔侧面）是浅绿色。

（10）勾选"☑交叉竖直面"复选框与"◉型腔区域"复选框，如图12-8所示，单击"确定"按钮，未定义曲面指派指型腔区域，浅绿色曲面变为棕色。

（11）单击"工件"按钮 ，在【工件】对话框中"类型"选"产品工件"，"工件方法"选"用户定义的块"，开始距离为−10mm，终止距离为20mm，在【工件】对话框中单击"绘制截面"按钮 ，并将尺寸修改为60mm×60mm，如图12-9所示。

（12）单击"完成草图"按钮 ，单击"确定"按钮，创建一个工件，如图12-10所示。

（13）单击"定义区域"按钮 ，在【定义区域】对话框中勾选"☑创建区域"、"☑创建分型线"复选框。

（14）单击"确定"按钮，创建区域及分型线，分型线用白色显示，如图 12-11 所示。

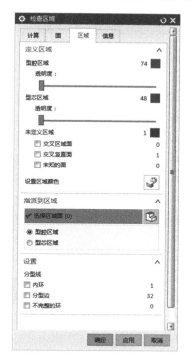

图 12-7　"区域"选项卡（一）

图 12-8　"区域"选项卡（二）

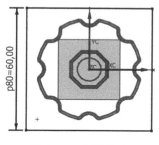

图 12-9　绘制截面

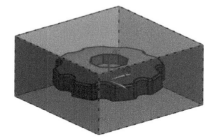

图 12-10　创建工件

（15）单击"设计分型面"按钮 ，在【设计分型面】对话框中选"有界平面"按钮 ，如图 12-12 所示。

（16）拖动分型面上的控制点，使分型面稍大于工件，如图 12-13 所示，单击"确定"按钮。

（17）单击"型腔布局"按钮 ，在【型腔布局】对话框中"布局类型"选"矩形"，点选" ⊙ 线性"按钮，"X 向型腔数"为 2，"X 移动参考"选"块"，"X 距离"为 0，"Y 向型腔数"为 2，"Y 移动参数"选"块"，"Y 距离"为 0。

（18）在【型腔布局】对话框中单击"开始布局"按钮 ，创建腔型布局，如图 12-14 所示。

（19）单击"自动对准中心"按钮 ，将模具的中心移到坐标原点处。

分型线呈浅白色

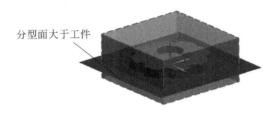

图 12-11 创建分型线

图 12-12 选"有界平面"

分型面大于工件

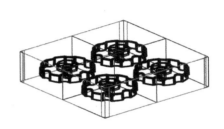

图 12-13 分型面

图 12-14 型腔布局

（20）单击"定义型腔和型芯"按钮 ，在【定义型腔和型芯】对话框中选取"所有区域"。

（21）单击"确定"按钮，创建型腔零件和型芯零件。

（22）在横向菜单中选取"窗口"，选中"xuanniu_top_000.prt"，打开 xuanniu_top_000.prt。

（23）单击"装配导航器"按钮，在导航器中选中"xuanniu_cavity_002"，单击鼠标右键，在下拉菜单中选"设为工作部件"，如图 12-15 所示。

图 12-15 选"设为工作部件"命令

（24）在横向菜单栏的空白处单击鼠标右键，在下拉菜单中勾选"装配"命令，如图 12-16 所示，在横向菜单栏中添加"装配"命令。

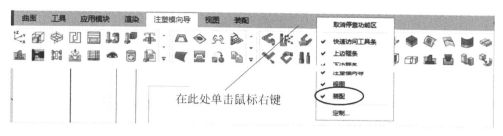

图 12-16　勾选"装配"

（25）在横向菜单栏中选"装配"命令，选"WAVE 几何链接器"，如图 12-17 所示。

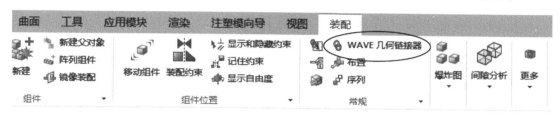

图 12-17　选"WAVE 几何链接器"

（26）在【WAVE 几何链接器】对话框中"类型"选"体"，选中其他三个型腔，如图 12-18 所示，单击"确定"按钮。

（27）在"装配导航器"中选中"xuanniu_cavity_002"，单击鼠标右键，在下拉菜单中选 "设为显示部件"，打开型腔零件，如图 12-19 所示。

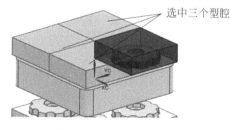

图 12-18　选中其他三个型腔

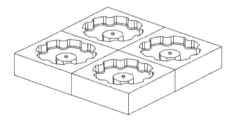

图 12-19　型腔

（28）在主菜单中选取"编辑|特征|移除参数"命令，移除 4 个型腔的参数。

（29）单击"合并"按钮 ，合并 4 个型腔零件为一个整体。

（30）采用相同的方法，将 4 个型芯零件合并为一个整体，型芯零件名为"xuanniu_core_006"。

（31）单击"保存"按钮 ，保存文档。

作业：对 3.1 节创建的 bitong.prt 进行模具设计，要求一模两腔，如图 12-20 所示。

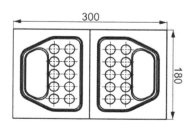

图 12-20　bitong.prt 模具排位图

12.2　补面模具设计

（1）启动 NX 10.0，打开 2.6 节创建的 diankonghe.prt，如图 12-21 所示。

（2）单击横向菜单栏的"应用模块"，再单击"注塑模"按钮，横向菜单栏添加"注塑模向导"菜单。

（3）单击"初始化项目"按钮，在【初始化项目】对话框中"收缩"设为 1.005，"单位"选"毫米"，单击"确定"按钮，完成设定初始化项目。

（4）在主菜单中选取"格式｜WCS｜旋转"命令，在【旋转 WCS】对话框中选中"◉＋XC轴：YC→ZC"，"角度"为 180°，单击"确定"按钮，坐标系沿 X 轴旋转 180°。

（5）单击"模具 CSYS"按钮 ，在【模具 CSYS】对话框中选取"◉当前 WCS"。

（6）单击"确定"按钮，产品旋转 180°，如图 12-22 所示。

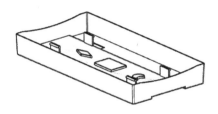

图 12-21　原始图形

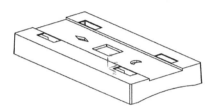

图 12-22　调整产品方向

（7）单击"检查区域"按钮 ，在【检查区域】对话框"计算"选项卡中，"指定脱模方向"选"-ZC↓"，选中"◉保持现有的"复选框，再单击"计算"按钮 。

（8）选中"区域"选项卡，取消"□内环"、"□分型边"、"□不完整的环"前面的"√"，选中"◉型腔区域"，单击"设置区域颜色"按钮 ，如图 12-7 所示，零件分成三种不同的颜色，型腔部分是棕色、型芯部分是蓝色、未定义曲面部分是浅绿色。

（9）在"面"选项卡中单击"面拆分"按钮，如图 12-23 所示。

（10）在【拆分面】对话框中"类型"选"□平面/面"。

（11）在实体上选取要拆分的面（选浅绿色曲面），如图 12-24 所示。

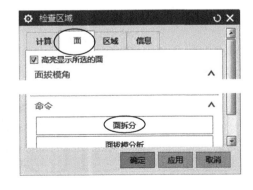

图 12-23　选"面拆分"按钮

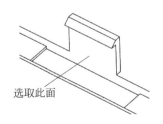

选取此面

图 12-24　选取要拆分的面

（12）在【拆分面】对话框中单击"添加基准平面"按钮 ，在【基准平面】对话框中"类型"选"通过对象"，在实体上选取方孔的侧面，如图12-25所示。

（13）依次单击"确定|确定"按钮，所选的曲面被拆分。

（14）按照同样的方法，拆分其余扣位附近曲面。

（15）在【检查区域】对话框中选中"区域"选项卡，点选"◉型芯区域"复选框，在零件图上选取拆分后的6个浅绿色侧面，如图12-26箭头所示。

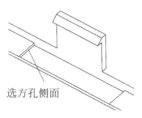

选方孔侧面

图12-25　创建基准平面

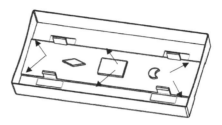

图12-26　选取6个拆分后的曲面

（16）在【检查区域】对话框中单击"应用"按钮，所选中的曲面切换成蓝色。

（17）在【检查区域】对话框中点选"◉型腔区域"，再在零件图上选取其他浅绿色的面（共16个），单击"确定"按钮，绿色曲面切换成棕色。

（18）在横向菜单中单击"应用模块"，再单击"建模"按钮，进入建模环境。

（19）单击"拉伸"按钮 ，在零件上选取缺口的三条边线，如图12-27所示。

（20）在【拉伸】对话框中"指定矢量"选"ZC↑" ，"开始距离"为0，勾选"☑开放轮廓智能体积"复选框，"结束"选"直至延伸部分"，

（21）按住鼠标中键，翻转实体后，在实体上选取扣位的水平部分，如图12-28所示。

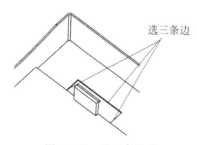

选三条边

图12-27　选三条边线

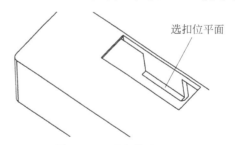

选扣位平面

图12-28　选扣位水平面

（22）单击"确定"按钮，创建一个拉伸曲面，如图12-29所示。

（23）在主菜单中选取"插入|网格曲面|直纹"命令，在辅助工具条中选中"在相交处停止"按钮 ，在实体上选取截面线串1和截面线串2，如图12-30所示。

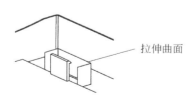

拉伸曲面

图12-29　创建拉伸曲面

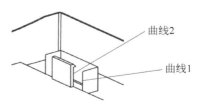

曲线2

曲线1

图12-30　选曲线1和曲线2

（24）在【直纹】对话框中勾选"☑保留形状"复选框，"体类型"选"片体"，单击"确定"按钮，创建直纹曲面，同样的方法，创建另一个直纹平面，如图 12-31 所示。

（25）在主菜单上选取"插入|曲面|有界平面"命令，以拉伸曲面、直纹曲面和扣位的边线创建有界平面，如图 12-32 所示。

（26）采用同样的方法，创建另外三个位置的补孔曲面。

（27）在横向菜单中单击"应用模块"，再单击"注塑模"按钮，进入模具设计环境。

图 12-31　创建两个直纹曲面

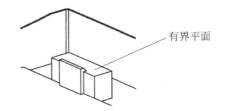

图 12-32　创建有界平面

（28）单击"编辑分型面与曲面补片"按钮，选取刚才创建的曲面，单击"确定"按钮。

（29）单击"定义区域"按钮，在【定义区域】对话框中勾选"☑创建区域"与"☑创建分型线"复选框，单击"确定"按钮，创建区域与分型线，如图 12-33 所示。

（30）单击"工件"按钮，在【工件】对话框中"类型"选"产品工件"，"工件方法"选"用户定义的块"，开始距离为—20mm，结束距离为 50mm。在【工件】对话框中单击"绘制截面"按钮，修改工件尺寸为 300mm×180mm，如图 12-34 所示。

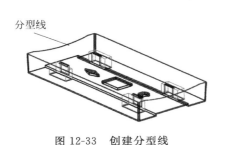

图 12-33　创建分型线

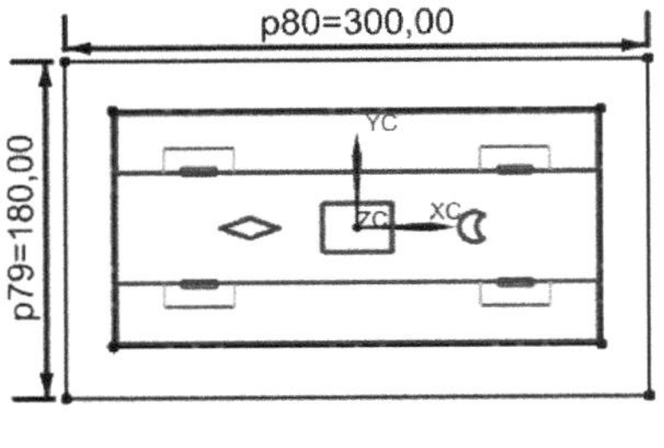

图 12-34　工件尺寸

（31）单击"完成草图"按钮，单击"确定"按钮，创建一个工件。

（32）单击"设计分型面"按钮，在【设计分型面】对话框中单击"选择过渡曲线"按钮。（如果找不到"选择过渡曲线"按钮，请在【设计分型面】对话框标题栏的空白处单击鼠标右键，在下拉菜单中选取"显示折叠的组"。）

（33）选取分型线上的 4 个拐角处的圆弧为过渡曲线，如图 12-35 所示，单击"应用"按钮。

（34）在【设计分型面】对话框中选取"条带曲面"按钮，"分型面长度"为 150mm。

（35）单击"应用"按钮，创建一个方向的分型面。

（36）重复在对话框"方法"区域中选取"条带曲面"按钮，单击"应用"按钮，连续 3次，即可创建整个分型面，如图 12-36 所示。

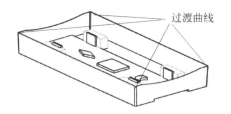

图 12-35　选取 4 个拐角的曲线为过渡曲线

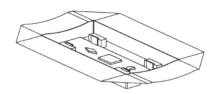

图 12-36　创建分型面

（37）单击"定义型腔和型芯"按钮 ，在【定义型腔和型芯】对话框中选取"所有区域"。

（38）单击"确定"按钮，创建型腔零件和型芯零件。

（39）在横向菜单中选取"窗口"，选中"diankonghe_top_000"，打开模具总装图。

（40）单击"装配导航器"按钮 🖼，选中"diankonghe_top_000"，单击鼠标右键，在下拉菜单中选"设为工件部件"命令，将该总装图设为工件部件。

（41）在横向菜单中单击"应用模块"，单击"装配"，进入装配环境。

（42）选取主菜单中"装配|爆炸图|新建爆炸图"命令，在【新建爆炸图】中输入爆炸图名称。

（43）选取主菜单中"装配|爆炸图|编辑爆炸图"命令，在【编辑爆炸图】对话框中选"◉选择对象"，在装配图上选取型腔零件，在【编辑爆炸图】对话框选"◉移动对象"，选取 Z 轴为移动方向，在【编辑爆炸图】上输入移动距离 50mm，单击"确定"按钮，型腔分开。

（44）同样的方法，将型芯向下移动 50mm，如图 12-37 所示。

（45）单击"保存"按钮 🖫，保存文档。

作业：对 2.6 节作业图 2-104.prt 进行模具设计，要求一模四腔，如图 12-38 所示。

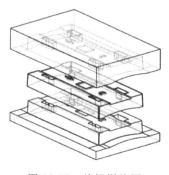

图 12-37　编辑爆炸图

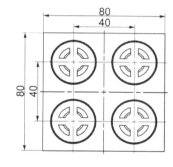

图 12-38　排模图

12.3　建模环境下的模具设计

（1）启动 NX 10.0，打开 2.8 节创建的 Wheel.prt 文件。

（2）在主菜单中选取"插入|偏置/缩放|缩放体"命令，在【缩放体】对话框中"类型"选"均匀"，"均匀"设为 1.006。

（3）单击"点对话框"按钮 ⬚，输入(0,0,0)，单击"确定"按钮，完成对工件的缩放。

（4）在主菜单中选取"格式|图层设置"命令，设定第 10 层为工作图层。

（5）在主菜单中选取"插入|关联复制|抽取几何特征"命令，在【抽取几何特征体】对话框中"类型"选"面"，"面选项"选"单个面"，勾选"☑删除孔"复选框。

（6）按住鼠标中键翻转实体后，选取指定的曲面，该通孔被封闭，如图 12-39 所示。

（7）在主菜单中选"插入|修剪|修剪片体"命令，以刚才抽取的曲面为目标片体，孔的边线为修剪边界，在【修剪片体】对话框中选"◉保留"复选框，"投影方向"选"沿矢量"，"指定矢量"选"ZC↑"「ᶻᶜ↑」，修剪结果如图 12-40 所示。（若修剪后不符合要求，则在【修剪片体】对话框中改选"◉放弃"复选框。）

图 12-39　抽取曲面

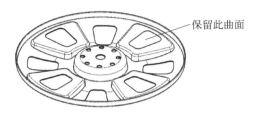

图 12-40　修剪曲面（一）

（8）采用同样的方法，修补其他 3 个相同的孔。

（9）在主菜单中选取"编辑|曲面|扩大"命令，选取图 12-41 所示的曲面，创建扩大曲面。

（10）在主菜单中选取"插入|修剪|修剪片体"命令，以上一步创建的扩大曲面为目标片体，以通孔的边沿为边界对象，修剪结果如图 12-42 所示。

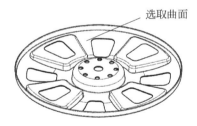

图 12-41　选取扩大曲面

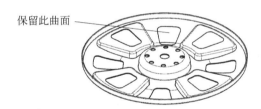

图 12-42　修剪结果

（11）在主菜单中选取"编辑|曲面|扩大"命令，创建所选曲面的扩大曲面，如图 12-43 所示。

（12）在主菜单中选取"插入|修剪|修剪片体"命令，以刚才创建的扩大曲面为目标片体，以边沿为边界对象，如图 12-44 所示，创建修剪曲面。（选取边界时，请点开辅助工具条中"在相交处停止"按钮「⊞」。）

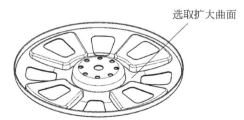

图 12-43　创建扩大曲面

图 12-44　修剪曲面（二）

（13）采用同样的方法,填补另外三个孔与零件中间 9 个孔位。

（14）在视图工具中选取"俯视图"按钮![图标],将视图调整为前视图,如图 12-45 所示。

（15）在主菜单中选取"插入|派生曲线|抽取"命令,在【抽取曲线】对话框中单击"轮廓曲线"按钮,选中实体后,创建一条绿色的轮廓线(也叫分型线),如图 12-46 所示。

　　图 12-45　俯视图　　　　　　　　图 12-46　创建轮廓曲线

（16）在主菜单中选取"插入|关联复制|抽取几何特征"命令,在【抽取几何特征体】对话框中"类型"选"面区域",勾选"☑遍历内部边","☑使用相切边角度","☑关联"和"☑固定于当前时间戳记",取消勾选"□删除孔"复选框。

（17）选取中间的曲面为种子面,如图 12-47 所示,侧边曲面为边界面,如图 12-48 所示。

（18）单击"确定"按钮,抽取曲面特征。

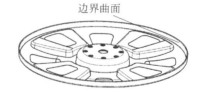

　　图 12-47　选种子曲面　　　　　　图 12-48　选边界曲面

（19）在主菜单中选取"插入|关联复制|抽取几何特征"命令,在【抽取几何特征体】对话框中"类型"选"面","面选项"选"单个面",取消勾选"□关联"复选框。

（20）选取零件中间 9 个小孔的侧面,如图 12-49 所示,单击"确定"按钮,抽取曲面特征。

（21）在主菜单中选取"格式|图层设置"命令,在【图层设置】对话框中取消"□1"前面的"√"。

（22）单击"拉伸"按钮![图标],在【拉伸】对话框中单击"绘制截面"按钮![图标],选取 ZY 为草绘平面,绘制一个草图,该直线与抽取曲线对齐,如图 12-50 所示。

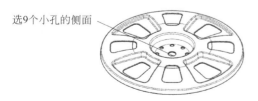

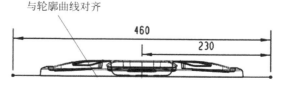

　　图 12-49　抽取零件中间 9 个小孔侧面　　　　图 12-50　绘制截面

（23）单击"完成草图"按钮![图标],在【拉伸】对话框中"指定矢量"选"YC↑![图标]","结束"选

"对称值","距离"为 230mm,"布尔"选"无" 。

（24）单击"确定"按钮,生成一个曲面,如图 12-51 所示。

（25）在主菜单中选取"插入|修剪|修剪片体"命令,以刚才创建的拉伸曲面为目标片体,抽取曲面为边界对象,单击"应用"按钮,创建修剪片体（1）,如图 12-52 所示。

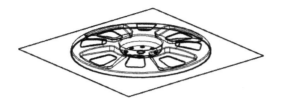
图 12-51　创建拉伸曲面

图 12-52　修剪片体（1）

（26）以拉伸曲面为边界对象,修剪片体（2）,如图 12-53 所示。

（27）在主菜单上选取"插入|组合|缝合"命令,缝合所有曲面。

（28）在主菜单中选取"格式|图层设置"命令,设定第 1 层为工作图层。

（29）单击"拉伸"按钮,在【拉伸】对话框中单击"绘制截面"按钮,选取 XOY 为草绘平面,绘制一个矩形截面（450mm×450mm）,如图 12-54 所示。

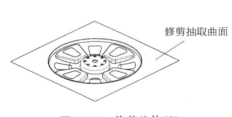
修剪抽取曲面
图 12-53　修剪片体（2）

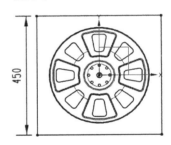
450
图 12-54　绘制截面

（30）单击"完成草图"按钮,在【拉伸】对话框中"指定矢量"选"ZC ↑",开始距离为 −30mm,结束距离为 50mm,"布尔"选"无"。

（31）单击"确定"按钮,创建工件,如图 12-55 所示。

（32）单击"减去"按钮,选取工件为目标体,选取产品零件为刀具体,在【求差】对话框中勾选"保存工具"复选框,单击"确定"按钮,创建减去特征。

（33）在主菜单中选取"插入|修剪|拆分体"命令,以工件为目标体,以组合后的分型面（用框选的方式选取所有曲面）为工具体,单击"确定"按钮,拆分型芯与型腔。（如果此时不能拆分,原因是修剪片体（1）和修剪片体（2）时不能用曲线作为边界对象,而应用曲面作为边界对角。）

（34）在主菜单中选取"编辑|特征|移除参数"命令,移除工件参数。

（35）在主菜单中选取"编辑|移动对象"命令,选取型芯为移动对象,选取 Z 轴为移动方向,在距离文本框中输入 200mm,按 Enter 确认,按"确定"移动型芯。

（36）采用同样的方法,移动型腔,如图 12-56 所示。

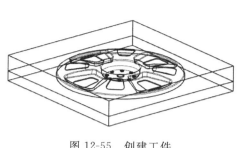

图 12-55　创建工件

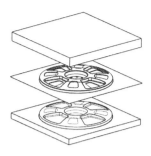

图 12-56　移动零件

（37）在"装配导航器"中选中"wheel"，单击鼠标右键，选"WAVE"，创建型芯（文件名：wheelcore）和型腔（文件名：wheelcavity）零件，如图 12-57 所示。

（38）单击"保存"按钮■，在 WAVE 模式建立的下层文件保存在指定目录中。

作业：用本节的方法，对第 3 章 anjian.prt 进行模具设计，要求一模一腔，如图 12-58 所示。

图 12-57　型腔、型芯零件

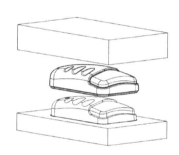

图 12-58　按键模具

12.4　多零件的模具设计

（1）启动 NX 10.0，打开 2.4 节创建的 fxyanhuigang.prt。

（2）在主菜单中选取"文件|导入|部件"命令，在【导入部件】对话框中"比例"为 1.0，"图层"选"工作的"，"目前坐标系"选"WCS"。

（3）单击"确定"按钮，选取 2.4 节的作业 yxyanhuigang.prt，单击"OK"按钮。

（4）在【点】对话框中输入（X、Y、Z）的坐标值（0,0,0），插入第二个工件，两个工件重叠在一起，如图 12-59 所示。

（5）在主菜单中选取"编辑|特征|移除参数"命令，移除两个零件的参数。

（6）在主菜单中选取"插入|偏置/缩放|缩放体"命令，在【缩放体】对话框中"类型"选"均匀"，"比例因子"为 1.006，单击"指定点"按钮，输入（0,0,0）。

（7）选取两个工件，单击"确定"按钮，对两个工件进行缩放。

（8）在主菜单中选取"编辑|移动对象"命令，在【移动对象】对话框中"运动"选"距离"，"指定矢量"选"XC↑"按钮，"距离"为 120mm，"结果"选"◉移动原先的"。

（9）选中圆形烟灰缸实体，单击"确定"按钮，零件移动后如图 12-60 所示。

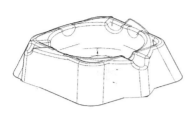

图 12-59　二个零件重叠一起　　　　　　图 12-60　移动零件

（10）在主菜单中选取"格式|图层设置"命令，设置第 10 层为工作图层。

（11）在主菜单中选取"插入|关联复制|抽取几何特征"命令，在【抽取几何特征】对话框中"类型"选"面区域"，勾选"☑遍历内部边"、"☑使用相切边角度"、"☑关联"、"☑固定于当前时间戳记"复选框选项。

（12）选取中间的曲面为种子面，如图 12-61 所示，口部平面为边界面，如图 12-62 所示。

（13）单击"确定"按钮，抽取曲面特征。

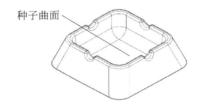
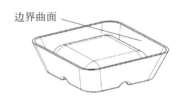

图 12-61　选取种子曲面　　　　　　图 12-62　选取边界曲面

（14）同样的方法，抽取另一个实体的表面。

（15）在主菜单中选取"格式|图层设置"命令，在对话框中取消勾选"□1"，隐藏第 1 层的实体。

（16）单击"拉伸"按钮，在【拉伸】对话框中单击"绘制截面"按钮，选取 ZX 为草绘平面，绘制一条直线，该直线与零件口部对齐，如图 12-63 所示。

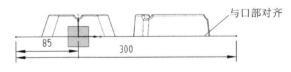

图 12-63　绘制截面（一）

（17）单击"完成草图"按钮，在【拉伸】对话框中"指定矢量"选"YC↑"，"结束"选"对称值"，"距离"为 80mm，单击"确定"按钮，创建拉伸曲面，如图 12-64 所示。

（18）在主菜单中选取"插入|修剪|修剪片体"命令，以刚才创建的拉伸曲面为目标片体，抽取曲面为边界对象，单击"应用"按钮，创建修剪片体特征，如图 12-65 所示。

（19）在主菜单上选取"插入|组合|缝合"命令，缝合所有曲面。

（20）在主菜单中选取"格式|图层设置"命令，设定第 1 层为工作图层。

（21）单击"拉伸"按钮，以 XOY 平面为草绘平面，绘制一个截面，如图 12-66 所示。

图 12-64　创建拉伸曲面

图 12-65　修剪曲面

（22）单击"完成草图"按钮 ，在【拉伸】对话框中"指定矢量"选"ZC↑" ，"开始"选
"值"，"距离"为−15mm，"结束"选"值"，"距离"为 40mm，"布尔"选"无" 。

（23）单击"确定"按钮，创建工件，如图 12-67 所示。

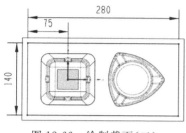

图 12-66　绘制截面（二）

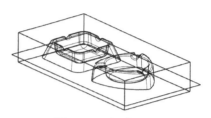

图 12-67　创建工件

（24）单击"减去"按钮 ，选取工件为目标体，两个零件为刀具体，在【求差】对话框中
勾选" 保存工具"复选框，单击"确定"按钮，创建减去特征。

（25）在主菜单中选取"插入|修剪|拆分体"命令，以工件为目标体，曲面为工具体，拆分
工件。

（26）在主菜单中选取"编辑|特征|移除参数"命令，移除工件参数。

（27）在"部件导航器"中，选中" fxyanhuigang"，单击鼠标右键，选 WAVE，选"新建
级别"，选取型芯，输入文件名 Yanhuigangcore. prt，选取型腔，输入文件名 Yanhuigangcavity.
prt，如图 12-68 所示。

（28）在主菜单中选取"编辑|移动对象"命令，选取型芯为移动对象，在【移动对象】对话
框中"运动"选"距离"，"指定矢量"选"ZC↑" ，"距离"为 100mm，按 Enter 键确认，单击
"确定"按钮，移动型芯，相同的方法，移动型腔，距离为−100mm，如图 12-69 所示。

（29）单击"保存"按钮 ，在 WAVE 模式中建立的下层文件保存在指定目录中。

图 12-68　创建模具零件

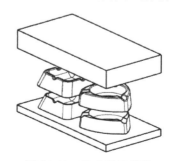

图 12-69　移动模具零件

作业：用本节所用的方法，对 5.2 节作业所创建的 guopen1. prt、guopen2. prt 进行模具设计，两个产品放在同一套模具中，排模图如图 12-70 所示。

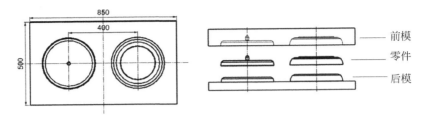

图 12-70　排模图

12.5　圆形排列的模具设计

（1）启动 NX 10.0，打开 3.4 节的 tangshi. prt 文件。

（2）按住 Shift 键，在模型树上选取所有的特征，再在主菜单中选取"编辑|特征|移除参数"，移除实体参数。

（3）在主菜单中选取"插入|偏置/缩放|缩放体"命令，在【缩放体】对话框中"类型"选"均匀"，"比例因子"为 1.006，单击"指定点"按钮，输入(0,0,0)。

（4）选取工件，单击"确定"按钮，完成对工件的缩放。

（5）在主菜单中选取"编辑|移动对象"命令，在【移动对象】对话框中"运动"选"距离"，"指定矢量"选"YC↑"，距离为 150mm，单击"确定"按钮，零件移动后如图 12-71 所示。

（6）按住 Shift 键，再次在模型树上选取所有的特征，再在主菜单中选取"编加|特征|移除参数"，移除实体参数。

（7）在主菜单中选取"插入|关联复制|抽取几何特征"命令，在【抽取几何特征】对话框中"类型"选"面区域"，勾选"☑遍历内部边"、"☑使用相切边角度"、"☑关联"、"☑固定于当前时间戳记"复选框选项。

（8）选取实体底部平面为种子面，口部曲面（共有 4 个曲面）为边界面，如图 12-72 所示，单击"确定"按钮，抽取曲面特征。

图 12-71　移动零件　　　　　　　　　　图 12-72　选取种子面

（9）在主菜单中选取"格式|图层设置"命令，在对话框中取消"☑ 2"前面的"√"，隐藏实体。

（10）单击"拉伸"按钮，在【拉伸】对话框中单击"绘制截面"按钮，以 ZOX 平面为草绘平面，绘制一个截面，如图 12-73 所示。截面中间的曲线用"插入|处方曲线|投影曲线"命令创建。

（11）单击"完成草图"按钮，在【拉伸】对话框中"指定矢量"选"XC↑"，"结束"选"对称值"，"距离"为36mm，单击"确定"按钮，创建一个拉伸曲面。

（12）在主菜单中选取"插入|修剪|修剪片体"命令，修剪拉伸曲面如图12-74所示。

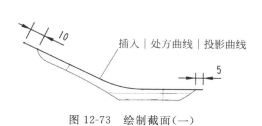

图12-73　绘制截面（一）

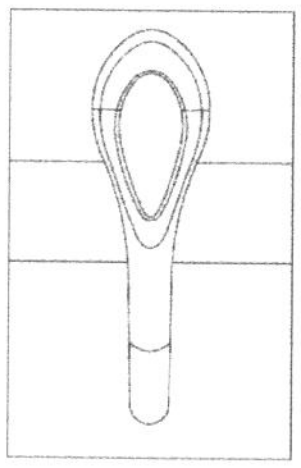

图12-74　修剪曲面（一）

（13）单击"草图"按钮，以XOY平面为草绘平面，绘制一个截面，如图12-75所示。

（14）在主菜单中选取"插入|修剪|修剪片体"命令，在【修剪片体】对话框中"投影方向"选"沿矢量"，"指定矢量"选"ZC↑"，以刚才创建的草图为工具体，修剪拉伸曲面，如图12-76所示。

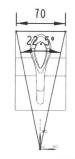

图12-75　绘制草图

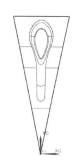

图12-76　修剪曲面（二）

（15）在主菜单中选取"格式|图层设置"命令，在【图层设置】对话框中勾选"☑2"，显示实体。

（16）在主菜单中选取"插入|关联复制|阵列几何特征"命令，在【阵列几何特征】对话框中"布局"选"圆形"，"指定矢量"选"ZC↑"，"指定点"选（0，0，0），"间距"选"数量和节距"，"数量"为16，"节距角"为22.5°。

（17）按住键盘Ctrl键，在"部件导航器"中选取要形成阵列的特征，如图12-77所示。

（18）单击"确定"按钮，创建圆形阵列特征，如图12-78所示。

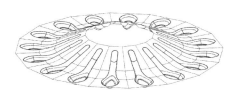

图12-77　选取阵列对象

图12-78　阵列特征

（19）在主菜单中选取"插入|曲面|条带构建器"命令，选取阵列曲面最外边的边线，"指定矢量"选"ZC↑"⎣ᶻᶜ↑⎦，"距离"为120mm，创建条带曲面，如图12-79所示。

（20）在主菜单中选取"插入|曲面|有界平面"命令，创建有界平面，如图12-79所示。

有界平面

条带曲面

图12-79 创建有界平面和条带曲面

（21）在主菜单中选取"插入|曲面|缝合"命令，将所有曲面缝合。

（22）单击"拉伸"按钮，以XOY为草绘平面，绘制一个矩形截面，如图12-80所示。

（23）单击"完成草图"按钮⎣▨⎦，在【拉伸】对话框中"指定矢量"选"ZC↑"⎣ᶻᶜ↑⎦，开始距离为−20mm，结束距离为50mm，"布尔"选"无"⎣👆⎦。

（24）单击"确定"按钮，创建工件。

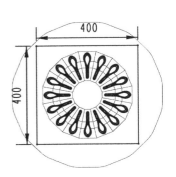

图12-80 绘制截面（二）

（25）单击"减去"按钮⎣🗑⎦，选取工件为目标体，选取产品零件为刀具体（共有16个零件），在【求差】对话框中勾选"☑保存工具"复选框，单击"确定"按钮，创建减去特征。

（26）在主菜单中选取"插入|修剪|拆分体"命令，将工件沿分型面分开。

（27）在主菜单中选取"编辑|特征|移除参数"命令，移除工件的参数。

（28）在主菜单中选取"编辑|移动对象"命令，移动型腔、型芯，隐藏分型面后如图12-81所示。

（29）选中"部件导航器"按钮，选中"☑ tangshi"，单击鼠标右键，选WAVE，选"新建级别"，选取型芯，输入文件名"tangshicavity"，选取型腔，输入文件名"tangshicore"，创建型腔、型芯文档，如图12-82所示。

（30）单击"保存"按钮⎣💾⎦，保存文档。

作业：用本节的方法，对第2章xuanniu.prt进行模具设计，排模图如图12-83所示。

图12-81 移动零件

图12-82 创建模具零件

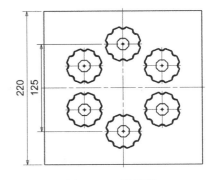

图12-83 排模图

12.6　建模环境下带滑块的模具设计

（1）启动 NX 10.0，打开第 1 章创建的 suliaosantong. prt。

（2）在主菜单中选取"插入|偏置/缩放|缩放体"命令，在【缩放体】对话框中"类型"选"均匀"，"比例因子"为 1.006，单击"指定点"按钮 ⊡，输入(0,0,0)，单击"确定"按钮。

（3）在主菜单中选取"编辑|特征|移除参数"命令，移除实体的参数。

（4）单击"基准平面"按钮 ▱，在【基准平面】对话框中"类型"选"按某一距离" ▨，创建一个基准平面，与 ZOX 平面的距离为 80mm，如图 12-84 所示。

（5）在主菜单中选取"插入|关联复制|镜像特征"命令，创建镜像特征，如图 12-85 所示。

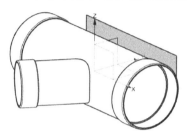

图 12-84　创建基准平面

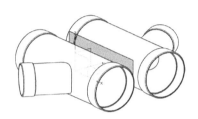

图 12-85　镜像特征

（6）单击"拉伸"按钮 ▦，以 XY 平面为草绘平面，绘制一个矩形截面，如图 12-86 所示。

（7）单击"完成草图"按钮 ▦，在【拉伸】对话框中"指定矢量"选"ZC↑" ▨，"结束"选"对称值"，"距离"为 100mm，"布尔"选"无" ▨，单击"确定"按钮，创建工件，如图 12-87 所示。

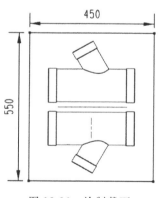

图 12-86　绘制截面

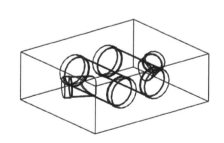

图 12-87　创建工件

（8）在主菜单中选取"格式|图层设置"命令，设定第 10 层为工作图层。

（9）单击"拉伸"按钮 ▦，在【拉伸】对话框中"指定矢量"选"-XC↑" ▨，开始距离为 0，勾选"☑开放轮廓智能体积"，"结束"选"直至延伸部分"，选取零件口部直径为 ϕ119.714mm 的边线为草绘曲线，拉伸至台阶面，如图 12-88 所示，创建型芯(1)。

（10）单击"拉伸"按钮 ▦，以口部直径为 ϕ119.714mm 的边线为草绘曲线，拉伸至工件的侧面，拉伸斜度为 5°，创建型芯(2)，如图 12-89 所示。

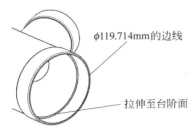

φ119.714mm的边线

拉伸至台阶面

图 12-88　选边线和台阶面

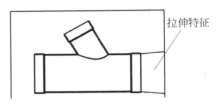

拉伸特征

图 12-89　创建型芯拉伸特征（2）

（11）单击"拉伸"按钮 ，选取 φ114.684mm 的边线为草绘曲线，拉伸至另一侧的台阶平面，创建型芯（3），如图 12-90 所示。

（12）采用相同的方法，创建另一端的型芯④及型芯⑤。

（13）在主菜单中选取"格式|图层设置"命令，在【图层设置】对话框中取消"□1"复选框前面的"√"，只显示刚才创建的拉伸特征，如图 12-91 所示。

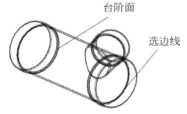

台阶面

选边线

图 12-90　选边线和台阶面

⑤ ④ ③ ① ②

图 12-91　型芯（序号表示创建顺序）

（14）在主菜单中选取"格式|图层设置"命令，在【图层设置】对话框中勾选"☑1"复选框，显示工件。

（15）单击"拉伸"按钮 ，选取直径为 φ79.474mm 的边线为草绘曲线，"指定矢量"选"面/平面法向"按钮 ，选口部平面，开始距离为 0，结束选"直至延伸部分"，拉伸至台阶平面，如图 12-92 所示，创建型芯（6）。

（16）单击"拉伸"按钮 ，选取直径为 φ75.45mm 的边线为草绘曲线，"指定矢量"选"面/平面法向"按钮 ，选口部平面，开始距离为 0，结束选"直至延伸部分"，拉伸至直径为 φ114.684mm 的型芯，创建型芯（7）。

（17）单击"拉伸"按钮 ，选取口部 φ79.474mm 的边线为草绘曲线，"指定矢量"选"面/平面法向"按钮 ，选口部平面，开始距离为 0，结束选"直至延伸部分"，拉伸至工件侧面，拉伸斜度为 5°，创建型芯（8），如图 12-93 所示。

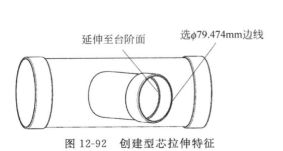

延伸至台阶面

选φ79.474mm边线

图 12-92　创建型芯拉伸特征

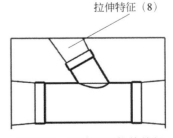

拉伸特征（8）

图 12-93　创建型芯拉伸特征

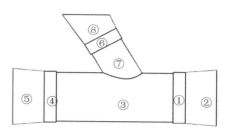

（18）在主菜单中选取"格式|图层设置"命令，在【图层设置】对话框中取消"□1"前面的"√"，只显示刚才创建的拉伸特征，如图12-94所示。

（19）实体①②③求和为型芯（一），④⑤求和为型芯（二），⑥⑦⑧求和为型芯（三）。

（20）采用相同的方法，创建另一侧的型芯。

（21）在主菜单中选取"格式|图层设置"命令，在【图层设置】对话框中勾选"√1"复选框，显示工件。

图12-94　型芯

（22）单击"减去"按钮，选取工件为目标体，选取2个产品零件和6个型芯为刀具体，在【求差】对话框中勾选"√保存工具"复选框，单击"确定"按钮，创建减去特征。

（23）在主菜单中选取"插入|修剪|拆分体"命令，以工件为目标体（不能选取型芯），以XOY平面为工具体，单击"确定"按钮，拆分型芯与型腔，如图12-95所示。

（24）选中"部件导航器"按钮，选中"√suliaosantong"，单击鼠标右键，选WAVE，选"新建级别"，选取上面工件（型腔），输入文件名"santongcavity"，单击"应用"按钮。

（25）采用同样的方法，创建型芯为santongcore，两个长滑块为santonghk1，两个短滑块为santonghk2，两个侧滑块为santonghk3，部件导航器如图12-96所示。

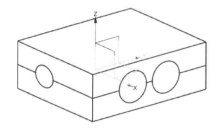

图12-95　拆分型芯与型腔

图12-96　创建型腔、型芯与滑块零件

（26）在主菜单中选取"装配|爆炸图|新建爆炸图"命令，创建一个新的爆炸图。

（27）在主菜单中选取"装配|爆炸图|编辑爆炸图"命令，移动各零件后如图12-97所示。

（28）单击"保存"按钮，保存文档。

作业：用本节的方法，对第1章zhijiaosantong.prt进行模具设计，排模图如图12-98所示。

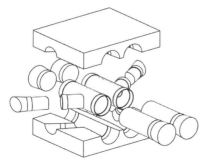

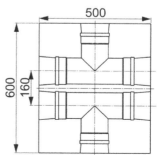

图12-97　移动零件

图12-98　排模图

12.7 在 Mold Wizard 环境下带滑块的模具设计

（1）启动 NX 10.0，打开第 1 章创建的 zhijiaosantong.prt。

（2）单击横向菜单"应用模块"，单击"注塑模"按钮，横向菜单添加"注塑模向导"菜单。

（3）单击"初始化项目"按钮，在【初始化项目】对话框中如"收缩"设为 1.005，"单位"选"毫米"，单击"确定"按钮，设定初始化项目。

（4）在主菜单中选取"格式|WCS|旋转"命令，在【旋转 WCS】对话框中点选"◉-XC 轴：ZC→YC"，"角度"为 90°，单击"确定"按钮，模具坐标系旋转 90°后，如图 12-99 所示。

（5）单击"模具 CSYS"按钮，在【模具 CSYS】对话框中选取"当前 WCS"为模具坐标系，产品旋转 90°，如图 12-100 所示。

图 12-99 旋转后的坐标系

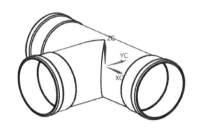
图 12-100 设定模具 CSYS

（6）单击"工件"按钮，在【工件】对话框中"类型"选"产品工件"，"工件方法"选"用户定义的块"，开始距离为—80mm，结束距离为 80mm，单击"绘制截面"按钮，修改工件的尺寸为 420mm×300mm，如图 12-101 所示。

（7）单击"完成草图"按钮，单击"确定"按钮，创建一个工件，如图 12-102 所示。

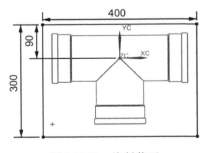
图 12-101 绘制截面

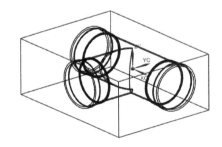
图 12-102 创建工件

（8）单击"检查区域"按钮，在【检查区域】对话框"计算"选项卡中，"指定脱模方向"选"YC↑"，点选"◉保持现有的"复选框，再单击"计算"按钮。

（9）选中"区域"选项卡，取消"□内环"、"□分型边"、"□不完整的环"前面的"√"，点选"◉型腔区域"复选框，单击"设置区域颜色"按钮，所有曲面变成浅绿色。

（10）在"面"选项卡中单击"面拆分"按钮，在【折分面】对话框中"类型"选"□平面/

面",单击"添加基准平面"按钮□,在【基准平面】对话框中"类型"选"XC-ZC 平面","距离"为 0,单击"确定"按钮。

(11) 用框选方法选取零件的所有面为要分割的面,在【拆分面】对话框中单击"确定"按钮。

(12) 在【检查区域】对话框中选中"区域"选项卡,选中"◉ 型腔区域"复选框,选取零件图外表面上半部分的曲面(共有 17 个),单击"应用"按钮,所选的面变成棕色(属于型腔)。

(13) 再在【检查区域】对话框中点选"◉ 型芯区域"复选框,勾选"☑ 未知的面"复选框,单击"确定"按钮,将其他面指派到型芯区域,此时所选中的面切换为蓝色。

(14) 单击"定义区域"按钮✍,在【定义区域】对话框中勾选"☑ 创建区域"、"☑ 创建分型线"复选框,单击"确定"按钮,创建区域与分型线,分型线呈浅白色,如图 12-103 所示。

(15) 在横向菜单中单击"应用模块|建模",切换到建模环境。

(16) 单击"拉伸"按钮▥,在辅助工具条中选"单条曲线",选取管口分型线创建三个拉伸曲面,拉伸至工件侧面,斜度为 5°,如图 12-104 所示。

图 12-103　创建分型线

(17) 单击"拉伸"按钮▥,创建拉伸平面,该平面与 XOY 平面对齐,如图 12-105 所示。

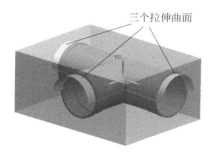

图 12-104　创建拉伸曲面(一)

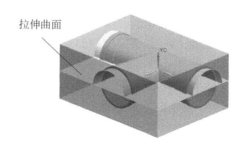

图 12-105　创建拉伸曲面(二)

(18) 在主菜单中选取"插入|修剪|修剪片体"命令,以刚才创建的拉伸曲面为修剪对象,选取位置如图 12-106 所示,选取位置不能有错,否则修剪后的分型面不符合图 12-107。其他曲面为修剪边界,在【修剪片体】对话框选"◉ 放弃"复选框,修剪后的曲面如图 12-107 所示。

图 12-106　修剪分型面

图 12-107　修剪后的分型面

(19) 在横向菜单单击"应用模块|注塑模向导",切换到注塑模向导模块。

（20）单击"编辑分型面与曲面补片"按钮 ，选取曲面，单击"确定"按钮，转换为分型面。

（21）单击"定义型腔和型芯"按钮 ，在【定义型腔和型芯】对话框中选取"所有区域"，单击"确定"按钮，创建型腔零件和型芯零件。（如果不能完成这个步骤，请将图 12-104、图 12-105 的拉伸曲面稍微做大一些，超出工件。）

（22）在横向菜单选"窗口"，选 zhijiaosantong_core_006.prt，打开型芯，如图 12-108 所示。

（23）在主菜单中选取"插入|格式|图层设置"命令，设置第 10 层为工作图层。

（24）单击"拉伸"按钮，选取 φ120.6mm 的圆弧为截面，斜度为 5°，创建一个拉伸体，如图 12-109 中①所示，采用同样方法，创建其他抽芯，如图 12-109 中其他数字所示。

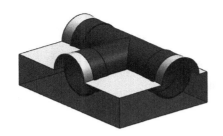

图 12-108　型芯

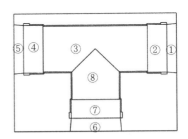

图 12-109　创建抽芯

（25）单击"减去"按钮 ，以型芯为目标体，拉伸体为工具体，在对话框中勾选"☑保存工具"复选框，单击"确定"按钮，创建型腔与抽芯。

（26）实体 1、2、3 合并，实体 4、5 合并，实体 6、7、8 合并。

（27）在"装配导航器"中选中"☑ zhijiaosantong_core_006"，单击鼠标右键，选"WAVE"，创建型芯及侧抽芯，如图 12-110 所示。

（28）在横向菜单中单击"应用模块"，单击"装配"，进入装配环境。

（29）选取主菜单中"装配|爆炸图|新建爆炸图"命令，创建新的爆炸图。

（30）选取主菜单中"装配|爆炸图|编辑爆炸图"命令，移动各零件后如图 12-111 所示。

图 12-110　装配导航器

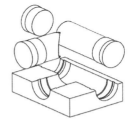

图 12-111　编辑爆炸图

（31）单击"保存"按钮 ，在 WAVE 模式建立的下层文件保存在指定目录中。

作业：用本节的方法，对第 1 章 suliaosantong.prt 进行模具设计，排模图如图 12-112 所示。

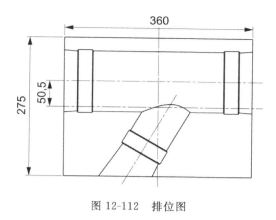

图 12-112　排位图

12.8　加载模架配件的模具设计

开始学习这个章节之前,必须先把模具库文件复制到\NX10.0\MOLDWIZARD\目录下,否则不能加载模架配件库(由不同模架厂家提供的、按照行业标准设计的模架配件图)。

(1)启动 NX 10.0,打开 2.7 节创建的 dianbiaoxiang.prt。

(2)单击横向菜单"应用模块",单击"注塑模"按钮,横向菜单添加"注塑模向导"菜单。

(3)单击"初始化项目"按钮,在【初始化项目】对话框中"收缩"设为 1.005,"单位"选"毫米",单击"确定"按钮,设定初始化项目。

(4)单击键盘的 W 键,显示 CSYS 坐标系。

(5)在主菜单中选取"格式|WCS|旋转"命令,在【旋转 WCS】对话框中点选"◉＋XC 轴 YC→ZC","角度"为 180°,单击"确定"按钮,坐标系旋转 180°。

(6)单击"模具 CSYS"按钮 ⤡,在【模具 CSYS】对话框中选取"当前 WCS",产品旋转 180°,如图 12-113 所示。

(7)单击"工件"按钮 ◈,在【工件】对话框中"类型"选"产品工件","工件方法"选"用户定义的块","开始距离"为－25mm,"结束距离"为 75mm,单击"绘制截面"按钮 ▦,修改截面尺寸为 220mm×150mm,如图 12-114 所示。

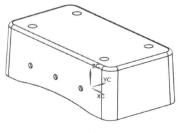

图 12-113　设定模具 CSYS

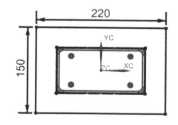

图 12-114　绘制截面

(8)单击"完成草图"按钮 ▦,单击"确定"按钮,创建一个工件。

(9)单击"曲面补片"按钮 ◈,在【边修补】对话框中"类型"选"移刀",取消"□按面的颜色遍历"复选框前面的"√"。

（10）选取零件侧面 6 个小孔的内边缘线和 4 个柱子上小孔的上边缘线，如图 12-115 所示。

（11）单击"确定"按钮，将小孔封闭。

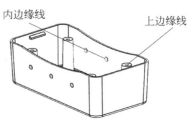

图 12-115　修补通孔的曲面

（12）单击"检查区域"按钮，在【检查区域】对话框"计算"选项卡中，"指定脱模方向"选"-ZC↓"，选中"◉保持现有的"复选框，再单击"计算"按钮。

（13）在"区域"选项卡中取消"□内环"、"□分型边"、"□不完整的环"复选框的"√"，选中"◉型腔区域"复选框，单击"设置区域颜色"按钮，零件分成三种颜色，外表面（型腔）是棕色、内表面（型芯）是蓝色、小孔内表面（未定义区域）是浅绿色。

（14）选中"区域"选项卡，勾选"☑交叉区域面"、"☑交叉竖直面"复选框，选中"◉型腔区域"复选框，单击"确定"按钮，将浅绿色曲面指派到型腔区域，并切换成棕色。

（15）单击"定义区域"按钮，在【定义区域】对话框中勾选"☑创建区域"与"☑创建分型线"复选框，单击"确定"按钮，创建区域和分型线，分型线在产品的口部，呈灰白色。

（16）单击"设计分型面"按钮，在【设计分型面】对话框中单击"选择过渡曲线"按钮，在分型线上选取 4 个角位处的曲线为过渡曲线，如图 12-116 所示。

（17）单击"应用"按钮，再在【设计分型面】对话框选取"条带曲面"按钮，"分型面长度"为 100mm，单击"应用"按钮，创建分型面，如图 12-117 所示。

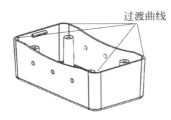

图 12-116　选"过渡曲线"

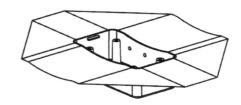

图 12-117　创建分型面

（18）单击"定义型腔和型芯"按钮，在【定义型腔和型芯】对话框中选取"所有区域"，单击"确定"按钮，创建型腔零件和型芯零件。

（19）在横向菜单中选取"窗口"，选"dianbiaoxiang_core_006.prt"，打开型芯零件。

（20）在主菜单中选取"插入|基准/点|基准 CSYS"，单击"确定"按钮，创建基准坐标系。

（21）单击"拉伸"按钮，在【拉伸】对话框中"指定矢量"选"YC↑"，"结束"选"对称值"，"距离"为 10.05mm，"布尔"选"无"，单击"绘制截面"按钮，选取 ZX 平面为草绘平面，绘制一个截面，如图 12-118 所示。

（22）单击"完成草图"按钮，单击"确定"按钮，创建一个拉伸特征。

（23）再次单击"拉伸"按钮，在【拉伸】对话框中"指定矢量"选"YC↑"，"结束"选"对称值"，"距离"为 15mm，"布尔"选"无"，单击"绘制截面"按钮，选取 ZX 平面为草绘平面，绘制一个封闭的截面，如图 12-119 所示。

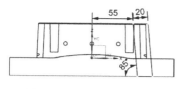

图 12-118 绘制截面（一）

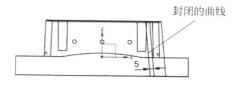

封闭的曲线

图 12-119 绘制截面（二）

（24）单击"完成草图"按钮，单击"确定"按钮，创建拉伸特征。

（25）单击"求和"按钮，合并刚才创建的两个拉伸体。

（26）单击"相交"按钮，以刚才合并后的实体为目标体，型芯为刀具体，在【求交】对话框中勾选"☑保存工具"复选框，单击"确定"按钮，创建相交实体（即斜顶块）。

（27）采用相同的方法，创建另一侧的斜顶块，如图 12-120 所示。

（28）单击"减去"按钮，以型芯为目标体，斜顶块为刀具体，在【求差】对话框中勾选"☑保存工具"复选框，单击"确定"按钮，创建减去实体（型芯与斜顶的配合位）。

（29）采用相同的方法，创建另一侧的斜顶块的配合位，隐藏斜顶后，如图 12-121 所示。

（30）重新在"装配导航器"中选取"☑ dianbiaoxiang_core_006"，单击鼠标右键，选"WAVE"，选"新建级别"，单击"指定部件名"按钮，输入文件名为"core"，单击"OK"按钮，单击"类选择"按钮，选取型芯，单击"确定"按钮，创建型芯文件，"装配导航器"中添加了两个文件名，如图 12-122 所示。

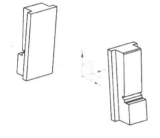

图 12-120 创建斜顶实体

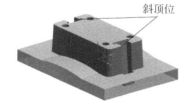

斜顶位

图 12-121 创建斜顶位

描述性部件名 ▲
- ☑ dianbiaoxiang_c...
  - ☑ xd
  - ☑ core

图 12-122 创建下层文件

（31）在横向菜单中选取"窗口"，选"dianbiaoxiang_cavity_002.prt"，打开型腔零件。

（32）在主菜单中选取"插入|基准/点|基准 CSYS"命令，单击"确定"按钮，创建基准坐标系。

（33）单击"拉伸"按钮，在【拉伸】对话框中"指定矢量"选"ZC ↑"，开始距离为 −50mm，"结束"选"贯通"，"布尔"选"无"，选取 4 个圆柱的边线为截面曲线。

（34）单击"完成草图"按钮，单击"确定"按钮，创建 4 个圆柱，如图 12-123 所示。

（35）创建 4 个 $\phi12 \times 5$mm 圆柱，要求圆柱两两同心，如图 12-124 所示。

（36）单击"求和"按钮，把刚才创建的 8 个圆柱两两合并。

（37）单击"相交"命令，以圆柱为目标体，型腔为刀具体，在对话框中勾选"☑保存工具"复选框，单击"确定"按钮，创建镶件，如图 12-125 所示。

（38）单击"减去"命令，以型腔为目标体，4 个圆柱体为刀具体，在对话框中勾选"☑保存工具"复选框，单击"确定"按钮，创建镶件装配位，如图 12-126 所示。

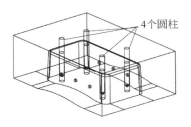

图 12-123　创建圆柱

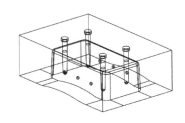

图2-124　创建 4 个 ϕ12×5mm 圆柱

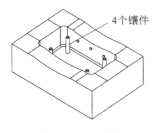

图 12-125　镶件

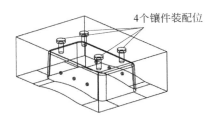

图 12-126　创建镶件装配位

（39）单击"拉伸"按钮，在【拉伸】对话框中"指定矢量"选"YC↑"，"结束"选"对称值"，"距离"为 75mm，"布尔"选"无"，单击"绘制截面"按钮，以 ZOX 平面为绘图平面，绘制一个矩形截面（90mm×30mm），如图 12-127 所示。

（40）单击"完成草图"按钮，在【拉伸】对话框中单击"确定"按钮，创建一个拉伸特征。

（41）单击"相交"命令，以刚才创建的实体为目标体，型腔为刀具体，在【求交】对话框中勾选"☑保存工具"复选框，单击"确定"按钮，创建滑块，如图 12-128 所示。

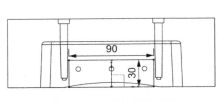

图 12-127　绘制矩形截面

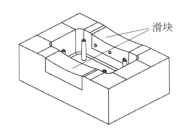

图 12-128　滑块

（42）单击"减去"命令，以型腔为目标体，以滑块为刀具体，在【求差】对话框中勾选"☑保存工具"复选框，单击"确定"按钮，创建滑块装配位，如图 12-129 所示。

（43）单击"装配导航器"按钮，选取"☑dianbiaoxiang_cavity_002"，单击鼠标右键，选 WAVE，选"新建级别"，单击"指定部件名"按钮，输入文件名"hk"，单击"OK"按钮，单击"类选择"按钮，选取两个滑块零件，单击"确定"按钮，创建滑块文件。

（44）采用相同的方法，选取方块零件，创建 cavity，选取 4 个圆柱零件，创建 xk，此时"装配导航器"中添加了 3 个下层文件，如图 12-130 所示。

（45）在横向菜单中选取"窗口"→dianbiaoxiang_top_000.prt，打开模具装配图。

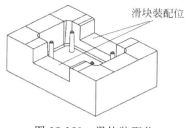

图 12-129　滑块装配位

图 12-130　创建下层文件

（46）单击"模架库"按钮 ▦，在【模架库】对话框中"名称"选"LKM_PP"（LKM 指龙记模架厂，PP 指细水口模架），"成员选择"选"DC"，Index 选 3040，AP_h 为 120mm，BP_h 为 80mm，CP_h 为 150mm，如图 12-131 所示，单击"确定"按钮，加载模架。

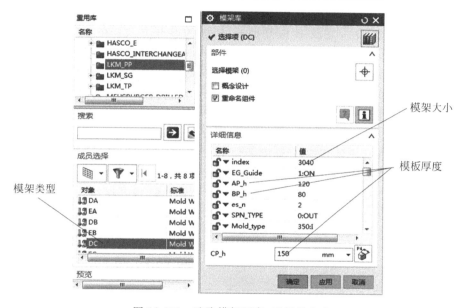

图 12-131　选取模架厂家、型号及大小

（47）再次单击"模架库"按钮 ▦，在【模架库】对话框中单击"旋转模架"按钮 ⤵，模架旋转 90°后如图 12-132 所示。

（48）模架各部分的名称如图 12-133 所示。

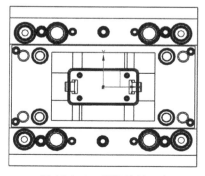

图 12-132　模架旋转 90°

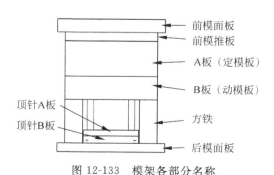

图 12-133　模架各部分名称

（49）在辅助工具条中选"整个装配"，如图 12-134 所示。

雪 菜单(M)▾ 　没有选择过滤器　 整个装配 ▾ ⋯

图 12-134　选"整个装配"

（50）在模架图上选中 A 板，单击右键，在下拉菜单中选"设为工件部件"命令。

（51）单击"减去"按钮，选取 A 板为目标体，在工作区上方的工具条中选"整个装配"，同时选中型芯、型腔、滑块、镶件、斜顶为工具体，在【求差】对话框中勾选"✓保存工具"复选框，单击"确定"按钮，完成 A 板开框。

（52）在"部件导航器"中展开"＋dianbiaoxiang_top_000"，再展开"＋dianbiaoxiang_modebase_mm_025"，再展开"＋dianbiaoxiang_fixhalf_028"，选中"dianbiaoxiang_A_plate_030"板，单击右键，选"设为显示部件"，打开 A 板模型，可看出 A 板中间掏空。

（53）采用同样的方法，完成 B 板开框。（B 板的展开方式：在"部件导航器"中展开"＋dianbiaoxiang_top_000"，再展开"＋dianbiaoxiang_modebase_mm_025"，再展开"＋dianbiaoxiang_movehalf_032"，选中"dianbiaoxiang_b_plate_050"。）

（54）在横向菜单中选取"窗口"→dianbiaoxiang_top_000.prt，打开模具总装配图。

（55）在"注塑模向导"工具条中单击"标准部件库"按钮，在"重用库"的"名称"区域中展开"＋FUTABA_MM"，选取"Locating Ring Interchangeable"，在"成员选择"选项中选取"Locating Ring"，在【标准件管理】对话框中"TYPE"选"M-LRA"，"DIMETER"为 60mm。

（56）单击"确定"按钮，加载定位圈，如图 12-135 所示。

（57）单击"腔体"按钮，在【型体】对话框中"模式"选"减除材料"，选取前模面板为目标体，定位圈为工具体，单击"确定"按钮，创建定位圈腔体，将定位圈隐藏后，定位圈腔体如图 12-136 所示。

定位圈　　　　　　　　　　　　　定位圈腔体

图 12-135　加载定位圈　　　　　图 12-136　创建定位圈腔体

（58）单击"标准部件库"按钮，在"重用库"的"名称"区域中展开"＋FUTABA_MM"，再选取"Sprue Bushing"，在"成员选择"选项中选取"Sprue Bushing"，在【标准件管理】对话框"详细信息"中"LENGTH"为 60mm，单击"确定"按钮，加载唧嘴，如图 12-137 所示。

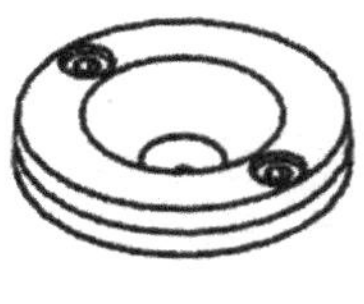

（59）设定唧嘴为工作部件，单击"减去"按钮，以唧嘴为目标体，在辅助工具条中选取"整个装配"，选取前模推板为工具体，勾选"✓保存工具"，单击"确定"按钮，修剪唧嘴长度。

图 12-137　唧嘴

（60）单击"腔体"按钮，在【腔体】对话框中"模式"选"减除材料"，选取前模面板和前模推板为目标体，唧嘴为工具体，单击"确定"按钮，创建唧嘴腔体位置。

（61）单击"标准部件库"按钮，在"重用库"的"名称"区域中展开"＋DME_MM"，再选取"Ejection"，在"成员选择"选项中选取"Ejector Pin[Straight]"，在【标准件管理】对话框中"CATALOG_DIA"为6mm，"CATALOG_LENGTH"为300mm。

（62）单击"应用"按钮，输入（30,25,0）、（30,−25,0）、（−30,25,0）、（−30,−25,0）、（65,25,0）、（65,−25,0）、（−65,25,0）、（−65,−25,0），创建8条顶针。

（63）单击"顶杆后处理"按钮 ，在【顶杆后处理】对话框中"类型"选"修剪"，选中 dianbiaoxiang_ej_pin_1... 8 Original，单击"确定"按钮，修剪顶针长度。

（64）按照创建顶针的方式创建拉料杆，拉料杆的"CATALOG_DIA"为8mm，"CATALOG_LENGTH"为300mm，位置为（0,0,0），并进行修剪。

（65）单击"腔体"按钮 ，在【腔体】对话框中"模式"选"减除材料"，选取模架的型芯、动模板、顶针A板为目标体，顶针、拉料杆为刀具体，单击"确定"按钮，创建顶针、拉料杆腔体。

（66）在装配图上选中拉料杆，单击鼠标右键，选取"设为显示部件"。

（67）在主菜单上选取"插入|基准/点|基准CSYS"命令，创建基准坐标系。

（68）单击"拉伸"按钮 ，以YZ表面为草绘平面，绘制一个截面，如图12-138所示，创建一个缺口，如图12-139所示。

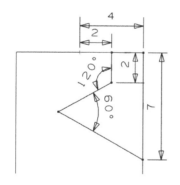

图12-138　绘制截面（三）

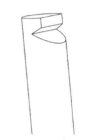

图12-139　创建缺口

（69）在横向菜单中单击"窗口"，选dianbiaoxiang_top_000.prt，打开模具总装图。

（70）单击"标准部件库"按钮 ，在"重用库"中展开"＋FUTABA_MM"，再选取"Spring"，在"成员选择"中选取"Spring[M-FSB]"，在【标准件管理】对话框的标题栏上单击鼠标右键，选"显示折叠的组"，然后在对话框中"父"选"dianbiaoxiang_misc_005.prt"，"位置"选"plane"，"引用集"选"ture"，"DIAMETER"为32.5mm，"CATALOG_LENGTH"为110mm，"DISPLAY"选"DETAILED"，单击"选择面或平面"按钮，在装配图上用鼠标选取弹簧放置的平面，如图12-140所示。

（71）单击"确定"按钮，在【点】对话框中"类型"选"圆弧中心/椭圆中心/球心" ，在工具栏中选取"整个装配"，在模架图上选取推杆边线的圆心，单击"应用"按钮，创建弹簧，如图12-140所示，同样的方法，创建其他3个复位弹簧。

（72）在"装配导航器"中选"HK"，单击鼠标右键，选"设为显示部件"，如图12-141所示。

（73）在主菜单中选取"格式|WCS|原点"命令，以滑块边线的中点为原点，如图 12-142 所示。

（74）在主菜单中选取"格式|WCS|旋转"命令，在【旋转WCS】对话框中选"◉＋ZC 轴：XC→YC"，角度为 180°，调整后坐标系 Z 方向朝上，Y 轴朝向模具中心，如图 12-142 所示。

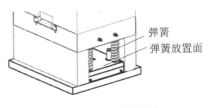

图 12-140　加载弹簧

（75）单击"滑块和浮升销库"按钮　，在"重用库"的"名称"区域中选"Slide"，在"成员选择"列表中选"slide_8"，在【滑块和浮升销设计】对话框中，"引用集"选"TURE"，"SL_W"（滑块宽度）为 90mm，"SL_L"（滑块长度）为 70mm，"SL_TOP"（滑块高度）为 30，"SL_BOTTOM"（滑块深度）为 25mm，"CAM_H"（压块高度）为 35mm，"GR_H"（压板高度）为 25mm，单击"确定"按钮，加载滑块机构，如图 12-143 所示。

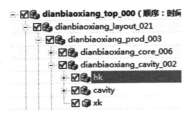

图 12-141　选"设为显示部件"

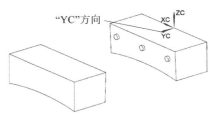

图 12-142　调整坐标系

（76）在横向菜单中选取"应用模块|装配"命令，再在横向菜单中选取"装配|WAVE 几何链接器"命令，在【WAVE 几何链接器】对话框中"类型"选"体"，勾选"☑关联"、"☑隐藏原先的"。

（77）在滑块图上选取零件②，如图 12-143 所示，单击"确定"按钮，链接滑块。

（78）单击"求和"按钮　，零件①和②求和，如图 12-143 所示。（其他零件不求和）

（79）重复上面的方法，创建另一侧的滑块机构。

（80）在横向菜单中单击"窗口"，选 dianbiaoxiang_top_000.prt，打开模具总装图。

（81）单击"腔体"按钮　，在【腔体】对话框中"模式"选"减除材料"，选取定模板、动模板为目标体，滑块为工具体，单击"确定"按钮，在动、定模板上创建滑块的腔体。

（82）在"部件导航器"中选"xd"，单击鼠标右键，选"设为显示部件"，如图 12-144 所示。

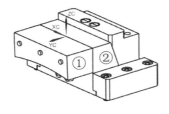

图 12-143　加载滑块

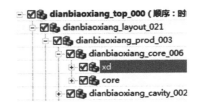

图 12-144　将斜顶设为显示部件

（83）在主菜单中选取"格式|WCS|原点"命令，以斜顶边线的中点为原点，如图 12-145 所示。

（84）在主菜单中选取"格式|WCS|旋转"命令，在对话框中点选"●-ZC轴：YC→XC"，角度为90°，坐标系调整后Z轴朝上，Y轴朝向远离模具的方向，如图12-145所示。

（85）单击"滑块和浮升销库"按钮，在"重用库"的"名称"区域中选"Lifter"，在"成员选择"列表中选"Dowel Lifter"，在【滑块和浮升销设计】对话框中"引用集"选"ture""riser_angle"（斜度）为5°，"cut_width"（斜顶靠外的边与坐标原点距离）为0，"riser_thk"（斜顶厚度）为20mm，"riser_top"（斜顶顶部的高度）为0，"start_level"（开始距离）为0，"wide"（斜顶宽度）为20.1mm，单击"确定"按钮，加载斜顶机构。

（86）在横向菜单中选取"装配|WAVE几何链接器"命令，在【WAVE几何链接器】对话框中勾选"☑关联"、"☑隐藏原先的"，选斜顶零件，如图12-146所示，单击"确定"按钮，完成链接。

（87）在工具栏中选取"求和"按钮，斜顶与刚才链接的零件求和，如图12-146所示。

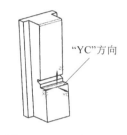

图12-145　设定坐标系　　　　　图12-146　选取链接零件

（88）重复刚才的步骤，加载另一侧的斜顶机构。

（89）在横向菜单中选"窗口"，选dianbiaoxiang_top_000.prt，打开模具总装图。

（90）单击"腔体"按钮，在【腔体】对话框中"模式"选"减除材料"，选取型芯、动模板、顶针A板为目标体，选取两个斜顶为工具体，单击【腔体】对话框的"确定"按钮，创建斜顶的腔体。

（91）设定B板为工件部件，单击"减去"按钮，以B板为目标体，斜顶机构为工具体，在【求差】对话框中勾选"☑保存工具"复选框，在B板上创建斜顶机构的腔体。

（92）在辅助工具条中选取"整个装配"。

（93）在模具总装图中选中前模推板，单击鼠标右键，选"设为显示部件"，打开前模推板。

（94）在主菜单中选取"插入|基准/点|基准CSYS"命令，插入基准坐标系。

（95）单击"流道"按钮，在【流道】对话框中单击"绘制截面"按钮，选取前模推板的上表面为草绘平面，绘制一条直线，长度为120mm，如图12-147所示。

（96）单击"完成草图"按钮，在【流道】对话框中"截面类型"选"Traperzoidal"（梯形），D（流道宽度）为12mm，H（流道深度）为6mm，C（流道斜度）为5°，R（底部圆角）为2mm，"布尔"选"求差"，单击"确定"按钮，创建流道，如图12-148所示。

（97）重复上述方法，创建分流道，截面尺寸如图12-149所示，"截面类型"选"Traperzoidal"，D为8mm，H为5mm，C为5°，R为2mm，创建的分流道如图12-150所示。

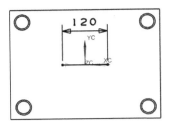

图 12-147　绘制草图

图 12-148　创建主流道

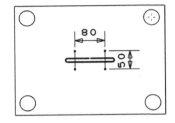

图 12-149　绘制截面(四)

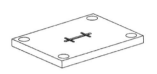

图 12-150　创建分流道

（98）在横向菜单中选"窗口"命令，选 dianbiaoxiang_top_000.prt，打开模具总装图。

（99）在"注塑模向导"工具条中单击"浇口库"按钮，在【浇口设计】对话框中"平衡"选"◉是"，"位置"选"◉型腔"，"方法"选"◉添加"，"类型"选"pin point"，d1＝1.2mm，d2＝4mm，BHT＝99.75mm，A＝10mm，B＝1mm，OFFSET＝0。

（100）单击"应用"按钮，在"点"对话框中输入（－40，－22，50.25），单击"确定"按钮。

（101）在【矢量】对话框中选"-ZC 轴"，单击"确定"按钮，创建第一个浇口。

（102）同样的方法，创建其他三个浇口，浇口位置为（40，－22，50.25）、（－40，22，50.25）、（40，22，50.25），如图 12-151 所示。

（103）在辅助工具条中选取"整个装配"。

（104）在工作区中选中 B 板，单击鼠标右键，选"设为显示部件"按钮。

（105）在"冷却工具"工具条中单击"冷却标准件库"按钮，如图 12-152 所示。

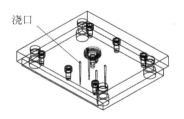

图 12-151　创建 4 个浇口

图 12-152　冷却标准件库

（106）在"重用库"的"名称"区域展开"＋COOLING"，选 Water，在"成员选择"列表中选 COOLING HOLE，在【冷却组件设计】对话框中"父"选 dianbiaoxiang_b_plate_050，"位置"选 PLANE，"引用集"选 TURE，PIPE_THREAD 为 M8，HOLE_1_DEPTH 为 120mm，HOLE_2_DEPTH 为 125mm，选侧面为水路的放置面，单击"应用"按钮。

（107）单击【标准件位置】对话框中"参考点"区域中的【点】对话框按钮，输入（40，

—10,0),单击"应用"按钮,创建一条水路,再输入(—40,—10,0),创建另一条水路,如图 12-153 所示。

（108）选取 B 板中间方坑底面为水路的放置面,PIPE_THREAD 为 M8,HOLE_1_DEPTH 为 30mm,HOLE_2_DEPTH 为 35mm,位置为(40,—90,0),(—40,—90,0)。

（109）单击"确定"按钮,创建冷通道 2,如图 12-154 中虚线所示。

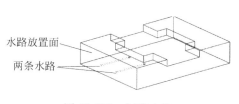

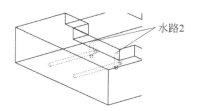

图 12-153　创建水路　　　　　　图 12-154　创建水路 2(虚线)

（110）单击"冷却标准部件库"按钮🗔,在"重用库"的"名称"区域中展开"＋COOLING",选 Water,在"成员选择"列表中选 O-RING,在【冷却组件设计】对话框中"父"选 dianbiaoxiang_b_plate_050,"位置"选 PLANE,"引用集"选 TURE,SECTION_DIA 为 2mm,FITTING_DIA 为 24mm。

（111）选取 B 板方坑的底面为密封圈放置面,单击"确定"按钮,在【点】对话框中输入(40,—90,0),(—40,—90,0),单击"确定"按钮,创建密封圈,如图 12-155 所示。

（112）单击"冷却标准部件库"按钮🗔,在"重用库"的"名称"区域中展开"＋COOLING",选 Water,在"成员选择"列表中选 CONNECTOR PLUG,在【冷却组件设计】对话框中"父"选 dianbiaoxiang_b_plate_050,"位置"选 Plane,"引用集"选 TURE,SUPPLIER 选 HASCO,PIPE_THREAD 选 M8。

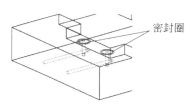

图 12-155　密封圈

（113）选取 B 板侧面为水嘴放置面,单击"确定"按钮,在【点】对话框中输入(40,—10,0),(—40,—10,0),单击"确定"按钮,创建水嘴,如图 12-156 所示。

（114）在横向菜单中选取"窗口"→dianbiaoxiang_top_000.prt,在"装配导航器"中将型芯(core)设为显示部件,如图 12-157 所示。

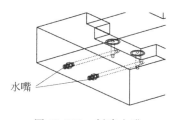

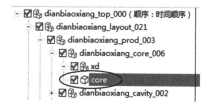

图 12-156　创建水嘴　　　　　图 12-157　将"core"设为显示部件

（115）单击"冷却标准件库"按钮🗔,在"重用库"的"名称"区域中展开"＋COOLING",选 Water,在"成员选择"列表中选 COOLING HOLE,在【冷却组件设计】对话框中"父"选 core,"位置"选 PLANE,"引用集"选 TURE,PIPE_THREAD 为 M8,HOLE_1_DEPTH 为 200mm,HOLE_2_DEPTH 为 215mm,选取一个侧面为水路的放置面,如图 12-158 所示。

（116）单击"应用"按钮，在【点】对话框中输入 XC、YC、ZC 的坐标（－40,0,0）。

（117）单击"确定"按钮，创建一条水路，如图 12-158 所示。

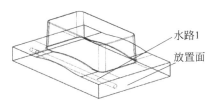

图 12-158　创建水路 1（虚线）

（118）采用相同的方法，以工件底面为水路放置面，坐标为（－90，－40,0），HOLE_1_DEPTH 为 20mm，HOLE_2_DEPTH 为 22mm，创建如图 12-159 中水路 2。

（119）以工件侧面为水路放置面，位置为（－100，－6,0），HOLE_1_DEPTH 为 75mm，HOLE_2_DEPTH 为 80mm，创建如图 12-159 中水路 3（虚线显示）。

（120）单击"冷却标准件库"按钮，在"重用库"的"名称"区域展开"＋COOLING"，选 Water，在"成员选择"列表中选 DIVERTER，在【冷却组件设计】对话框中"父"选 core，"位置"选 PLANE，"引用集"选 TURE，SUPPLIER 选 DMS，FITTING_DIA（水塞直径）为 8mm，ENGAGE（塞入长度）为 10mm，PLUG_LENGTH（水塞总长）为 10mm，选取型芯板侧面为水塞放置面，单击"确定"按钮，选择水路的圆心为水塞的位置，创建水塞，如图 12-160 所示。

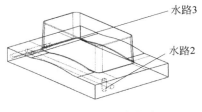

图 12-159　创建水路

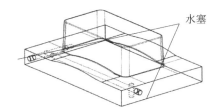

图 12-160　创建水塞

（121）在主菜单上选取"插入|基准/点|基准 CSYS"命令，创建基准坐标系。

（122）在横向菜单中选取"应用模块|装配"命令，进入装配环境。

（123）在主菜单上选取"装配|组件|镜像装配"命令，单击"下一步"按钮，在绘图区中选取刚才创建的三条水路和两个水塞→"下一步"→选取 ZOX 平面→"下一步|下一步|完成"，镜像水路，如图 12-161 所示。

（124）在横向菜单中选取"窗口"→dianbiaoxiang_top_000.prt，打开模具总装图。

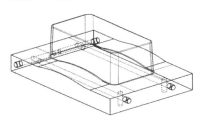

图 12-161　镜像水路

（125）在总装图上选中 A 板并设为显示部件。

（126）单击"冷却标准件库"按钮，在"重用库"的"名称"区域中展开"＋COOLING"，选 Water，在"成员选择"列表中选 COOLING HOLE，在【冷却组件设计】对话框中"父"选 dianbiaoxiang_a_plate_030，"位置"选 PLANE，"引用集"选 TURE，PIPE_THREAD 为 M8，HOLE_1_DEPTH 为 120mm，HOLE_2_DEPTH 为 125mm，选取工件侧面为水路放置面。

（127）单击"应用"按钮，在【点】对话框中输入（40,25,0），（－40,25,0）。

（128）单击"应用"按钮，创建两条水路，如图12-162所示。

（129）在【冷却组件设计】对话框中 PIPE_THREAD 为 M8，HOLE_1_DEPTH 为 30mm，HOLE_2_DEPTH 为 35mm。在零件图上选取中间方坑的底面为放置面。

（130）单击"应用"按钮，在"点"对话框中输入(-90,40,0)，(-90,-40,0)。

（131）单击"确定"按钮，创建水路2，如图12-163所示。

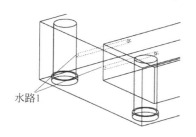
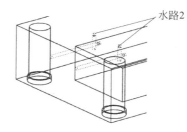

图12-162　创建水路1　　　　　　　图12-163　创建水路2

（132）单击"冷却标准部件库"按钮 ，在"重用库"的"名称"区域中展开"+COOLING"，选 Water，在"成员选择"列表中选 O-RING，在【冷却组件设计】对话框中"父"选 dianbiaoxiang_a_plate_030，"位置"选 PLANE，"引用集"选 TURE，SECTION_DIA 为 2mm，FITTING_DIA 为 24mm。

（133）选取 A 板方坑的底面为密封圈放置面，单击"确定"按钮，在【点】对话框中输入 (-90,40,0)，(-90,-40,0)，单击"确定"按钮，创建2个密封圈，如图12-164所示。

（134）单击"冷却标准部件库"按钮 ，在"重用库"的"名称"区域中展开"+COOLING"，选 Water，在"成员选择"列表中选 CONNECTOR PLUG，在【冷却组件设计】对话框中"父"选 dianbiaoxiang_a_plate_030，"位置"选 Plane，"引用集"选 TURE，SUPPLIER 选 HASCO，PIPE_THREAD 选 M8。

（135）选取 A 板侧面为水嘴放置面，单击"确定"按钮，在【点】对话框中输入(40,25,0)，(-40,25,0)，单击"确定"按钮，创建水嘴，如图12-165所示。

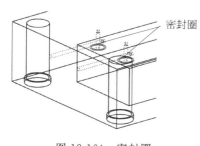
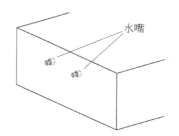

图12-164　密封圈　　　　　　　　图12-165　创建水嘴

（136）在横向菜单中选取"窗口"→dianbiaoxiang_top_000.prt，打开总装图。

（137）在"装配导航器"中将型芯(cavity)设为显示部件，如图12-166所示。

（138）单击"冷却标准件库"按钮 ，在"重用库"的"名称"区域中展开"+COOLING"，选 Water，在"成员选择"列表中选 COOLING HOLE，在【冷却组件设计】对话框中"父"选 "cavity"，"位置"选"PLANE"，"引用集"选"TURE"，PIPE_THREAD 为 M8，HOLE_1_

DEPTH 为 200mm，HOLE_2_DEPTH 为 215mm，选取一个侧面为水路的放置面。

（139）单击"应用"按钮，在"点"对话框中输入 XC、YC、ZC 的坐标为（40,25,0）。

（140）单击"确定"按钮，创建一条水路，如图 12-167 中虚线所示。

图 12-166　将 cavity 设为显示部件

图 12-167　创建水路

（141）以底面为水路放置面，位置为（-90,-40,0），HOLE_1_DEPTH 为 20mm，HOLE_2_DEPTH 为 22mm，创建水路 2（虚线显示），如图 12-168 所示。

（142）以侧面为水路放置面，位置为（90,26.5,0），HOLE_1_DEPTH 为 80mm，HOLE_1_DEPTH 为 85mm，创建水路 3（虚线显示），如图 12-168 所示。

（143）单击"冷却标准件库"按钮 🗐，在"重用库"的"名称"区域中展开"+COOLING"，选取 Water，在"成员选择"列表中选 DIVERTER，在【冷却组件设计】对话框中"父"选 cavity，"位置"选 PLANE，"引用集"选 TURE，SUPPLIER 选 DMS，FITTING_DIA（水塞直径）为 8mm，ENGAGE（塞入长度）为 10mm，PLUG_LENGTH（水塞总长）为 10mm，选取型腔板侧面为水塞放置面，单击"确定"按钮，选择水路的圆心为水塞的位置，创建水塞，如图 12-169 所示。

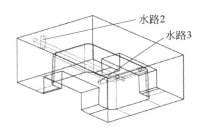

图 12-168　水路 2 和水路 3

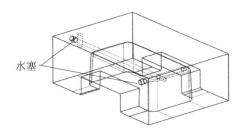

图 12-169　创建水塞

（144）在主菜单中选取"插入|基准/点|基准 CSYS"命令，创建基准坐标系。

（145）在横向菜单中选取"应用模块|装配"命令，进入装配环境。

（146）在主菜单中选取"装配|组件|镜像装配"命令，单击"下一步"按钮，选取刚才创建的三条运水通道和两个水塞，单击"下一步"按钮，选取 XOY 平面，单击"下一步|下一步|完成"，镜像水路，如图 12-170 所示。

（147）在横向菜单中选"窗口"，选 dianbiaoxiang_top_000.prt，在"装配导航器"中双击 dianbiaoxiang_top_000.prt，激活总装图，此时，冷却系统的配件没有显示在总装图中。

（148）选择 A 板→单击鼠标右键→替换引用集→整个部件，重新选择 B 板→单击鼠标右键→替换引用集→整个部件，显示冷却系统的配件，总装图如图 12-171 所示。

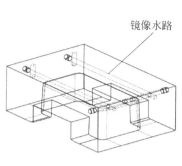

图 12-170　镜像水路

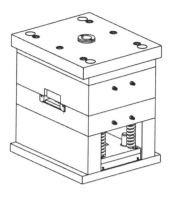

图 12-171　总装图

电极设计

本章以几个简单实例,介绍电极设计一般流程。本章开始前,请老师从本书前言二维码中下载本书配套文件"UG10.0 造型设计、模具设计与数控编程建模图\第 13 章 电极设计\……\建模图\拆电极前"文件夹中零件图档,并通过教师机下发给学生,再开始课程。

13.1 建模环境中的电极设计(一)

(1) 启动 NX 10.0,打开 12.2 节"补面模具设计"的型芯零件 diankonghe_core_006.prt,如图 13-1 所示。

(2) 在主菜单中选择"插入|基准/点|基准 CSYS"命令,在【基准 CSYS】对话框中"类型"选"绝对 CSYS",单击"确定"按钮,插入基准坐标系。

(3) 单击"拉伸"按钮 ,在【拉伸】对话框中单击"绘制截面"按钮 ,以工件最高的平面为草绘平面,以扣位的边线绘制一个截面,如图 13-2 所示。

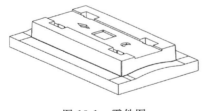

图 13-1 零件图

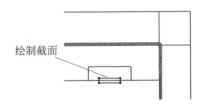

图 13-2 绘制截面

(4) 单击"完成草图"按钮 ,在【拉伸】对话框中"指定矢量"选"ZC↑" ,开始距离为 −20mm,结束距离为 5mm,"布尔"选"无" 。

(5) 单击"确定"按钮,创建一个拉伸实体,如图 13-3 所示。

(6) 单击"减去"按钮 ,在【求差】对话框勾选"☑保存工具"复选框,以刚才创建的实体为目标体,以 diankonghe_core_006.prt 为工具体,单击"确定"按钮,创建减去特征。

(7) 在"装配导航器"中选中"diankonghe_core_006",单击鼠标右键,选"WAVE",选"新建级别",单击"指定部件名"按钮,输入文件名:DJ1,单击"类选择"按钮,选取刚才创建的拉伸实体。

（8）单击"确定"按钮，在"装配导航器"中添加"DJ1"，如图 13-4 所示。

图 13-3　创建拉伸实体

图 13-4　添加"DJ1"

（9）在"装配导航器"中选中"DJ1"，单击鼠标右键，选"设为显示部件"，打开 DJ1 的零件图。

（10）在主菜单中选取"插入|基准/点|基准 CSYS"命令，在【基准 CSYS】对话框中"类型"选"绝对 CSYS"，单击"确定"按钮，插入基准坐标系。

（11）单击"拉伸"按钮 ，在【拉伸】对话框中单击"绘制截面"按钮 ，以 DJ1 零件的上表面为草绘平面，X 轴为水平参考，绘制一个草图，如图 13-5 所示。

（12）单击"完成草图"按钮 ，在【拉伸】对话框中"指定矢量"选"ZC↑" ，开始距离为 0，结束距离为 5mm，"布尔"选"求和" 。

（13）单击"确定"按钮，创建一个拉伸体，如图 13-6 所示。

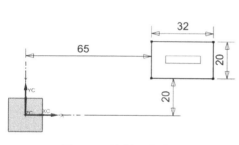

图 13-5　绘制一个草图

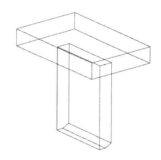

图 13-6　创建电极座

（14）单击横向菜单的"窗口"，选取 diankonghe_core_006.prt，打开零件图。

（15）在"装配导航器"中，双击"diankonghe_core_006"，激活该零件。

（16）在横向菜单单击"应用模块"，选"制图"，进入制图环境。

（17）单击"新建图纸页"按钮，在【图纸页】对话框中"大小"选"◉标准尺寸"，"大小"为"A4：210×297"，"比例"为"1：2"，"单位"选"◉毫米"，"投影"选"第一角投影"按钮 。

（18）在工程图中创建主视图与侧视图，添加中心线、标注尺寸，如图 13-7 所示。

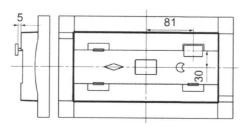

图 13-7　绘制主视图、侧视图并标注尺寸

（19）单击"保存"按钮 ，保存文档。

13.2　建模环境中的电极设计（二）

（1）启动 NX 10.0，打开 12.4 节"多零件的模具设计"的型腔零件 yanhuigangcavity.prt，如图 13-8 所示。

（2）在横向菜单中单击"应用模块|建模"，进入建模环境。

（3）在主菜单中选取"编辑|特征|移除参数"命令，移除特征参数。

（4）在主菜单中选取"编辑|移动对象"命令，在【移动对象】对话框中"运动"选"角度"，"指定矢量"选"YC↑" ，"角度"为 180°，"结果"选"◉移动原先的"，单击"指定点"按钮 ，在【点】对话框中输入（0,0,0）。

（5）单击【移动对象】对话框中的"确定"按钮，移动后的工件如图 13-9 所示。

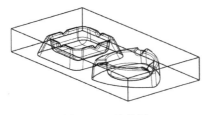

图 13-8　零件图

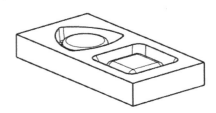

图 13-9　移动后的工件

（6）在主菜单中选取"插入|基准/点|点"命令，在【点】对话框中"类型"选"点在面上" ，"U 向参数"为 0.5，"V 向参数"为 0.5。

（7）单击"确定"按钮，在零件表面创建一个点，如图 13-10 所示。

（8）在主菜单中选取"插入|基准/点|基准 CSYS"命令，在【基准 CSYS】对话框中"类型"选"动态"，"参考"选"绝对-显示"，单击"指定点"按钮 ，在【点】对话框中的"类型"选"现有点" ，选中刚才创建的点，单击"确定"按钮。

（9）单击"确定"按钮，创建一个坐标系，如图 13-11 所示。

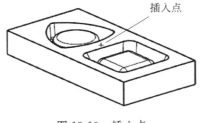

图 13-10　插入点

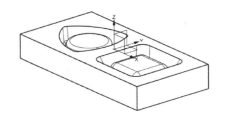

图 13-11　插入坐标系

（10）单击"拉伸"按钮 ，在【拉伸】对话框中单击"绘制截面"按钮 ，选取 XOY 平面为草绘平面，X 轴为水平参考，绘制一个草图，如图 13-12 所示。

（11）单击"完成草图"按钮 ，在【拉伸】对话框中"指定矢量"选"ZC↑" ，开始距离为 5mm，结束距离为 −35mm，"布尔"选"无" 。

（12）单击"确定"按钮，创建一个实体，如图 13-13 所示。

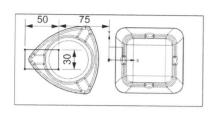

图 13-12　绘制截面

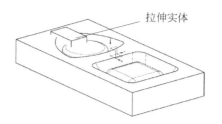

图 13-13　创建拉伸实体

（13）单击"拉伸"按钮🔲，在【拉伸】对话框中单击"绘制截面"按钮🔲，以刚才创建的实体上表面为草绘平面，X 轴为水平参考，绘制一个草图，如图 13-14 所示。

（14）单击"完成草图"按钮🔲，在【拉伸】对话框中"指定矢量"选"ZC↑"🔲，开始距离为 0mm，结束距离为 10mm，"布尔"选"无"🖑。

（15）单击"确定"按钮，创建一个实体，如图 13-15 所示。

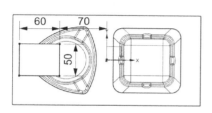

图 13-14　绘制草图

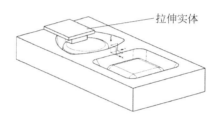

图 13-15　创建拉伸实体

（16）单击"求和"按钮🔧，刚才创建的两个拉伸体求和。

（17）单击"减去"按钮🔧，以刚才创建的实体为目标体，以 yanhuigangcavity.prt 为工具体，在【求差】对话框中勾选"☑保存工具"。

（18）在"部件导航器"中选取"yanhuigangcavity"，单击鼠标右键，选 WAVE，选"新建级别"，单击"指定部件名"按钮，输入 yanhuigangcavitydj1，单击"OK"按钮，选取刚才创建的实体，在"装配导航器"中添加一个下层文件，如图 13-16 所示。

（19）在"部件导航器"中选取"yanhuigangcavitydj1"，单击鼠标右键，选"设为显示部件"，打开 yanhuigangcavitydj1 零件图。

（20）在主菜单中选取"插入|同步建模|删除面"命令，删除所选圆弧面，如图 13-17 所示。

图 13-16　添加下层文件

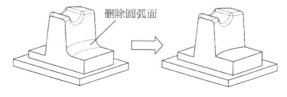

图 13-17　删除圆弧面

（21）在主菜单中选取"插入|同步建模|替换面"命令，取消两个台阶面，如图 13-18 所示。

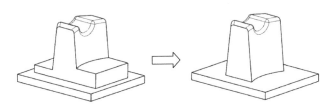

图 13-18　替换台阶面

（22）单击横向菜单的"窗口"，选取 yanhuigangcavity. prt，打开零件图。

（23）在"装配导航器"中，双击"yanhuigangcavitydj1"，激活该零件。

（24）在横向菜单中单击"应用模块"，选"制图"，进入制图环境。

（25）单击"新建图纸页"按钮，在【图纸页】对话框中"大小"选"◎标准尺寸"，"大小"为"A4：210×297"，"比例"为"1：2"，"单位"选"◎毫米"，"投影"选"第一角投影"按钮 ⊏－⊕ 。

（26）在工程图上创建主视图与侧视图，添加中心线，标上尺寸，如图 13-19 所示。

作业：采用同样的方法，创建其他位置的电极，尺寸自定，如图 13-20 所示。

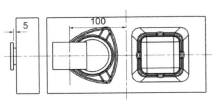

图 13-19　标注尺寸

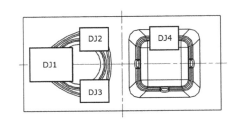

图 13-20　作业图

13.3　在电极外挂环境中的电极设计

在讲述本节前，请先安装"星空外挂 V6.933F"电极外挂设计模块。

（1）启动 NX 10.0，打开 12.2 节"补面模具设计"的型芯零件 diankonghe_core_006. prt，如图 13-21 所示。

（2）在"星空外挂 V6.933F"工具条"工具集"中单击"摆正工件"按钮 ，如图 13-22 所示。

图 13-21　产品图

图 13-22　单击"摆正工件"按钮

（3）选中实体，单击"确定"按钮，选工件上表面，坐标系移到工件上表面的中心，如图 13-23 所示。

（4）创建第一个电极。

① 在"星空外挂 V6.933F"工具条中，单击"电极工具"旁边的下三角形▼，选"自动电极"按钮 ，如图 13-24 所示。

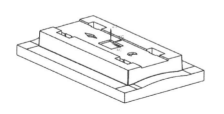

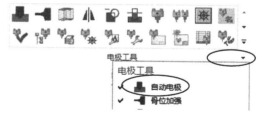

图 13-23　坐标系移到工件中心　　　　图 13-24　单击"自动电极"按钮

② 在【自动电极】对话框中选"常规电极"按钮，如图 13-25 所示。

③ 选中其中一个扣位的曲面（5 个曲面），如图 13-26 所示。

图 13-25　选"常规电极"按钮　　　　　图 13-26　选扣位的曲面

④ 单击"确定"按钮，在【延伸】对话框中输入：5mm，如图 13-27 所示。

⑤ 单击"确定"按钮，创建第一个电极，如图 13-28 所示。

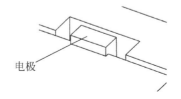

图 13-27　输入 5mm　　　　　　　　　图 13-28　创建电极

⑥ 在"电极工具"栏中单击"电极基准座"按钮 ，选取电极的上表面，单击"确定"按钮。

⑦ 在【电极基准座】对话框中"放置层"设为 40，如图 13-29 所示。

⑧ 单击"确定"按钮，创建电极基座，如图 13-30 所示。

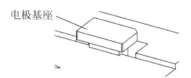

图 13-29　设置【电极基准座】　　　　　图 13-30　创建电极基座

⑨ 在"工具集"中单击"一键取消透明"按钮 ，如图 13-31 所示，即可对整个电极看得更清晰。

一键取消透明

图 13-31 "一键取消透明"按钮

（5）创建第二个电极。

① 在"电极工具"栏中选"自动电极"按钮 ，在【自动电极】对话框中选"常规电极"按钮，在零件图上选取扣位附近方坑的底面和侧面（共 6 个面），如图 13-32 所示。

② 单击"确定"按钮，在"延伸"对话框中输入：3mm，单击"确定"按钮，创建电极。

③ 在"电极工具"栏中单击"电极基座"按钮 ，选中电极的上表面，单击"确定"按钮。

④ 在【电极基座】对话框中"放置层"为 41，单击"确定"按钮，创建基座，如图 13-33 所示。

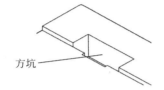

方坑

图 13-32 选方坑的侧面和底面

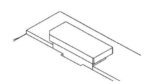

图 13-33 创建第二个电极

（6）创建第三个电极。

① 在"电极工具"栏中选"自动电极"按钮 ，在【自动电极】对话框中选"常规电极"按钮，在零件图上选取月亮形的底面和侧面。

② 单击"确定"按钮，在【延伸】对话框中输入 3mm，单击"确定"按钮，创建电极，如图 13-34 所示。

（7）创建第四个电极。

① 在"电极工具"栏中选"自动电极"按钮 ，在【自动电极】对话框中选"常规电极"按钮，在零件图上选取菱形的底面和侧面。

② 单击"确定"按钮，在【延伸】对话框中输入 3mm，单击"确定"按钮，创建电极，如图 13-35 所示。

（8）创建第五个电极。

① 在"电极工具"栏中选"自动电极"按钮 ，在【自动电极】对话框中选"清角电极—点"按钮，在零件图上选取中间方坑 A、B、C 三个面，单击"确定"按钮，选取该角位的顶点，如

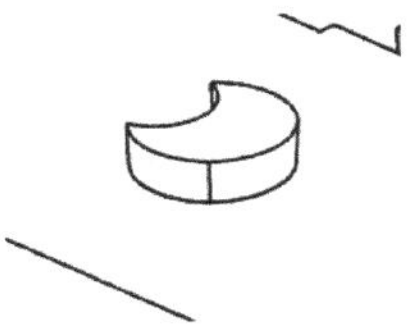

图 13-34 创建第三个电极

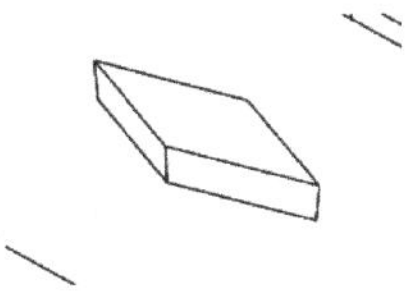

图 13-35 创建第四个电极

图 13-36 所示。

② 在【延伸】对话框中输入：5mm，单击"确定"按钮，创建电极，如图 13-37 所示。

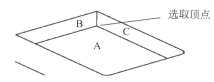

图 13-36　选三个面及顶点

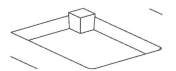

图 13-37　创建第五个电极

（9）创建第六个电极。

① 在"电极工具"栏中选"自动电极"按钮，在【自动电极】对话框中选"清角电极—面"按钮，在零件图上选取中间方坑中 A、B、C、D 四个面，单击"确定"按钮，选取圆弧 C 面，如图 13-38 所示。

② 在【延伸】对话框中输入：5mm，单击"确定"按钮，创建电极，如图 13-39 所示。

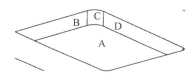

图 13-38　选 A、B、C、D 四个面

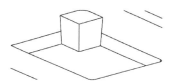

图 13-39　创建第六个电极

（10）创建第七个电极。

① 在"电极工具"栏中选"自动电极"按钮，在【自动电极】对话框中选"清角电极—边界线"按钮，在零件图上选取中间方坑 A、B、C 三个面，单击"确定"按钮，选取面 B 与面 C 的交线，如图 13-40 所示。

② 在【延伸】对话框中输入：5mm，单击"确定"按钮，创建电极，如图 13-41 所示。

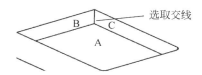

图 13-40　创建 A、B、C 三个面及边线

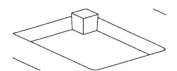

图 13-41　创建第七个电极

（11）创建第八个电极。

① 在"电极工具"栏中选"自动电极"按钮，在【自动电极】对话框中选"清角电极—面"按钮，在零件图上选取 A、B 面，单击"确定"按钮，选取 B 面，如图 13-42 所示。

② 在【延伸】对话框中输入：5mm，单击"确定"按钮，创建一个电极，如图 13-43 所示。

③ 在"电极工具"栏中单击"偏置和延伸实体"按钮，在【偏置和延伸实体】对话框中选取"延伸并拉伸实体面"按钮，在【延伸并拉伸实体面】对话框输入 20mm，如图 13-44 所示。

④ 选取电极的上表面，拉伸后的实体如图 13-45 所示。

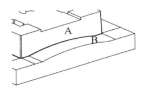

图 13-42 选取 A、B 面

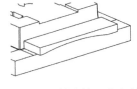

图 13-43 创建第八个电极

图 13-44 输入 20mm

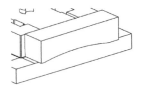

图 13-45 拉伸后的电极

（12）加载电极座。

① 在"电极工具"栏中单击"电极批量基座"按钮 ♥♥。

② 选中刚才第 3～8 个电极，单击"确定"按钮，系统批量加载电极基座。

（13）将电极存放到不同的图层并命名。

① 在"电极工具"栏中单击"电极自动分层"按钮 ♥。

② 选中第 3～8 个电极（第 1、2 个电极已经分层），在【电极分层】对话框中"开始层"为 42，如图 13-46 所示。

③ 单击"确定"按钮，将刚才所选中的电极存放在 42～47 层中，每层存放一个电极。

④ 在主菜单中选取"格式|图层设置"命令，可查看在第 40～47 层，每层存放一个电极。

⑤ 在"电极工具"栏中单击"设置电极名称"按钮 ♥。

⑥ 在【实体命名】对话框中，点"◉按层命名"，"开始层"为 40，"结束层"为 47，"名称"为"DIANKONGHE_CORE_006_E"，"开始编号"为 1，如图 13-47 所示。

⑦ 在"电极工具"栏中单击"电极刻名称"按钮 ♥，选中 8 个电极，单击"确定"按钮，刻上电极名称。

⑧ 在"电极工具"栏中单击"导出电极"按钮 ♥，在零件图上选中 8 个电极。

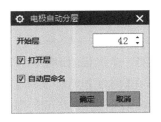

图13-46 【电极自动分层】对话框

图 13-47 【实体命名】对话框

⑨ 单击"确定"按钮,单击"确定"按钮,创建电极的文档。

(14)设计电极工程图(这个步骤开始前,必须先给电极分层)。

① 在"电极工具"栏中单击"EDM 放电图"按钮 📖,在【批量出 EDM 放电图】对话框中"工件层"为 7,"图纸放置层"为 238,如图 13-48 所示。

② 单击"选择电极"按钮,选中 8 个电极,单击"选择工件按钮",在绘图区中选择工件。

③ 单击"确定"按钮,创建电极的工程图,如图 13-49 所示,这些工程图图框放在第238 层。

④ 在模型树中有 8 个图纸页,任意选取其中一个,单击鼠标右键,选"打开"命令,即可打开所选图纸页的工程图。

图 13-48 【批量出 EDM 放电图纸】对话框

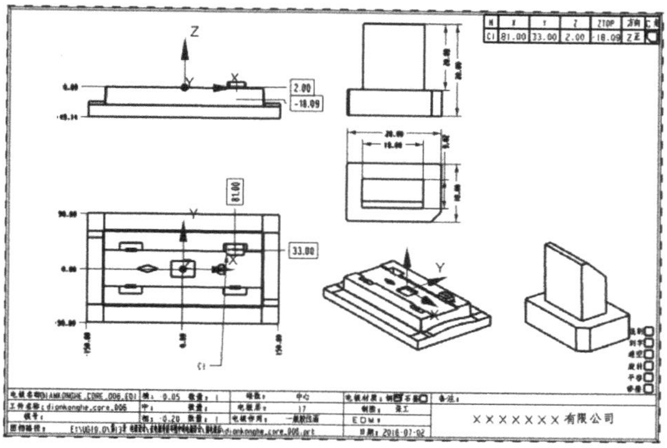

图 13-49 电极工程图

(15)创建放电总图。

① 单击"应用模块",单击"建模"按钮,进入建模环境。

② 在"电极工具"栏中单击"EDM 总图"按钮 📖,在【EDM 放电总图纸】对话框中"模仁层"为 7,"电极开始层"为 40,"电极结束层"为 47,"图纸放置层"为"239",如图 13-50 所示。

③ 单击"确定"按钮,创建全部电极的放电总装图,图纸上指出各电极的加工位置,在左上角列出电极的明细表,如图 13-51 所示。

图 13-50 【EDM 放电总图纸】对话框

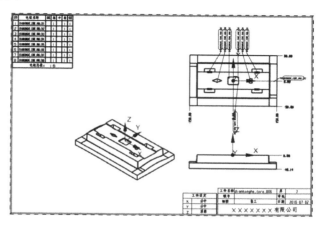

图 13-51 放电总装图

第 14 章

数控编程几门

本章开始前,请老师从本书前言二维码中下载本书配套文件"UG10.0造型设计、模具设计与数控编程建模图\第14章 数控编程\……\建模图\编程前"文件夹中零件图档,并通过教师机下发给学生,再开始课程。

14.1 简单零件的编程

1. 进入 UG 加工环境

(1) 启动 NX 10.0,打开 13.3 节设计的 DIANKONGHE_CORE_006_E01.prt。

(2) 在横向菜单中单击"应用模块|加工应用模块" 命令,在【加工环境】对话框中选择 "cam_general"选项和"mill_contour"选项,如图 14-1 所示,单击"确定"按钮,进入加工环境。

2. 创建工件几何体

(1) 在主菜单中选取"插入|几何体"命令,在【创建几何体】对话框中"几何体子类型"选 ,"几何体"为"GEOMETRY","名称"为 A,如图 14-2 所示。

(2) 单击"确定"按钮,在 MCS 对话框中"安全设置选项"选"自动平面",安全距离为 10mm,如图 14-3 所示。

(3) 单击"确定"按钮,创建工件几何体。

图 14-1 【加工环境】对话框 　　图 14-2 【创建几何体】对话框 　　图 14-3 MCS 对话框

（4）在辅助工具条中选取"几何视图"按钮 ，如图 14-4 所示，在"工序导航器"中添加了刚才创建的几何体，如图 14-5 所示。

图 14-4 选"几何视图"

（5）在主菜单中选取"插入|几何体"命令，在【创建几何体】对话框中"几何体子类型"选 ，"几何体"选 A，"名称"为 B，如图 14-6 所示。

（6）单击"确定"按钮，在【工件】对话框中单击"指定部件" 按钮，如图 14-7 所示。

图 14-5 添加 A 几何体

图 14-6 创建 B 几何体

图 14-7 【工件】对话框

（7）在绘图区中选取整个零件，单击"确定"按钮，在【工件】对话框中单击"指定毛坯"按钮 ，在【毛坯几何体】对话框中"类型"选择"包容块"，如图 14-8 所示。

（8）单击"确定|确定"，"工序导航器"中几何体 B 在坐标系 A 下面，如图 14-9 所示。

图 14-8 【毛坯几何体】对话框

图 14-9 工序导航器

3. 创建刀具

（1）单击"创建刀具"按钮 ，在【创建刀具】对话框中"刀具子类型"选"MILL"按钮 ，"名称"为 D10R0，如图 14-10 所示，单击"确定"按钮。

（2）在【铣刀-5参数】对话框中"直径"为10mm，"下半径"为0，如图14-11所示。

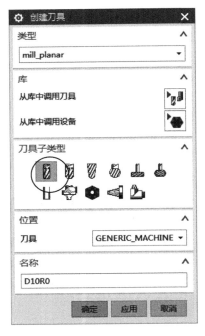

图14-10 【创建刀具】对话框

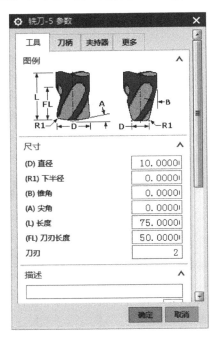

图14-11 【铣刀-5参数】对话框

4.创建边界面铣刀路（粗加工程序）

（1）选择主菜单中"插入|工序"命令，在【创建工序】对话框中"类型"选"mill_planar"，"工序子类型"选"边界面铣削"按钮，"程序"选NC_PROGRAM，"刀具"选D10R0，"几何体"选"B"，"方法"选METHOD，如图14-12所示，单击"确定"按钮。

（2）在【面铣】对话框中单击"指定面边界"按钮，在【毛坯边界】对话框"选择方法"选"面"，选定台阶平面，如图14-13所示，"刀具侧"选"内部"，"刨"选"指定"，选工件最高面，勾选"☑余量"复选框，"余量"为2mm，如图14-14所示，单击"确定"按钮。

图14-12 选"边界面铣削"

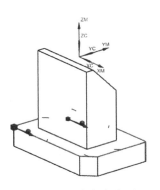

图14-13 选定台阶面

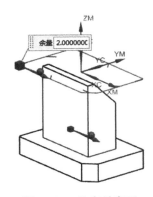

图14-14 选定最高面

（3）在【面铣】对话框中"方法"选 METHOD，"切削模式"选"⊟往复"，"步距"选"刀具平直百分比"，"平面直径百分比"为75%，毛坯距离为3mm，每刀切削深度为1mm，底面余量为0.2mm，如图14-15所示。

（4）单击"切削参数"按钮⭬，在【切削参数】对话框"策略"选项卡中"切削方向"为"顺铣"，"切削角"选"指定"，"与XC的夹角"为0，如图14-16所示。在"余量"选项卡中部件余量为0.2mm，最终底面余量为0.2mm，如图14-17所示。

图14-15 刀轨设置

（5）单击"非切削移动"按钮▨，在【非切削移动】对话框"进刀"选项卡开放区域的"进刀类型"选"线性"，长度为8mm，高度为3mm，最小安全距离为8mm，如图14-18所示。在"起点/钻点"选项卡中"重叠距离"选10mm，单击"点对话框"按钮⊡，在【点】对话框中"类型"选"⟍控制点"，选取零件边线的中点即为下刀点。

（6）单击"进给率和速度"按钮🐷，主轴速度为2000r/min，进给率为1500mm/min，如图14-19所示。

图14-16 设置切削方向

图14-17 设置切削余量

图14-18 设定非切削移动参数

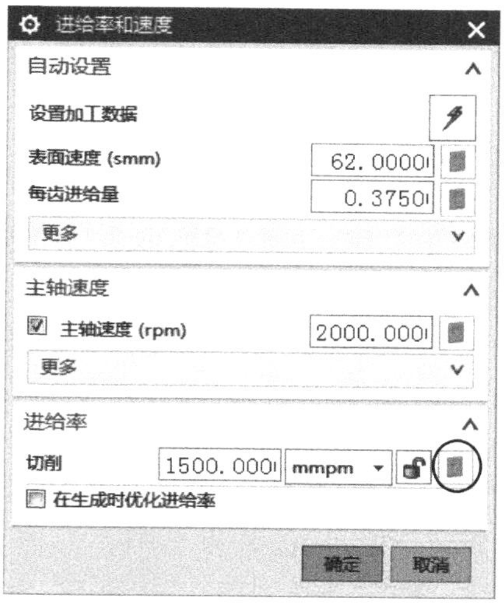

图14-19 设定进给率和速度

（7）单击"生成"按钮 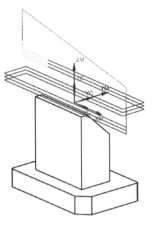，生成面铣刀路，如图 14-20 所示。

5．创建精加工壁刀路（粗加工程序）

（1）选择主菜单中"插入|工序"命令，在【创建工序】对话框中"类型"选"mill_planar"，"工序子类型"选"精加工壁"按钮，"程序"选"NC_PROGRAM"，"刀具"选 D10R0，"几何体"选"B"，"方法"选 METHOD，如图 14-21 所示。

（2）单击"确定"按钮，在【精加工壁】对话框单击"指定部件边界"按钮，在【边界几何体】对话框中"模式"选"面"，"材料侧"选"内部"，取消"□忽略岛"前面的"√"，如图 14-22 所示，选中工件台阶面，单击"确定"按钮。

（3）再次单击"指定部件边界"按钮，在【编辑边界】对话框单击"下一步"按钮▶，外部边线加强显示后，点"移除"按钮，此时内边线加强显示，如图 14-23 所示。

图 14-20　面铣刀路

图 14-21　选"精加工壁"

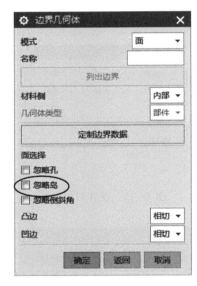

图 14-22　【边界几何体】对话框

（4）在【编辑边界】对话框中"刨"选"用户定义"，选中工件的最高平面。

（5）在【精加工壁】对话框单击"指定底面"按钮，选取工件的台阶面。

（6）单击"切削层"按钮，在【切削层】对话框中"范围类型"选"恒定"，"公共"为 1mm，如图 14-24 所示。

（7）单击"切削参数"按钮，在【切削参数】对话框"策略"选项卡中，"切削方向"选"顺铣"，"切削顺序"为"深度优选"，在"余量"选项卡中，部件侧面余量为 0.3mm，部件底面余量为 0.2mm，内（外）公差为 0.01。

（8）单击"非切削移动"按钮，在【非切削移动】对话框"转移/快速"选项卡中，区域之间的"转移类型"选"安全距离-刀轴"，区域内的"转移方式"选"进刀/退刀"，"转移类型"选

"前一平面",安全距离为2mm,如图14-25所示。在"进刀"选项卡中,开放区域的"进刀类型"选"圆弧",半径为5mm,圆弧角度为90°,高度为3mm,最小安全距离为3mm,如图14-26所示。在"退刀"选项卡中"退刀类型"选"与进刀相同"。

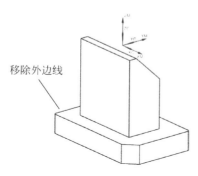

图 14-23 移除外边线

图 14-24 设定切削层参数

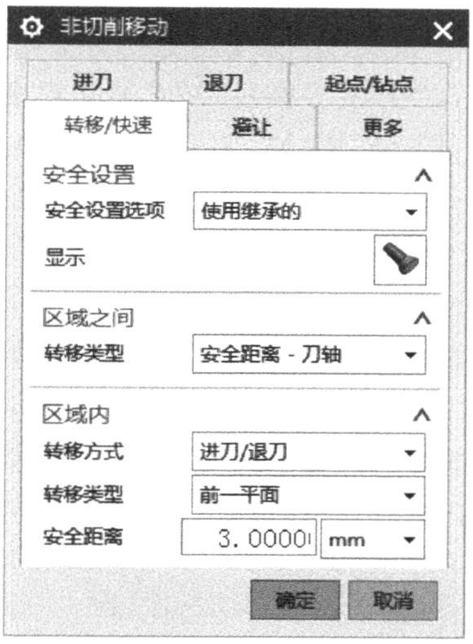

图 14-25 定义"转移/快速"选项卡

图 14-26 定义"进刀"选项卡

(9)单击"进给率和速度"按钮 🔩,设定主轴速度为2000r/min,进给率为1500mm/min。

(10)单击"生成"按钮 ⚑,生成刀路,如图14-27所示。

(11)在"工序导航器"中复制刚才创建的"FINISH _WALL"刀路,如图14-28所示。

(12)双击 ⊘🔲 FINISH_WALLS_...,在【精加工壁】对话框中单击"指定部件边界"按钮 📦,在【编辑边界】对话框中单击"全部重选",在【边界几何体】对话框中勾选"☑忽略岛",选中台阶面,此时台阶面的外边线加强显示,单击"确定"按钮,在【编辑边界】对话框中"刨"选"用户定义",选中工件的台阶面,如图14-29所示。

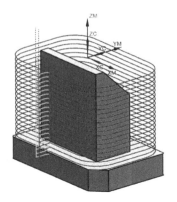

图 14-27 "精加工壁"刀路

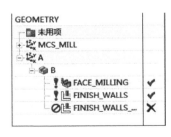

图 14-28 复制刀路

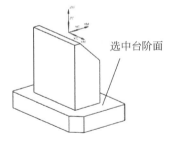

选中台阶面

图 14-29 选台阶面

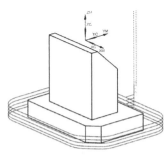

图 14-30 创建"精加工壁"刀路

（13）在【精加工壁】对话框单击"指定底面"按钮，选取工件的底面。

（14）单击"生成"按钮，生成刀路，如图 14-30 所示。

6. 创建深度轮廓加工刀路（粗加工程序）

（1）单击"创建工序"按钮，在【创建工序】对话框中"类型"选"mill_contour"，"工序子类型"选"深度轮廓加工"按钮，"程序"选 NC_PROGRAM，刀具选 D10R0，"几何体"选"B"，"方法"选 MEHTOD。

（2）单击"确定"按钮，在【深度轮廓加工（深度轮廓加工）】对话框中单击"指定切削区域"按钮，选取工件的斜面，单击"确定"按钮。

（3）单击"切削层"按钮，在【切削层】对话框中"范围类型"选"用户定义"，"公共每刀切削深度"选"恒定"，"最大距离"为 1mm。

（4）单击"切削参数"按钮，在【切削参数】对话框"策略"选项卡中"切削方向"选"混合"，在"余量"选项卡中取消勾选"□ 使底面余量与侧面余量一致"，部件侧面余量为 0.3mm，部件底面余量为 0.2mm，内（外）公差 0.01。

（5）单击"非切削移动"按钮，在【非切削移动】对话框"转移/快速"选项卡中，区域内的"转移类型"选"直接"，在"进刀"选项卡中，开放区域的"进刀类型"选"线性"，长度为 8mm，高度为 3mm，"退刀"选项卡中"退刀类型"选"与进刀相同"。

（6）单击"进给率和速度"按钮，设定主轴速度为 2000r/min，进给率为 1500mm/min。

（7）单击"生成"按钮，生成刀路，如图 14-31 所示。

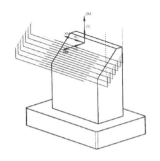

图 14-31 深度轮廓加工刀路

7. 创建粗加工程序组

（1）在辅助工具条中选取"程序顺序视图"按钮，如图 14-32 所示。

（2）在"工序导航器"中将 Programm 改为 A1，并把程序拖到 A1 下面，如图 14-33 所示。

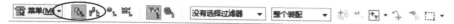

图 14-32 选取"程序顺序视图"按钮 🖺

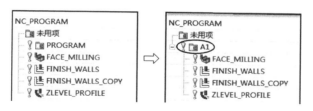

图 14-33 将 Programm 改为 A1

8. 创建精加工程序组

（1）选取主菜单中"插入｜程序"命令，在【创建程序】对话框中"类型"选"mill_contour"，"程序"选 NC_PROGRAM，"名称"为 A2，如图 14-34 所示。

（2）单击"确定"按钮，创建 A2 程序组，如图 14-35 所示，此时 A2 与 A1 并列。

（3）选中 🖺 **FINISH_WALLS**，🖺 **FINISH_WALLS_COPY**，🔩 **ZLEVEL_PROFILE**，单击鼠标右键，选"复制"。

（4）选中 A2，单击鼠标右键，选"内部粘贴"，粘贴到 A2 程序组，如图 14-36 所示。

图 14-34 创建 A2 程序组

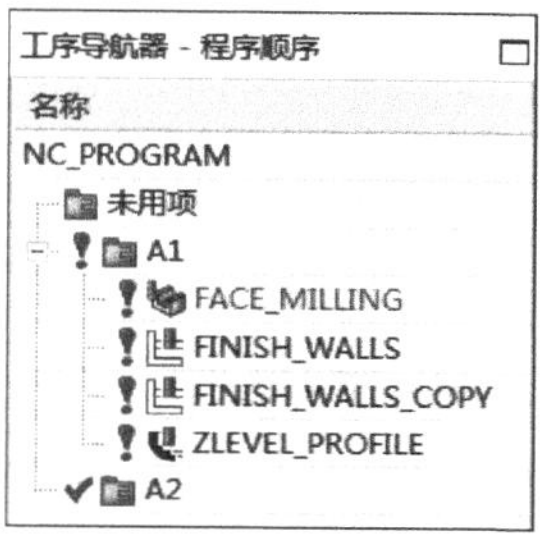

图 14-35 "A2"程序组

图 14-36 程序粘贴

（5）双击 🚫🖺 **FINISH_WALLS_COPY_1**，在【精加工壁】对话框中，"步距"选"恒定"，"最大步距"为 1mm，"附加刀路"为 2，如图 14-37 所示，单击"切削层"按钮 🗝，在【切削层】对话框中，"类型"选"仅底面"，单击"切削参数"按钮 🖽，在【切削参数】对话框"余量"选项卡中，部件余量为 0，最终底面余量为 0。

（6）单击"生成"按钮 🐾，生成刀路，如图 14-38 所示。

图 14-37 刀轨设置

图14-38 精加工刀路（一）

（7）按上述方法 ⊘📇 **FINISH_WALLS_COPY_COPY**，生成的刀路如图 14-39 所示。

（8）双击 ⊘📇 **ZLEVEL_PROFILE_COPY**，在【深度轮廓加工】对话框中单击"切削层"按钮 📇，在【切削层】对话框中"最大距离"为 0.1mm，单击"切削参数"按钮 🔲，在【切削参数】对话框"余量"选项卡中，部件余量为 0，最终底面余量为 0。

（9）单击"生成"按钮 ⯭，生成刀路，如图 14-40 所示。

图 14-39　精加工刀路（二）

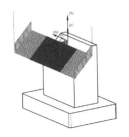

图14-40　精加工刀路（三）

9. 刀路仿真模拟

在"工序导航器"中选中所有刀路后，单击"确认刀轨"按钮 📇，在【刀轨可视化】对话框中先选"2D 动态"，再单击"播放"按钮 ▶，即进行仿真模拟。

作业：完成 13.1 节电极外挂环境中的电极设计中所创建的其他电极数控编程。

14.2　数控编程进阶

1. 进入 UG 加工环境

（1）启动 NX 10.0，打开课件，读取 DIANKONGHE_CORE_006_E08.prt。

（2）在横向菜单中单击"应用模块|加工应用模块" 📇 命令，在【加工环境】对话框中选择"cam_general"和"mill_contour"选项，单击"确定"按钮，进入加工环境。

2. 创建工件几何体

（1）在屏幕左上方的工具条中选取"几何视图"按钮 📇，如图 14-4 所示。

（2）在"工序导航器"中展开 📇 **MCS_MILL**，再双击"📇 **WORKPIECE**"。

（3）在【工件】对话框中单击"指定部件"按钮 📇，在绘图区中选取整个零件，单击"确定"按钮，单击"指定毛坯"按钮 📇，在【毛坯几何体】对话框中"类型"选择"包容块"选项，如图 14-8 所示。

3. 创建刀具

（1）单击"创建刀具"按钮 📇，在【创建刀具】对话框中"刀具子类型"选"MILL"按钮 📇，"名称"为 D10R0，如图 14-10 所示，单击"确定"按钮。

（2）在【刀具参数】对话框中"直径"为 10mm，"下半径"为 0，如图 14-11 所示。

4. 创建边界面铣刀路（粗加工程序）

（1）单击"创建工序"按钮 📇，在【创建工序】对话框中"类型"选"mill_planar"，"工序子类型"选"边界面铣削"按钮 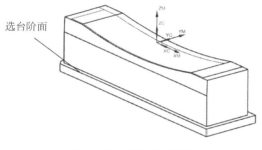，"程序"选 NC_PROGRAM，"刀具"选 D10R0，"几何体"选 WORKPIECE，"方法"选 METHOD，单击"确定"按钮。

（2）在【面铣】对话框中单击"指定面边界"按钮 ，在【毛坯边界】对话框中"选择方法"选"面"，在工件上选定台阶平面，如图 14-41 所示。

（3）在【毛坯边界】对话框中"刀具侧"选"内部"，"刨"选"指定"，勾选"☑余量"复选框，"余量"为 2mm，在绘图区中选取工件最高点。

（4）在【面铣】对话框中"方法"选 METHOD，"切削模式"选"三往复"，"步距"选"刀具平直百分比"，"平面直径百分比"为 75％，毛坯距离为 3mm，每刀切削深度为 1mm，底面余量为 0.2mm。

（5）单击"切削参数"按钮 ，在【切削参数】对话框"策略"选项卡中"切削角"选"指定"，"与 XC 的夹角"为 0，在"余量"选项卡中部件余量为 0.2mm，壁余量为 0.3mm。

（6）单击"非切削移动"按钮 ，在【非切削移动】对话框"进刀"选项卡中"开放区域"的"进刀类型"选"线性"，长度为 8mm，高度为 3mm，最小安全距离为 8mm。

（7）单击"进给率和速度"按钮 ，设定主轴速度为 2000r/min，进给率为 2500mm/min。

（8）单击"生成"按钮 ，生成面铣刀路，如图 14-42 所示。

图 14-41　选取台阶面

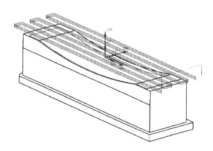

图 14-42　创建面铣刀路

5. 创建精加工壁刀路（粗加工程序）

（1）选择主菜单中"插入|工序"命令，在【创建工序】对话框中"类型"选"mill_planar"，"工序子类型"选"精加工壁"按钮 ，"程序"选 NC_PROGRAM，"刀具"选 D10R0，"几何体"选 WORKPIECE，"方法"选 METHOD，单击"确定"按钮。

（2）在【精加工壁】对话框中单击"指定部件边界"按钮 ，在【边界几何体】对话框"模式"选"面"，"材料侧"选"内部"，取消"忽略岛"前面的"√"，选中工件台阶面。

（3）单击"确定"按钮，再次单击"指定部件边界"按钮 ，在【编辑边界】对话框单击"下一步"按钮▶，外部边线加强显示后，单击"移除"按钮，移除外边线，加强显示内边线。

（4）在【编辑边界】对话框中"刨"选"用户定义"，选中工件的最高点，单击"确定"按钮。

（5）在【精加工壁】对话框单击"指定底面"按钮 ，选取工件的台阶面。

（6）单击"切削层"按钮 ，在【切削层】对话框中"范围类型"选"恒定"，"公共"为 1mm。

（7）单击"切削参数"按钮 ，在【切削参数】对话框"策略"选项卡中，"切削方向"选"顺铣"，在"余量"选项卡中，部件侧面余量为 0.3mm，部件底面余量为 0.2mm。

（8）单击"非切削移动"按钮 ，在【非切削移动】对话框"转移/快速"选项卡中区域之

间的"转移类型"选"安全距离-刀轴",在区域内的"转移方式"选"进刀/退刀","转移类型"选
"前一平面",安全距离为 2mm,在"进刀"选项卡中,开放区域的"进刀类型"选"圆弧","半
径"为 5mm,"圆弧角度"为 90°,高度为 3mm,最小安全距离为 3mm,在"退刀"选项卡中"退
刀类型"选"与进刀相同"。

(9) 单击"进给率和速度"按钮 ⬆,设定主轴速度为 2000r/min,进给率为 2500mm/min。

(10) 单击"生成"按钮 ⬆,生成刀路,如图 14-43 所示。

(11) 在"工序导航器"中复制刚才创建的"FINISH _WALL"刀路,如图 14-44 所示。

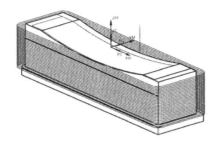

图 14-43 创建"精加工壁"刀路(一)

图 14-44 复制"FINISH _WALL"刀路

(12) 双击 ⊘ FINISH_WALLS_COPY,在【精加工壁】对话框中单击"指定部件边界"按钮
📦,在【编辑边界】对话框中单击"全部重选"按钮,在【边界几何体】对话框中勾选"☑忽略
岛",选中台阶面,此时台阶面的外边线加强显示,单击
"确定"按钮,在【编辑边界】对话框中"刨"选"用户定
义",选中工件的台阶面。

(13) 在【精加工壁】对话框中单击"指定底面"按钮
🔧,选取工件的底面。

(14) 单击"生成"按钮 ⬆,生成刀路,如图 14-45
所示。

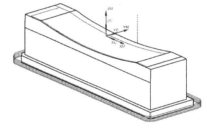

图 14-45 创建"精加工壁"刀路(二)

6. 创建"腔型铣"刀路(粗加工程序)

(1) 单击"创建工序"按钮 ⬆,在【创建工序】对话框中"类型"选"mill_contour","工序
子类型"选"CAVITY _MILL(腔型铣)"按钮 ⬆,"程序"选 NC_PROGRAM,"刀具"选
D10R0,"几何体"选 WORKPIECE,"方法"选 METHOD,单击"确定"按钮。

(2) 在【型腔铣】对话框中单击"指定切削区域"按钮 🔧,在零件图上选取顶部曲面。

(3) 在"刀轨设置"区域中,"切削模式"选"跟随周边","步距"选"刀具平直百分比","平
面直径百分比"为 60%,"公共每刀切削深度"选"恒定","最大距离"为 1mm。

(4) 单击"切削层"按钮 🔧,在【切削层】对话框中"范围类型"选"单个","切削层"选"恒
定","公共每刀切削深度"选"恒定","最大距离"为 1mm。

(5) 单击"切削参数"按钮 🔧,在【切削参数】对话框"策略"选项卡中,"切削方向"选"顺
铣","切削顺序"为"深度优选","刀路方向"选"向外",在"余量"选项卡中,部件侧面余量为
0.3mm,部件底面余量为 0.2mm,内(外)公差为 0.01。

(6) 单击"非切削移动"按钮 🔧,在【非切削移动】对话框"转移/快速"选项卡中,"区域
之间"的"转移类型"选"安全距离-刀轴",在"区域内"的"转移方式"选"进刀/退刀","转移类

型"选"前一平面",安全距离为 2mm,在"进刀"选项卡中,"开放区域"的"进刀类型"选"线性",长度为 10mm,高度为 3mm,最小安全距离为 10mm,在"退刀"选项卡中"退刀类型"选"与进刀相同"。

（7）单击"进给率和速度"按钮，设定主轴速度为 2000r/min,进给率为 2500mm/min。

（8）单击"生成"按钮，生成刀路,如图 14-46 所示。

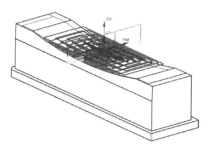

图 14-46　创建型腔铣刀路

7. 粗加工程序组

（1）在屏幕左上方的工具条中选取"程序顺序视图"按钮，如图 14-32 所示。

（2）在"工序导航器"中将 Programm 改为 A1,把程序拖到 A1 下面,如图 14-47 所示。

8. 创建精加工程序组

（1）选取主菜单中"插入|程序"命令,在【创建程序】对话框中"类型"选 mill_contour,程序选 NC_PROGRAM,名称为 A2,如图 14-34 所示,单击"确定"按钮,创建 A2 程序组。

（2）把 A1 程序组中的 FINISH_WALLS FINISH_WALLS_COPY 用"内部粘贴"的方式复制到 A2 程序组中,如图 14-48 所示。

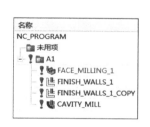

图 14-47　将 Programm 改为 A1

图 14-48　程序粘贴

（3）双击 FINISH_WALLS_COPY_1,在【精加工壁】对话框中,"步距"选"恒定",最大步距为 1mm,"附加刀路"为 2,单击"切削层"按钮，在【切削层】对话框中"范围类型"选"仅底面",单击"切削参数"按钮，在【切削参数】对话框"余量"选项卡中,部件余量为 0,最终底面余量为 0。

（4）单击"生成"按钮，生成刀路,如图 14-49 所示。

（5）按上述方法修改 FINISH_WALLS_COPY_COPY,生成的刀路如图 14-50 所示。

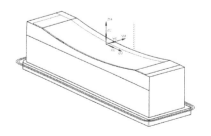

图 14-49　精加工刀路（一）

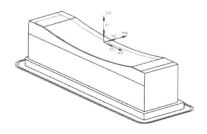

图 14-50　精加工刀路（二）

9. 创建深度轮廓加工刀路（精加工程序）

（1）单击"创建工序"按钮，在【创建工序】对话框"类型"选 mill_contour，"工序子类型"选"深度轮廓加工"按钮，"程序"选 A2，"刀具"选 D10R0，"几何体"选 WORKPIECE，"方法"选 METHOD，单击"确定"按钮。

（2）在【深度轮廓加工】对话框中单击"指定切削区域"按钮，选取工件一侧的斜面。

（3）单击"确定"按钮，单击"切削层"按钮，在【切削层】对话框中"范围类型"选"用户定义"，"公共每刀切削深度"选"恒定"，最大距离为 1mm。

（4）单击"切削参数"按钮，在【切削参数】对话框"策略"选项卡中，"切削方向"选"混合"，在"余量"选项卡中，勾选"使底面余量与侧面余量一致"，部件侧面余量为 0，内公差为 0.01，外公差为 0.01。

（5）单击"非切削移动"按钮，在【非切削移动】对话框"转移/快速"选项卡中，在"区域内"的"转移类型"选"直接"，在"进刀"选项卡中，"开放区域"的"进刀类型"选"线性"，长度为 8mm，高度为 3mm，在"退刀"选项卡中"退刀类型"选"与进刀相同"。

（6）单击"进给率和速度"按钮，设定主轴速度为 2000r/min，进给率为 2500mm/min。

（7）单击"生成"按钮，生成刀路，如图 14-51 所示。

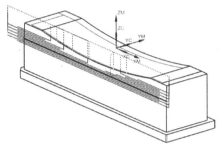

图 14-51　创建等高铣刀路

10. 创建区域轮廓铣刀路（精加工程序）

（1）选取主菜单中选取"插入|程序"命令，在【创建程序】对话框"类型"选 mill_contour，"程序"选 NC_PROGRAM，"名称"为 A3，单击"确定"按钮，创建 A3 程序组。

（2）单击"创建工序"按钮，在【创建工序】对话框中"类型"选 mill_contour，"工序子类型"选"区域轮廓铣"按钮，"程序"选 A3，"刀具"选 NONE，"几何体"选 WORKPIECE，"方法"选 METHOD。

（3）单击"确定"按钮，在【区域轮廓铣】对话框中单击"指定切削区域"按钮，在绘图区中选取工件顶部全部曲面，单击"确定"按钮。

（4）"驱动方法"选"区域铣削"，单击"编辑"按钮，在【区域铣削驱动方法】对话框中"非陡峭切削模式"选"往复"，"步距"选"恒定"，最大距离为 0.2mm，"切削角"选"指定"，"与 XC 的夹角"为 45°，单击"确定"按钮。

（5）在【区域轮廓铣】对话框中单击"新建刀具"按钮，在【新建刀具】对话框中"刀具子类型"选"BALL_MILL"按钮，"名称"为 D10R5，单击"确定"按钮，在【铣刀-球头铣】对话框中设定"球直径"为 10mm。

（6）单击"进给率和速度"按钮，设定主轴速度为 2000r/min，进给率为 2500mm/min。

（7）单击"生成"按钮，生成刀路，如图 14-52 所示。

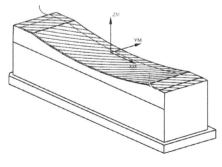

图 14-52　平行刀路

11．刀路仿真模拟

在"工序导航器"中选中所有刀路，单击"确认刀轨"按钮，在【刀轨可视化】对话框中选"2D动态"，再单击"播放"按钮▶，即可进行仿真模拟。

作业：完成13.2节建模环境中的电极设计(2)中所创建的其他电极数控编程。

14.3 模具型芯编程（一）

1．进入 UG 加工环境

（1）启动 NX 10.0，打开 12.4 节创建的 yanhuigangcore. prt，此时坐标系不在工件中心。

（2）在横向菜单中选取"应用模块|建模"命令，进入建模环境。

（3）在主菜单中选取"编辑|特征|移除参数"命令，移除零件的特征参数。

（4）在主菜单中选取"格式|WCS|定向"命令，在 CSYS 对话框中"类型"选"对象的CSYS"，选取工件底面，在工件底面的中心建立一个坐标系，Z 轴朝下，如图 14-53 所示。

（5）双击 ZC 轴，使 Z 轴朝向上方，如图 14-54 所示。

图 14-53 创建坐标系

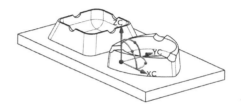

图 14-54 坐标系 Z 轴朝上

（6）在主菜单中选取"编辑|移动对象"命令，在【移动对象】对话框中"运动"选"CSYS到 CSYS"，单击"指定起始 CSYS"按钮，在 CSYS 对话框中"类型"选"动态"，单击"指定目标 CSYS"按钮，在 CSYS 对话框中"类型"选"绝对 CSYS"，单击"确定"按钮，工件中心移到绝对坐标系原点，如图 14-55 所示。

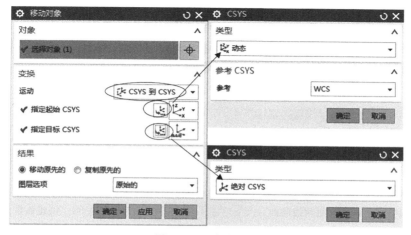

图 14-55 移动工件

（7）在主菜单中选取"格式｜WCS｜WCS 设置为绝对"命令，坐标系移到工件下底面的中心，如图 14-56 所示。

（8）在横向菜单中单击"应用模块｜加工"命令，在【加工环境】对话框中选择"cam_general"选项和"mill_contour"选项，单击"确定"按钮，进入加工环境。

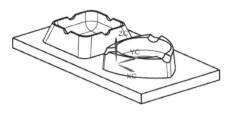

图 14-56　坐标系在工件中心

（9）在屏幕左上方的辅助工具条中选取"几何视图"按钮 ，如图 14-4 所示。

（10）在"工序导航器"中展开 MCS_MILL，再双击" WORKPIECE"。

（11）在【工件】对话框中单击"指定部件"按钮 ，选取整个零件，单击"确定"按钮，单击"指定毛坯"按钮 ，在【毛坯几何体】对话框"类型"选择"包容块"。

（12）创建刀具："刀具子类型"选"MILL"按钮 ，"名称"为 D30R5，"球直径"为 30mm，"下半径"为 5mm。

2．创建边界面铣削刀路（粗加工刀路）

（1）单击"创建工序"按钮 ，在【创建工序】对话框中"类型"选 mill_planar，"工序子类型"选"边界面铣削"按钮 ，"程序"选 NC_PROGRAM，"刀具"选 D30R5，"几何体"选 WORKPIECE，"方法"选 METHOD，单击"确定"按钮。

（2）在【面铣】对话框中单击"指定面边界"按钮 ，在弹出的【毛坯边界】对话框"选择方法"选"面"，在工件上选定台阶平面，如图 14-57 所示。

（3）在【毛坯边界】对话框中"刀具侧"选"内部"，"刨"选"指定"，勾选"☑余量"，"余量"为 2mm，选取工件最上面的平面。

（4）在【面铣】对话框中"方法"选 METHOD，"切削模式"选" 往复"，"步距"选"刀具平直百分比"，"平面直径百分比"为 60%，毛坯距离为 3mm，每刀切削深度为 1mm，底面余量为 0.2mm。

（5）单击"切削参数"按钮 ，在【切削参数】对话框"策略"选项卡中设定"切削方向"为"顺铣"，"切削角"选"指定"，"与 XC 的夹角"为 0，在"余量"选项卡中设定部件余量为 0.2mm，壁余量为 0.3mm。

（6）单击"非切削移动"按钮 ，在【非切削移动】对话框"进刀"选项卡中"开放区域"中"进刀类型"选"线性"，长度为 8mm，高度为 3mm，最小安全距离为 8mm。

（7）单击"进给率和速度"按钮 ，设定主轴速度为 2000r/min，进给率为 2500mm/min。

（8）单击"生成"按钮 ，生成面铣刀路，如图 14-58 所示。

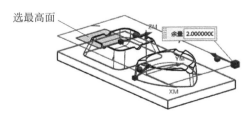

图 14-57　选台阶面和最高面

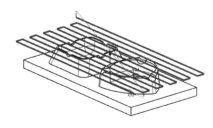

图 14-58　创建面铣刀路

3. 创建精加工臂刀路（粗加工刀路）

（1）单击"创建工序"按钮 ，在【创建工序】对话框中"类型"选"mill_planar"，"工序子类型"选"精加工壁"按钮 ，"程序"选 NC_PROGRAM，"刀具"选 D30R5，"几何体"选 WORKPIECE，"方法"选 METHOD，单击"确定"按钮。

（2）在【精加工壁】对话框单击"指定部件边界"按钮 ，在【边界几何体】对话框中"模式"选"面"，"材料侧"选"内部"，取消"忽略岛"前面的"√"。

（3）选中工件台阶面，单击"确定"按钮，再次单击"指定部件边界"按钮 ，在【编辑边界】对话框中，"刨"选"用户定义"，选中工件的最高点，单击"确定"按钮。

（4）在【精加工壁】对话框单击"指定底面"按钮 ，选取工件的底面。

（5）单击"切削层"按钮 ，在【切削层】对话框"类型"选"恒定"，"公共"为 1mm。

（6）单击"切削参数"按钮 ，在【切削参数】对话框"策略"选项卡中，"切削方向"选"顺铣"，在"余量"选项卡中，部件侧面余量为 0.3mm，部件底面余量为 0.2mm，内（外）公差为 0.01。

（7）单击"非切削移动"按钮 ，在【非切削移动】对话框"转移/快速"选项卡中，"区域之间"的"转移类型"选"安全距离-刀轴"，"区域内"的"转移方式"选"进刀/退刀"，"转移类型"选"前一平面"，安全距离为 2mm。在"进刀"选项卡中，"开放区域"的"进刀类型"选"圆弧"，"半径"为 5mm，圆弧角度为 90°，高度为 3mm，最小安全距离为 3mm。在"退刀"选项卡中"退刀类型"选"与进刀相同"。

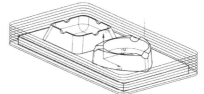

（8）单击"进给率和速度"按钮 ，设定主轴速度为 2000r/min，进给率为 2500mm/min。

（9）单击"生成"按钮 ，生成刀路，如图 14-59 所示。

图 14-59 创建"精加工壁"刀路

4. 创建"型腔铣"刀路（粗加工刀路）

（1）单击"创建工序"按钮 ，在【创建工序】对话框中"类型"选"mill_contour"，"工序子类型"选"CAVITY_MILL（腔型铣）"按钮 ，"程序"选 NC_PROGRAM，"刀具"选 D30R5，"几何体"选 WORKPIECE，"方法"选 METHOD。

（2）单击"确定"按钮，在【型腔铣】对话框单击"指定切削区域"按钮 ，选取整个零件。

（3）在【型腔铣】对话框中，"切削模式"选"跟随周边"，"步距"选"刀具平直百分比"，"平面直径百分比"为 60%，"公共每刀切削深度"选"恒定"，最大距离为 1mm。

（4）单击"切削层"按钮 ，在【切削层】对话框中"范围类型"选"用户定义"，"切削层"选"恒定"，"公共每刀切削深度"选"恒定"，最大距离为 1mm，单击"范围 1 的顶部"的"选择对象"按钮 ，选取工件的最高面，"ZC"为 43.168mm，单击"移除"按钮 ，清空"列表栏"的数据，再单击"范围定义"的"选择对象"按钮 ，选取工件台阶面，"范围深度"为 28.168mm，如图 14-60 所示。

（5）单击"切削参数"按钮 ，在【切削参数】对话框"策略"选项卡中，"切削方向"选"顺铣"，"切削顺序"为"深度优选"，"刀路方向"选"向外"。在"余量"选项卡中，侧面余量为 0.3mm，底面余量为 0.2mm，内（外）公差为 0.01。

（6）单击"非切削移动"按钮，在【非切削移动】
对话框"转移/快速"选项卡中，"区域之间"的"转移类型"选"安全距离-刀轴"，"区域内"的"转移方式"选"进刀/退刀"，"转移类型"选"前一平面"，"安全距离"为3mm。在"进刀"选项卡中，"封闭区域"的"进刀类型"选"螺旋"，直径为30mm，斜坡角为5°，高度为3mm，"开放区域"的"进刀类型"选"线性"，长度为8mm，高度为3mm，最小安全距离为8mm。在"退刀"选项卡中"退刀类型"选"与进刀相同"。

（7）单击"进给率和速度"按钮，设定主轴速度为2000r/min，进给率为2500mm/min。

（8）单击"生成"按钮，生成刀路，如图14-61所示。

（9）在屏幕左上方的工具条中选取"程序顺序视图"按钮，如图14-32所示。

（10）在"工序导航器"中，将Programm改名为A1，把加工程序拖到A1下面。

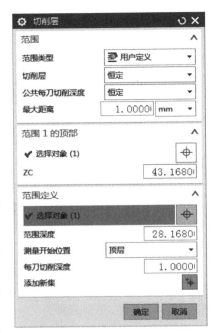

图14-60　【切削层】对话框

（11）选取主菜单中"插入｜程序"命令，在【创建程序】对话框中"类型"选"mill_contour"，"程序"选 NC_PROGRAM，"名称"为 A2，单击"确定"按钮，创建 A2 程序组，如图14-62所示。

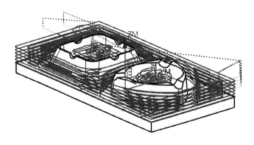

图14-61　"型腔铣"刀路

图14-62　创建 A2 程序组

5．创建深度轮廓加工刀路（半精加工刀路）

（1）单击"创建刀具"按钮，在【创建刀具】对话框中"刀具子类型"选"MILL"按钮，"名称"为 D16R0.8，单击"确定"按钮，在【刀具参数】对话框中"直径"为16mm，"下半径"为0.8mm。

（2）单击"创建工序"按钮，在【创建工序】对话框中"类型"选"mill_contour"，"工序子类型"选"深度轮廓加工"按钮，"程序"选 A2，"刀具"选 D16R0.8，"几何体"选 WORKPIECE。

（3）单击"确定"按钮，在【深度轮廓加工】对话框中单击"指定切削区域"按钮，选取整个工件所有的曲面，单击"确定"按钮。

（4）单击"切削层"按钮 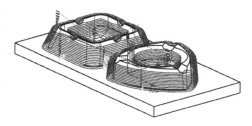，在【切削层】对话框中"范围类型"选"用户定义","切削层"选"恒定","公共每刀切削深度"选"恒定",最大距离为1mm,单击"范围1的顶部"的"选择对象"按钮 ,选取工件最高面,"ZC"为43.168mm,单击"移除"按钮 ,清空"列表栏"的数据,再单击"范围定义"的"选择对象"按钮 ,选取工件台阶面,"范围深度"为28.168mm,如图14-60所示。

（5）单击"切削参数"按钮 ,在【切削参数】对话框"策略"选项卡中,"切削方向"选"顺铣","切削顺序"选"层优选"。在"余量"选项卡中,勾选" 使底面余量与侧面余量一致",部件侧面余量为0.2mm,内（外）公差为0.01。

（6）单击"非切削移动"按钮 ,在【非切削移动】对话框"转移/快速"选项卡中,"区域之间"的"转移类型"选"安全距离-刀轴","区域内"的"转移方式"选"进刀/退刀","转移类型"选"直接"。在"进刀"选项卡中,"封闭区域"的"进刀类型"选"螺旋",直径为8mm,斜坡角为5°,高度为3mm,最小斜面长度为10mm,"开放区域"的"进刀类型"选"线性",长度为8mm,高度为3mm,最小安全距离为8mm。在"退刀"选项卡中"退刀类型"选"与进刀相同"。

（7）单击"进给率和速度"按钮 ,设定主轴速度为2000r/min,进给率为2500mm/min。

（8）单击"生成"按钮 ,生成刀路,如图14-63所示。

图14-63　等高铣刀路

6. 创建深度轮廓加工刀路（半精加工刀路）

（1）选取主菜单中"插入|程序"命令,在【创建程序】对话框中"类型"选"mill_contour","程序"选NC_PROGRAM,"名称"为A3,单击"确定"按钮,创建A3程序组。

（2）单击"创建刀具"按钮 ,在【创建刀具】对话框中"刀具子类型"选"MILL"按钮 ,"名称"为D6R0,单击"确定"按钮。在【刀具参数】对话框中"直径"为6mm,"下半径"为0。

（3）单击"创建工序"按钮 ,在【创建工序】对话框中"类型"选"mill_contour","工序子类型"选"深度轮廓加工"按钮 ,"程序"选A3,"刀具"选"D6R0","几何体"选WORKPIECE。

（4）单击"确定"按钮,在【深度轮廓加工】对话框中单击"指定切削区域"按钮 ,在零件图上选取7个小缺口的曲面,单击"确定"按钮。

（5）在"刀轨设置"区域中,"方法"选MILL_FINISH,"陡峭空间范围"选"无","公共每刀切削深度"选"恒定",最大距离为0.1mm。

（6）单击"切削参数"按钮 ,在【切削参数】对话框"策略"选项卡中,"切削方向"选"混合"。在"余量"选项卡中,侧面余量为0.2mm,底面余量为0.2mm。

（7）单击"非切削移动"按钮 ,在【非切削移动】对话框"转移/快速"选项卡中,在"区域之间"区域中"转移类型"选"安全距离-刀轴",在"区域内"的"转移方式"选"进刀/退刀","转移类型"选"直接"。在"进刀"选项卡的"开放区域"中,"进刀类型"选"线性",长度为5mm,高度为3mm,最小安全距离为10mm。在"退刀"选项卡中"退刀类型"选"与进刀相同"。

（8）单击"进给率和速度"按钮 ，设定主轴速度为 2000r/min，进给率为 2500mm/min。

（9）单击"生成"按钮 ，生成半精加工刀路，如图 14-64 所示。

7. 创建精加工刀路

（1）选取主菜单中"插入|程序"命令，在【创建程序】对话框中"类型"选"mill_contour"，"程序"选 NC_PROGRAM，"名称"为 A4，单击"确定"按钮，创建 A4 程序组。

（2）在"工序导航器"中，将 ZLEVEL_PROFILE 和 FINISH_WALLS 复制到 A4 程序组，如图 14-65 所示。

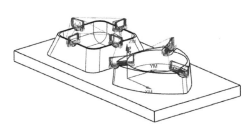

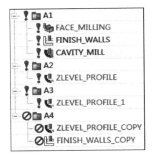

图 14-64　加工小缺口　　　　　　　图 14-65　复制程序

（3）双击 ZLEVEL_PROFILE_COPY ，在【深度轮廓加工】对话框中"最大距离"改为 0.2mm，单击"切削参数"按钮 ，在【切削参数】对话框"余量"选项卡中，部件侧面余量为 0，部件底面余量为 0，内（外）公差为 0.01。

（4）双击 FINISH_WALLS_COPY ，在【精加工壁】对话框中单击"指定部件边界"按钮 ，在【编辑边界】对话框中，"刨"选"用户定义"，选中工件台阶平面，在"工具"区域中，"刀具"选 D16R0.8。单击"切削参数"按钮 ，在【切削参数】对话框"余量"选项卡中，部件侧面余量为 0，部件底面余量为 0，内（外）公差为 0.01。

（5）单击"生成"按钮 ，上述两个刀路如图 14-66 所示。

（6）单击"创建工序"按钮 ，在【创建工序】对话框中"类型"选"mill_planar"，"工序子类型"选"底壁加工"按钮 ，"程序"选 A4，"刀具"选 D16R0.8，"几何体"选 WORKPIECE，单击"确定"按钮。

（7）在【底壁加工】对话框中单击"指定切削区底面"按钮 ，选取零件图上的平面。

（8）在"刀轨设置"区域中"切削区域空间范围"选"底面"，"切削模式"选" 往复"，"步距"选"刀具平直百分比"，"平面直径百分比"为 60%。

（9）单击"切削参数"按钮 ，在【切削参数】对话框"策略"选项卡中"切削方向"为"顺铣"，"切削角"选"最长的边"，勾选" 添加精加工刀路"，"刀路数"为 1，"精加工步距"为 1mm，在"余量"选项卡中部件余量为 0，壁余量为 0。

（10）单击"非切削移动"按钮 ，在【非切削移动】对话框"进刀"选项卡中"封闭区域"的"进刀类型"选"螺旋"，直径为 5mm，最小斜面长度为 5mm；"开放区域"的"进刀类型"选"线性"，长度为 5mm，高度为 3mm，最小安全距离为 5mm。（此处所设置的最小斜面长度必须小于进刀高度或进刀长度。）

（11）单击"进给率和速度"按钮 ⬚，设定主轴速度为 2000r/min，进给率为 2500mm/min。

（12）单击"生成"按钮 ⬚，生成面铣刀路，如图 14-67 所示。

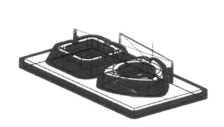

图 14-66　精加工等高铣

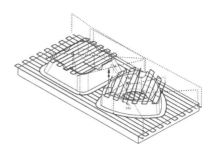

图 14-67　底壁加工刀路

8. 创建固定轴曲面轮廓铣刀路（精加工刀路）

（1）选取主菜单中"插入｜程序"命令，在【创建程序】对话框"类型"选"mill_contour"，"程序"选 NC_PROGRAM，"名称"为 A5，单击"确定"按钮，创建 A5 程序组。

（2）单击"创建刀具"按钮 ⬚，在【创建刀具】对话框"刀具子类型"选"BALL_MILL"按钮 ⬚，"名称"为 D6R3，单击"确定"按钮，在【刀具-5 参数】对话框中"球直径"为 6mm。

（3）单击"创建工序"按钮 ⬚，在【创建工序】对话框中"类型"选"mill_contour"，"工序子类型"选"固定轮廓铣"按钮 ⬚，"程序"选 A5，"刀具"选 D6R3，"几何体"选 WORKPIECE，单击"确定"按钮。

（4）在【固定轮廓铣】对话框中单击"指定切削工域"按钮 ⬚，在零件图上选取 7 个小缺口的圆弧面以及工件底面的 R 面。

（5）在"驱动方法"中选取"区域铣削"，在【区域铣削驱动方法】对话框中"方法"选"无"，"非陡峭切削模式"选"⬚ 往复"，"切削方向"选"顺铣"，"步距"选"恒定"，"最大距离"为 0.5mm，"剖切角"选"指定"，"与 XC 的夹角"为 45°，"陡峭切削模式"选"深度加工往复"，"切削深度"选"恒定"，深度加工每刀切削深度为 0.1mm。

（6）单击"切削参数"按钮 ⬚，设定切削余量为 0。

（7）单击"进给率和速度"按钮 ⬚，设定主轴速度为 2000r/min，进给率为 2500mm/min。

（8）单击"生成"按钮 ⬚，生成固定轮廓铣刀路，如图 14-68 所示。

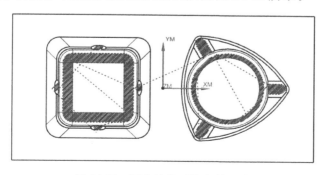

图 14-68　固定轴曲面轮廓铣刀路

9. 刀路仿真模拟

在"工序导航器"中选中所有刀路，单击"确认刀轨"按钮，在【刀轨可视化】对话框中选"2D动态"，再单击"播放"按钮▶，即可进行仿真模拟。

作业：完成12.5节圆形排列模具设计的型芯 tangshicore.prt 的数控编程。

14.4　模具型芯编程（二）

1. 进入加工环境

（1）启动 NX 10.0，打开 12.3 节创建的 wheelcore.prt，此时坐标系不在工件中心。

（2）在横向菜单中选取"应用模块|建模"命令，进入建模环境。

（3）在主菜单中选取"编辑|特征|移除参数"命令，移除零件的特征参数。

（4）在主菜单中选取"格式|WCS|定向"命令，在 CSYS 对话框中"类型"选"对象的 CSYS"，选取工件的底面，在工件底面的中心创建坐标系，坐标系 Z 轴朝下。

（5）双击坐标系的 ZC 轴，使 Z 轴朝向上方，如图 14-69 所示。

（6）在主菜单中选取"编辑|称动对象"命令，在【移动对象】对话框中"运动"选"CSYS 到 CSYS"，选中"◉移动原先的"，单击"指定起始 CSYS"按钮▚，在 CSYS 对话框中"类型"选"▚ 动态"，单击"指定目标 CSYS"按钮▚，在 CSYS 对话框中"类型"选"▚ 绝对 CSYS"，如图 14-55 所示，单击"确定"按钮，工件移到绝对坐标系处。

（7）在主菜单中选取"格式|WCS|WCS 设置为绝对"命令，坐标系移到工件下下面的中心。

（8）在主菜单中选取"插入|基准/点|基准 CSYS"命令，在【基准 CSYS】对话框中"类型"选"▚ 绝对 CSYS"，单击"确定"按钮，建立绝对坐标系，此时，绝对坐标系与工件坐标系重合，如图 14-70 所示。

图 14-69　坐标系 Z 轴朝上

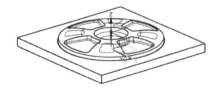

图 14-70　两个坐标系重合

（9）在横向菜单中单击"应用模块|加工"命令，在【加工环境】对话框中选择"cam_general"选项和"mill_contour"选项，单击"确定"按钮，进入加工环境。

（10）在屏幕左上方的工具条中选取"几何视图"按钮🐾，如图 14-4 所示。

（11）在"工序导航器"中展开 ⊞🐾 MCS_MILL，在 🐾 MCS_MILL 下方双击"🐟 WORKPIECE"，在【工件】对话框中单击"指定部件"按钮🐟，选取整个零件，单击"确定"按钮，单击"指定毛坯"按钮⬡，在【毛坯几何体】对话框中"类型"选择"包容块"选项。

2. 创建边界面铣刀路（粗加工刀路）

（1）单击"创建刀具"按钮🖊，在【创建刀具】对话框中"刀具子类型"选"MILL"按钮🔩，"名称"为 D30R5，"球直径"为 30mm，"下半径"为 5mm。

（2）单击"创建工序"按钮![icon]，在【创建工序】对话框中"类型"选"mill_planar"，"工序子类型"选"边界面铣削"按钮![icon]，"程序"选 NC_PROGRAM，"刀具"选"D30R5"，"几何体"选 WORKPIECE，"方法"选 METHOD。

（3）单击"确定"按钮，在【面铣】对话框中单击"指定面边界"按钮![icon]，在弹出的【毛坯边界】对话框"边界"区域中"选择方法"选"面"，在工件上选定台阶平面。

（4）在【毛坯边界】对话框中"刀具侧"选"内部"，"刨"选"指定"，勾选"![icon]余量"，"余量"为 2mm，选取工件最高面。

（5）在【面铣】对话框中"方法"选 METHOD，"切削模式"选"![icon]往复"，"步距"选"刀具平直百分比"，"平面直径百分比"为 60%，毛坯距离为 3mm，每刀切削深度为 1mm，"底面余量"为 0.2mm。

（6）单击"切削参数"按钮![icon]，在【切削参数】对话框"策略"选项卡中设定"切削方向"为"顺铣"，"切削角"选"指定"，"与 XC 的夹角"为 0。在"余量"选项卡中设定部件余量为 0.2mm，壁余量为 0.3mm。

（7）单击"非切削移动"按钮![icon]，在【非切削移动】对话框"进刀"选项卡"开放区域"的"进刀类型"选"线性"，长度为 5mm，高度为 3mm，最小安全距离为 5mm。

（8）单击"进给率和速度"按钮![icon]，设定主轴速度为 2000r/min，进给率为 2500mm/min。

（9）单击"生成"按钮![icon]，生成面铣刀路，如图 14-71 所示。

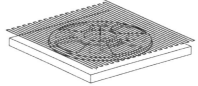

图 14-71　创建面铣刀路

3. 创建型腔铣刀路（粗加工刀路）

（1）单击"创建工序"按钮![icon]，在【创建工序】对话框中"类型"选"mill_contour"，"工序子类型"选"腔型铣"按钮![icon]，"程序"选 NC_PROGRAM，"刀具"选 D30R5，"几何体"选 WORKPIECE，"方法"选 METHOD，单击"确定"按钮。

（2）在【型腔铣】对话框中单击"指定切削区域"按钮![icon]，选取整个零件。

（3）在【型腔铣】对话框中，"切削模式"选"跟随周边"，"步距"选"刀具平直百分比"，"平面直径百分比"为 60%，"公共每刀切削深度"选"恒定"，"最大距离"为 1mm。

（4）单击"切削层"按钮![icon]，在【切削层】对话框中"范围类型"选"用户定义"，"切削层"选"恒定"，"公共每刀切削深度"选"恒定"，"最大距离"为 1mm，单击"范围 1 的顶部"的"选择对象"按钮![icon]，选取工件最高圆弧的圆心，"ZC"为 58.162mm，单击"移除"按钮![icon]，清除"列表框"中的数据，再单击"范围定义"的"选择对象"按钮![icon]，选取工件的台阶面，"范围深度"为 27.162mm。

（5）单击"切削参数"按钮![icon]，在【切削参数】对话框"策略"选项卡中，"切削方向"选"顺铣"，"切削顺序"为"深度优选"，"刀路方向"选"向外"，在"余量"选项卡中，部件侧面余量为 0.3mm，部件底面余量为 0.2mm，内（外）公差为 0.01。

（6）单击"非切削移动"按钮![icon]，在【非切削移动】对话框的"转移/快速"选项卡中，"区域之间"的"转移类型"选"安全距离-刀轴"，"区域内"的"转移方式"选"进刀/退刀"，"转移类型"选"直接"。在"进刀"选项卡"封闭区域"中，"进刀类型"选"螺旋"，直径为 30mm，斜坡角为 5°,高度为 3mm;在"开放区域"的"进刀类型"选"线性",长度为 8mm,高度为 3mm,最小安全距离为 8mm。在"退刀"选项卡中"退刀类型"选"与进刀相同"。

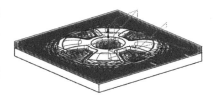

图 14-72　创建型腔刀路

(7) 单击"进给率和速度"按钮 ![icon],设定主轴速度为 2000r/min,进给率为 2500mm/min。

(8) 单击"生成"按钮 ![icon],生成刀路,如图 14-72 所示。

4. 创建精加工壁刀路(粗加工刀路)

(1) 单击"创建工序"按钮 ![icon],在【创建工序】对话框中"类型"选"mill_planar","工序子类型"选"精加工壁"按钮 ![icon],"程序"选 NC_PROGRAM,"刀具"选 D30R5,"几何体"选 WORKPIECE,"方法"选 METHOD,单击"确定"按钮。

(2) 在【精加工壁】对话框中单击"指定部件边界"按钮 ![icon],在【边界几何体】对话框"模式"选"面","材料侧"选"内部",勾选"√ 忽略孔"、"√ 忽略岛"复选框。

(3) 选中台阶面,单击"确定"按钮,再次单击"指定部件边界"按钮 ![icon],在【编辑边界】对话框中"刨"选"用户定义",选中工件的台阶面,单击"确定"按钮。

(4) 在【精加工壁】对话框单击"指定底面"按钮 ![icon],选取工件的底面。

(5) 单击"切削层"按钮 ![icon],在【切削层】对话框中"类型"选"恒定","公共"为 1mm。

(6) 单击"切削参数"按钮 ![icon],在【切削参数】对话框"策略"选项卡中,"切削方向"选"顺铣"。在"余量"选项卡中,部件余量为 0.3mm,最终底面余量为 0.2mm。

(7) 单击"非切削移动"按钮 ![icon],在【非切削移动】对话框"转移/快速"选项卡中"区域内"的"转移类型"选"直接"。在"进刀"选项卡"开放区域"中,"进刀类型"选"圆弧","半径"为 5mm。在"退刀"选项卡中"退刀类型"选"与进刀相同"。

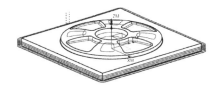

图 14-73　创建精加工壁刀路

(8) 单击"进给率和速度"按钮 ![icon],设定主轴速度为 2000r/min,进给率为 2500mm/min。

(9) 单击"生成"按钮 ![icon],创建型腔铣刀路,如图 14-73 所示。

5. 创建深度轮廓加工刀路(半精加工刀路)

(1) 在屏幕左上方的工具条中选取"程序顺序视图"按钮 ![icon],如图 14-32 所示。

(2) 在"工序导航器"中将 Programm 改名为 A1,把程序拖到 A1 下面,如图 14-74 所示。

(3) 选取主菜单中"插入|程序"命令,在【创建程序】对话框中"类型"选"mill_contour","程序"选 NC_PROGRAM,"名称"为 A2,单击"确定"按钮,创建 A2 程序组,如图 14-74 所示。

(4) 单击"创建刀具"按钮 ![icon],在【创建刀具】对话框中"刀具子类型"选"MILL"按钮 ![icon],"名称"为 D16R0.8,单击"确定"按钮,"直径"为 16mm,"下半径"为 0.8mm。

(5) 单击"创建工序"按钮 ![icon],在【创建工序】对话框中"类型"选"mill_contour","工序子类型"选"深度轮廓加工"按钮 ![icon],"程序"选 A2,"刀具"选 D16R0.8,"几何体"选 WORKPIECE。

（6）单击"确定"按钮，在【深度轮廓加工】对话框中单击"指定切削区域"按钮 🖐，选取整个实体。

（7）在"刀轨设置"区域中，"方法"选 MILL_FINISH，"陡峭空间范围"选"无"。

（8）单击"切削层"按钮 📚，在【切削层】对话框"范围类型"选"用户定义"，"切削层"选"恒定"，"公共每刀切削深度"选"恒定"，"最大距离"为 1mm，单击"范围 1 的顶部"的"选择对象"按钮 ⊕，选取工件最高平面，"ZC"为 58.162mm，单击"移除"按钮 ✖，清除"列表框"的数据，再单击"范围定义"的"选择对象"按钮 ⊕，选取工件的台阶面，"范围深度"为 27.162mm。

（9）单击"切削参数"按钮 📷，在【切削参数】对话框"策略"选项卡中，"切削方向"选"顺铣"，"切削顺序"选"层优先"。在"余量"选项卡中，勾选"☑使底面余量与侧面余量一致"，部件侧面余量为 0.2mm。

（10）单击"非切削移动"按钮 📷，在【非切削移动】对话框"转移/快速"选项卡中，"区域之间"的"转移类型"选"安全距离-刀轴"，在"区域内"的"转移方式"选"进刀/退刀"，"转移类型"选"直接"。在"进刀"选项卡的"封闭区域"中，"进刀类型"选"螺旋"，直径为 8mm，最小斜面长度为 8mm，"开放区域"的"进刀类型"选"线性"，长度为 5mm，高度为 3mm，最小安全距离为 8mm。在"退刀"选项卡中"退刀类型"选"与进刀相同"。

（11）单击"进给率和速度"按钮 🐾，设定主轴速度为 2000r/min，进给率为 2500mm/min。

（12）单击"生成"按钮 🏇，创建等高铣刀路，如图 14-75 所示。

图 14-74　创建 A2 程序组

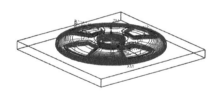

图 14-75　创建等高刀路

6. 创建精加工刀路——深度轮廓加工

（1）选取主菜单中"插入|程序"命令，在【创建程序】对话框中"类型"选"mill_contour"，"程序"选 NC_PROGRAM，"名称"为 A3，单击"确定"按钮，创建 A3 程序组。

（2）将 🔩 ZLEVEL_PROFILE 复制到 A3 程序组下，如图 14-76 所示。

（3）双击 ⊘🔩 ZLEVEL_PROFILE_COPY，在【深度轮廓加工】对话框中单击"指定切削区域"按钮 🖐，按 Shift 键选取工件后（这样可以取消原来所选取的曲面），再选取工件中间圆柱面以及倒圆弧面，如图 14-77 所示。

图 14-76　复制程序

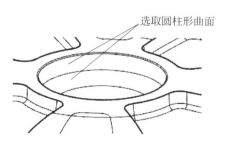

图 14-77　选取圆柱形曲面

（4）单击"切削层"按钮，在【切削层】对话框"范围类型"选"用户定义"，"切削层"选"恒定"，"公共每刀切削深度"选"恒定"，"最大距离"为 0.5mm。单击"范围 1 的顶部"的"选择对象"按钮，选取工件最高面，"ZC"为 58.162mm。单击"移除"按钮，清除"列表"框的数据，再单击"范围定义"的"选择对象"按钮，选取圆弧曲面上边线的圆心，"范围深度"为 16.14mm，"测量开始位置"选"顶层"，每刀切削深度为 1mm，再单击"添加新集"按钮，选取工件中间的平面，"范围深度"为 27.162mm，每刀切削深度为 0.2mm。

（5）单击"切削参数"按钮，在【切削参数】对话框"余量"选项卡中，部件底面余量为 0，部件侧面余量为 0，内公差为 0.01，外公差为 0.01。

（6）单击"非切削移动"按钮，在【非切削移动】对话框"转移/快速"选项卡中，"区域内"的"转移类型"选"直接"。在"进刀"选项卡的"封闭区域"中，"进刀类型"选"螺旋"，直径为 10mm，最小斜面长度为 10mm。在"退刀"选项卡中"退刀类型"选"与进刀相同"。

（7）单击"进给率和速度"按钮，设定主轴速度为 2000r/min，进给率为 2500mm/min。

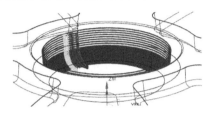

图 14-78　创建等高刀路

（8）单击"生成"按钮，生成精加工刀路，如图 14-78 所示。

（9）在"工序导航器"中，选中 ZLEVEL_PROFILE_COPY，单击鼠标右键，选"复制"，再次选中 ZLEVEL_PROFILE_COPY，单击鼠标右键，选"粘贴"，如图 14-79 所示。

（10）双击 ZLEVEL_PROFILE_COPY，在【深度轮廓加工】对话框中单击"指定切削区域"按钮，按键盘 Shift 键，选中以前所选的曲面（这样是取消以前所选的曲面），重新选取大的圆柱形的侧面，如图 14-80 所示。

图 14-79　复制程序

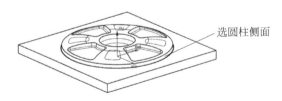

选圆柱侧面

图 14-80　选取圆柱面

（11）单击"切削层"按钮，在【切削层】对话框中单击"范围 1 的顶部"的"选择对象"按钮，选取圆柱面的上边线，"ZC"为 41.4192mm。单击"移除"按钮，清除"列表"框的数据。再单击"范围定义"的"选择对象"按钮，选取工件的台阶面，"范围深度"为 10.9192mm，每刀切削深度为 0.15mm，如图 14-81 所示。

（12）单击"生成"按钮，生成精加工刀路，如图 14-82 所示。

7. 创建底壁加工刀路（精加工刀路）

（1）单击"创建工序"按钮，在【创建工序】对话框中"类型"选"mill_planar"，"工序子类型"选"底壁加工"按钮，"程序"选 A3，"刀具"选 D16R0.8，"几何体"选 WORKPIECE，单击"确定"按钮。

图 14-81 设置【切削层】对话框

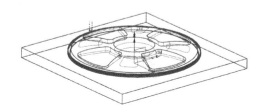

图 14-82 创建精加工刀路

（2）在【底壁加工】对话框中单击"指定切削区底面"按钮，选取零件的平面。

（3）在"刀轨设置"区域中"切削区域空间范围"选"底面"，"切削模式"选"跟随周边"，"步距"选"刀具平直百分比"，"平面直径百分比"为 75％。

（4）单击"切削参数"按钮，在【切削参数】对话框"策略"选项卡中"切削方向"为"顺铣"，"刀路方向"选"向内"，在"余量"选项卡中部件余量为 0，壁余量为 0。

（5）单击"非切削移动"按钮，在【非切削移动】对话框"进刀"选项卡"封闭区域"的"进刀类型"选"螺旋"，直径为 10mm，最小斜面长度为 5mm。在"开放区域"的"进刀类型"选"线性"，长度为 10mm，高度为 3mm，最小安全距离为 10mm。（此处所设置的最小斜面长度必须小于进刀高度或进刀长度。）

（6）单击"进给率和速度"按钮，设定主轴速度为 2000r/min，进给率为 2500mm/min。

（7）单击"生成"按钮，生成面铣刀路，如图 14-83 所示。

8. 创建精加工壁刀路（精加工刀路）

（1）在"工序导航器"中，将 FINISH_WALLS 复制到 A3 程序组中。

（2）双击 FINISH_WALLS_COPY，在【精加工壁】对话框"工具"区域中"刀具"选"D16R0.8"，单击"切削参数"按钮，在【切削参数】对话框"余量"选项卡中，部件余量为 0，最终底面余量为 0，内公差为 0.01，外公差 0.01。

（3）单击"生成"按钮，生成精加工壁刀路，如图 14-84 所示。

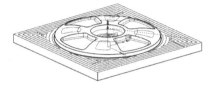

图 14-83 底壁加工刀路

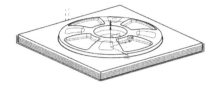

图 14-84 精加工壁刀路

9. 创建固定轴曲面轮廓铣（精加工刀路）

（1）选取主菜单中"插入|程序"命令，在【创建程序】对话框中"类型"选"mill_contour"，

"程序"选 NC_PROGRAM,"名称"为 A4,单击"确定"按钮,创建 A4 程序组。

（2）单击"创建工序"按钮 ，在【创建工序】对话框中"类型"选"mill_contour","工序子类型"选"固定轮廓铣"按钮 ，"程序"选 A4,"刀具"选 NONE,"几何体"选 WORKPIECE。

（3）单击"确定"按钮,在【固定轮廓铣】对话框中单击"指定切削区域"按钮 ，选取零件表面的曲面。

（4）单击"创建刀具"按钮 ，"刀具子类型"选"BALL_MILL"按钮 ，"名称"为 D12R6,"球直径"为 12mm。

（5）在"驱动方法"中选取"区域铣削",在【区域铣削驱动方法】对话框中"方法"选"无","非陡峭切削模式"选" 往复","切削方向"选"顺铣","步距"选"恒定","最大距离"为 0.5mm,"剖切角"选"指定","与 XC 的夹角"为 45°,"陡峭切削模式"选"深度加工往复","切削深度"选"恒定",深度加工每刀切削深度为 0.1mm。

（6）单击"进给率和速度"按钮 ，设定主轴速度为 2000r/min,进给率为 2500mm/min。

（7）单击"生成"按钮 ，生成固定轴曲面轮廓铣刀路,如图 14-85 所示。

（8）在"工序导航器"中,选中 FIXED_CONTOUR,单击鼠标右键,选"复制",再次选中 FIXED_CONTOUR,单击鼠标右键,选"粘贴"。

（9）双击 FIXED_CONTOUR_COPY,在【固定轮廓铣】对话框单击"指定切削区域"按钮 ，按 Shift 键取消以前所选取的曲面后,再重新选取加工曲面,如图 14-86 所示。

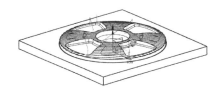
图 14-85　创建固定轴曲面轮廓铣刀路

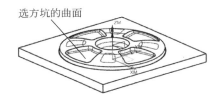
图 14-86　选取方坑的曲面

（10）单击"驱动方法"区域中的"编辑"按钮 ，在【区域铣削驱动方法】对话框中,"非陡峭切削模式"选"径向往复","阵列中心"选"指定",单击"指定点"按钮,输入（0,－120,0）,"步距"选"恒定",最大步距为 0.5mm。

（11）单击"生成"按钮 ，生成固定轴曲面轮廓铣刀路,如图 14-87 所示。

（12）在"工序导航器"中选中 FIXED_CONTOUR_COPY,单击鼠标右键,单击"对象",单击"变换",在【变换】对话框中"类型"选"绕点旋转","角度方法"选"指定","角度"为 90°,"结果"选"复制","距离/角度分割"为 1,"非关联副本数"为 3,单击"点对话框"按钮 ，输入（0,0,0）。

（13）单击"确定"按钮,创建旋转刀路,如图 14-88 所示。

10. 创建清根刀路（精加工刀路）

（1）选取主菜单中"插入|程序"命令,在【创建程序】对话框中"类型"选"mill_contour","程序"选 NC_PROGRAM,"名称"为 A5,单击"确定"按钮,创建 A5 程序组。

（2）单击"创建刀具"按钮 ，"刀具子类型"选"BALL_MILL"按钮 ，"名称"为

D6R3,"球直径"为 6mm。

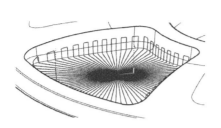

图 14-87　创建固定轴曲面轮廓铣刀路

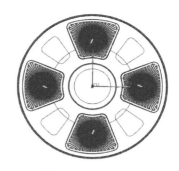

图 14-88　旋转刀路

（3）单击"创建工序"按钮 🖱️，在【创建工序】对话框中"类型"选"mill_contour","工序子类型"选"固定轮廓铣"按钮 🔧，"程序"选 A5,"刀具"选 D6R3,"几何体"选 WORKPIECE。

（4）单击"确定"按钮，在【固定轮廓铣】对话框中单击"指定切削区域"按钮 🖱️，在辅助工具条中选"相切面"，再选取零件 4 个坑的曲面。

（5）在"驱动方法"中选取"清根"，在【清根驱动方法】对话框中"清根类型"选"参考刀具偏置","非陡峭切削模式"选"🔁往复","切削方向"选"混合","步距"为 0.1mm,"顺序"选"由内向外交替","参考刀具"选"D12R6","重叠距离"为 1mm。

（6）单击"进给率和速度"按钮 🔧，设定主轴速度为 2000r/min,进给率为 2500mm/min。

（7）单击"生成"按钮 🚀，生成清根刀路，如图 14-89 所示。

11. 刀路仿真模拟

在"工序导航器"中选中所有刀路，单击"确认刀轨"按钮，在【刀轨可视化】对话框中选"2D动态"，再单击"播放"按钮 ▶，即可进行仿真模拟。

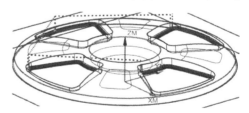

图 14-89　清根刀路

作业：完成 12.1 节简单模具设计型芯 xuanniu_core_006 的数控编程。

14.5　模具型腔编程

1. 进入 UG 加工环境

（1）启动 NX 10.0,打开 12.3 节的 wheelcavity. prt,此时坐标系不在工件中心。

（2）在横向菜单中选取"应用模块|建模"命令，进入建模环境。

（3）在主菜单中选取"编辑|特征|移除参数"命令，移除零件的特征参数。

（4）在主菜单中选取"格式|WCS|定向"命令，在 CSYS 对话框中"类型"选"对象的CSYS",选取工件的上表面，在工件底面的中心建立一个坐标系。

（5）双击坐标系的 ZC 轴，使 Z 轴朝向下方，如图 14-90 所示。

（6）在主菜单中选取"编辑|移动对象"命令，在【移动对象】对话框中"运动"选"CSYS

到 CSYS",选中"◉移动原先的"。单击"指定起始 CSYS"按钮 ⚒,在 CSYS 对话框中"类型"选"⚒ 动态"。单击"指定目标 CSYS"按钮 ⚒,在 CSYS 对话框中"类型"选"⚒ 绝对 CSYS",如图 14-55 所示,单击"确定"按钮,工件移动到绝对坐标系处。

（7）在主菜单中选取"格式|WCS|WCS 设置为绝对"命令,坐标系移到工件下底面的中心,如图 14-91 所示。

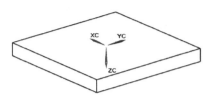

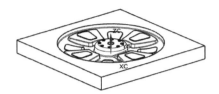

图 14-90　对象的 CSYS　　　　　　　　　　　图 14-91　WCS 设为绝对

（8）在横向菜单中单击"应用模块",再单击"加工"按钮 ⚒,在【加工环境】对话框中选择"cam_general"选项和"mill_contour"选项,单击"确定"按钮,进入加工环境。

（9）在屏幕左上方的工具条中选取"几何视图"按钮 ⚒。

（10）在"工序导航器"中展开 ⚒ **MCS_MILL**,再在"工序导航器"中双击"⚒ WORKPIECE"。

（11）在【工件】对话框中单击"指定部件"按钮 ⚒,选取整个零件,单击"确定"按钮,单击"指定毛坯"按钮 ⚒,在【毛坯几何体】对话框中"类型"选择"包容块"选项。

2. 创建型腔铣刀路（粗加工刀路）

（1）单击"创建刀具"按钮 ⚒,"刀具子类型"选"MILL"按钮 ⚒,"名称"为 D30R5。单击"确定"按钮,在【刀具参数】对话框中"直径"为 30mm,"下半径"为 5mm。

（2）单击"创建工序"按钮 ⚒,在【创建工序】对话框中"类型"选"mill_contour","工序子类型"选"型腔铣"按钮 ⚒,"程序"选 NC_PROGRAM,"刀具"选 D30R5,"几何体"选 WORKPIECE,"方法"选 METHOD。

（3）单击"确定"按钮,在【型腔铣】对话框中单击"指定切削区域"按钮 ⚒,选取整个型腔的全部曲面。

（4）"切削模式"选"跟随周边","步距"选"刀具平直百分比","平面直径百分比"为 60%,"公共每刀切削深度"选"恒定","最大距离"为 1mm。

（5）单击"切削层"按钮 ⚒,在【切削层】对话框中"范围类型"选"用户定义","切削层"选"恒定","公共每刀切削深度"选"恒定","最大距离"为 1mm。单击"范围 1 的顶部"的"选择对象"按钮 ⚒,选取工件平面,"ZC"为 49mm。单击"移除"按钮 ⚒,清除"列表"框的数据。再单击"范围定义"的"选择对象"按钮 ⚒,选取型腔的底面,"范围深度"为 29.174mm。

（6）单击"切削参数"按钮 ⚒,在【切削参数】对话框"策略"选项卡中,"切削方向"选"顺铣","切削顺序"为"深度优选","刀路方向"选"向外"。在"余量"选项卡中,部件侧面余量为 0.3mm,部件底面余量为 0.2mm,内（外）公差为 0.01。

（7）单击"非切削移动"按钮 ⚒,在【非切削移动】对话框"进刀"选项卡中,在"封闭区域"的"进刀类型"选"螺旋",直径为 30mm,斜坡角为 5°,高度为 3mm。在"退刀"选项卡中

"退刀类型"选"与进刀相同"。

（8）单击"进给率和速度"按钮 🔩，设定主轴速度为 2000r/min，进给率为 2500mm/min。

（9）单击"生成"按钮 💉，创建型腔铣刀路，如图 14-92 所示。

3．创建精加工壁刀路（粗加工刀路）

（1）单击"创建工序"按钮 💉，在【创建工序】对话框中"类型"选"mill_planar"，"工序子类型"选"精加工壁"按钮 🔲，"程序"选 NC_PROGRAM，"刀具"选 D30R5，"几何体"选 WORKPIECE，"方法"选 METHOD。

（2）单击"确定"按钮，在【精加工壁】对话框中单击"指定部件边界"按钮 🗅，在【边界几何体】对话框中"模式"选"面"，"材料侧"选"内部"，勾选"☑忽略孔"复选框，选中工件上表面，单击"确定"按钮。

（3）在【精加工壁】对话框中单击"指定底面"按钮 🗅，选取工件的底面。

（4）单击"切削层"按钮 📏，在【切削层】对话框"类型"选"恒定"，"公共"为 1mm。

（5）单击"切削参数"按钮 🖾，在【切削参数】对话框"策略"选项卡中，"切削方向"选"顺铣"。在"余量"选项卡中，部件余量为 0.3mm，最终底面余量为 0.2mm，公差为 0.01。

（6）单击"非切削移动"按钮 🖾，在【非切削移动】对话框"转移/快速"选项卡中"区域内"的"转移类型"选"直接"。在"进刀"选项卡"开放区域"的"进刀类型"选"圆弧"，"半径"为 5mm，"圆弧角度"为 90°，最小安全距离为 40mm。在"退刀"选项卡中"退刀类型"选"与进刀相同"。在"起点/钻点"选项卡中"重叠距离"选 10mm。单击"点对话框"按钮 🗅，在【点】对话框中"类型"选 🗅 控制点。在零件上选取其中一条边线的中心即为下刀点。

（7）单击"进给率和速度"按钮 🔩，设定主轴速度为 2000r/min，进给率为 2500mm/min。

（8）单击"生成"按钮 💉，创建型腔铣刀路，如图 14-93 所示。

图 14-92　创建型腔铣刀路

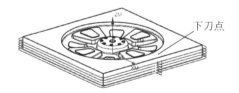

图 14-93　创建精加工壁刀路

4．创建深度轮廓加工刀路（半精加工刀路）

（1）在屏幕左上方的工具条中选取"程序顺序视图"按钮 🗅，如图 14-32 所示。

（2）在"工序导航器"中，将 Programm 改名为"A1-粗加工-D30R5"，并把程序拖到"A1-粗加工-D30R5"程序组下面。

（3）选取主菜单中"插入|程序"命令，在【创建程序】对话框中"类型"选"mill_contour"，"程序"选 NC_PROGRAM，"名称"为"A2-半精加工-D16R0.8"，单击"确定"按钮，创建"A2-半精加工-D16R0.8"程序组。

（4）单击"创建刀具"按钮 🗅，在【创建刀具】对话框中"刀具子类型"选"MILL"按钮 🗅，"名称"为 D16R0.8，单击"确定"按钮，在【刀具参数】对话框中"直径"为 16mm，"下半径"为 R0.8mm。

（5）单击"创建工序"按钮 ![icon]，在【创建工序】对话框中"类型"选"mill_contour"，"工序子类型"选"深度轮廓加工"按钮 ![icon]，"程序"选"A2-半精加工-D16R0.8"，"刀具"选 D16R0.8，"几何体"选 WORKPIECE。

（6）单击"确定"按钮，在【深度轮廓加工】对话框中单击"指定切削区域"按钮 ![icon]，选取整个型腔曲面。

（7）在"刀轨设置"区域中，"方法"选 MILL_FINISH，"陡峭空间范围"选"无"。

（8）单击"切削层"按钮 ![icon]，在【切削层】对话框中"范围类型"选"用户定义"，"切削层"选"恒定"，"公共每刀切削深度"选"恒定"，"最大距离"为 1mm。单击"范围 1 的顶部"的"选择对象"按钮 ![icon]，选取工件平面，"ZC"为 49mm。单击"移除"按钮 ![icon]，清除"列表"框的数据。再单击"范围定义"的"选择对象"按钮 ![icon]，选取工件的台阶面，"范围深度"为 29.174mm。

（9）单击"切削参数"按钮 ![icon]，在【切削参数】对话框"策略"选项卡中，"切削方向"选"顺铣"，"切削顺序"选"层优先"。在"余量"选项卡中，勾选 ![icon]"使底面余量与侧面余量一致"，部件侧面余量为 0.2mm。

（10）单击"非切削移动"按钮 ![icon]，在【非切削移动】对话框"转移/快速"选项卡中，在"区域之间"的"转移类型"选"安全距离-刀轴"。在"区域内"的"转移方式"选"进刀/退刀"，"转移类型"选"直接"。在"进刀"选项卡的"封闭区域"中，"进刀类型"选"螺旋"，直径为 10mm，最小斜面长度为 10mm。"开放区域"的"进刀类型"选"线性"，长度为 5mm，高度为 3mm，最小安全距离为 10mm。在"退刀"选项卡中"退刀类型"选"与进刀相同"。

（11）单击"进给率和速度"按钮 ![icon]，设定主轴速度为 2000r/min，进给率为 2500mm/min。

（12）单击"生成"按钮 ![icon]，创建等高铣刀路，如图 14-94 所示。

5. 创建深度轮廓加工刀路——精加工

（1）选取主菜单中"插入|程序"命令，在【创建程序】对话框中"类型"选"mill_contour"，"程序"选 NC_PROGRAM，"名称"为"A3-精加工-D16R0.8"，单击"确定"按钮，创建"A3-精加工-D16R0.8"程序组。

（2）将 ![icon] ZLEVEL_PROFILE 复制到"A3-精加工-D16R0.8"程序组下，如图 14-95 所示。

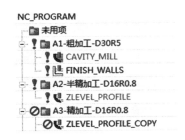

图 14-94　创建等高铣刀路　　　　　　　图 14-95　复制刀路

（3）双击 ![icon] ZLEVEL_PROFILE_COPY，在【深度轮廓加工】对话框中单击"指定切削区域"按钮 ![icon]，按 Shift 键选取以前的曲面，即可取消以前所选的曲面，再选取工件中间的圆弧曲面为切削面，如图 14-96 所示。

（4）单击"切削层"按钮 ![icon]，在【切削层】对话框中单击"范围 1 的顶部"的"选择对象"按钮 ![icon]，选取圆弧上边线的圆心，"ZC"为 46.988mm。单击"移除"按钮 ![icon]，清除"列表"框的数据。再单击"范围定义"的"选择对象"按钮 ⊕，选取圆弧下边线，"范围深度"为 9.1832mm，"测量开始位置"选"顶层"，每刀切削深度为 0.1mm。

（5）单击"切削参数"按钮 ⟐，在【切削参数】对话框"余量"选项卡中，勾选"☑使底面余量与侧面余量一致"，部件侧面余量为 0，内公差为 0.01，外公差为 0.01。

（6）单击"生成"按钮 ⟊，生成精加工刀路，如图 14-97 所示。

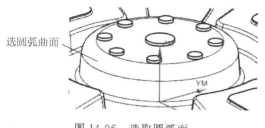

图 14-96　选取圆弧面

图 14-97　创建等高铣刀路

6. 创建底壁加工刀路——精加工刀路

（1）单击"创建工序"按钮 ⟊，在【创建工序】对话框中"类型"选"mill_planar"，"工序子类型"选"底壁加工"按钮 ⊔，"程序"选"A3-精加工-D16R0.8"，"刀具"选 D16R0.8，"几何体"选 WORKPIECE。

（2）单击"确定"按钮，在【底壁加工】对话框中单击"指定切削区底面"按钮 ⬚，选取零件图上的平面，如图 14-98 所示。

（3）在"刀轨设置"区域中"切削区域空间范围"选"底面"，"切削模式"选"⮋往复"，"步距"选"刀具平直百分比"，"平面直径百分比"为 75%。

（4）单击"切削参数"按钮 ⟐，在【切削参数】对话框"策略"选项卡中"切削方向"选"顺铣"，"切削角"选"自动"，勾选"☑添加精加工刀路"复选框，刀路数为 1，精加工步距为 1mm，在"余量"选项卡中部件余量为 0，壁余量为 0。

（5）单击"非切削移动"按钮 ⟐，在【非切削移动】对话框"进刀"选项卡中"开放区域"的"进刀类型"选"线性"，长度为 5mm，高度为 3mm，最小安全距离为 5mm。

（6）单击"进给率和速度"按钮 ⟐，设定主轴速度为 2000r/min，进给率为 2500mm/min。（此处所设置的最小斜面长度必须小于进刀高度或进刀长度。）

（7）单击"生成"按钮 ⟊，创建面铣刀路，如图 14-99 所示。

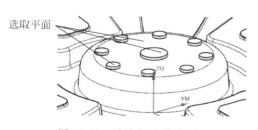

图 14-98　选取加工的平面

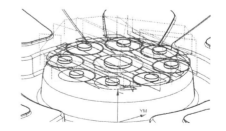

图 14-99　创建面铣刀路

7. 创建精加工外形铣削刀路（精加工刀路）

（1）在"工序导航器"中，将 ⚑⊔ FINISH_WALLS 复制到 A3 程序组，如图 14-100 所示。

（2）双击 FINISH_WALLS_COPY，在【精加工壁】对话框"工具"区域中，"刀具"选"D16R0.8"，单击"切削参数"按钮，在【切削参数】对话框"余量"选项卡中，部件余量为 0，最终底面余量为 0，内公差为 0.01，外公差 0.01。

（3）单击"生成"按钮，创建精加工壁刀路，如图 14-101 所示。

图 14-100　复制程序

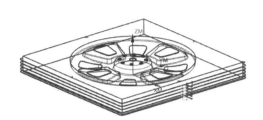

图 14-101　精加工壁刀路

8. 创建固定轴曲面轮廓铣（精加工刀路）

（1）选取主菜单中"插入|程序"命令，在【创建程序】对话框中"类型"选"mill_contour"，"程序"选 NC_PROGRAM，"名称"为"A4_精加工_ R6"，单击"确定"按钮，创建 A4 程序组。

（2）单击"创建刀具"按钮，"刀具子类型"选"BALL_ MILL"按钮，"名称"为 D12R6，"球直径"为 12mm。

（3）单击"创建工序"按钮，在【创建工序】对话框中"类型"选"mill_contour"，"工序子类型"选"固定轮廓铣"按钮，"程序"选"A4_精加工_ R6"，"刀具"选 D12R6，"几何体"选 WORKPIECE。

（4）单击"确定"按钮，在【固定轮廓铣】对话框中单击"指定切削区域"按钮，选取零件表面的曲面。

（5）单击"指定修剪边界"按钮 ，在【修剪边界】对话框设定"选择方法"为"曲线"，"修剪侧"为"内部"，在零件图上选取修剪边界，如图 14-102 所示。

（6）在【固定轮廓铣】对话框"驱动方法"中选取"区域铣削"，在【区域铣削驱动方法】对话框中"方法"选"无"，"非陡峭切削模式"选"径向往复"，"阵列中心"选"指定"。单击"指定点"按钮，输入(0,0,0)，"切削方向"选"顺铣"，"步距"选"恒定"，"最大距离"为 0.5mm，"陡峭切削模式"选"深度加工往复"，"切削深度"选"恒定"，深度加工每刀切削深度为 0.1mm。

（7）单击"进给率和速度"按钮，设定主轴速度为 2000r/min，进给率为 2500mm/min。

（8）单击"生成"按钮，生成固定轴曲面轮廓铣刀路，如图 14-103 所示。

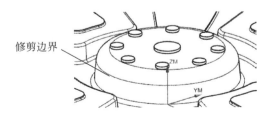

修剪边界

图 14-102　选取修剪边界

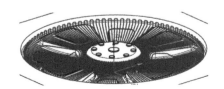

图 14-103　创建固定轴曲面轮廓铣

9. 创建清根刀路（精加工刀路）

（1）选取主菜单中"插入|程序"命令，在【创建程序】对话框中"类型"选"mill_contour"，"程序"选 NC_PROGRAM，"名称"为"A5_清根"，单击"确定"按钮，创建 A5 程序组。

（2）单击"创建刀具"按钮，"刀具子类型"选"BALL_MILL"按钮，"名称"为 D6R3，"球直径"为 6mm。

（3）单击"创建工序"按钮，在【创建工序】对话框中"类型"选"mill_contour"，"工序子类型"选"固定轮廓铣"按钮，"程序"选"A5_清根"，"刀具"选 D6R3，"几何体"选 WORKPIECE，单击"确定"按钮。

（4）在【固定轮廓铣】对话框中单击"指定切削区域"按钮，选取所有曲面。

（5）在"驱动方法"中选取"清根"，在【清根驱动方法】对话框中"清根类型"选"参考刀具偏置"，"非陡峭切削模式"选"往复"，"切削方向"选"混合"，"步距"为 0.1mm，"顺序"选"由内向外交替"，"参考刀具"选"D12R6"，"重叠距离"为 1mm，单击"确定"按钮。

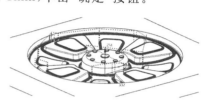

（6）单击"指定修剪边界"按钮，在【修剪边界】对话框中设定"选择方法"为"曲线"，"修剪侧"为"内部"，在零件图上选取修剪边界，如图 14-102 所示。

（7）单击"进给率和速度"按钮，设定主轴速度为 2000r/min，进给率为 2500mm/min。

（8）单击"生成"按钮，生成清根刀路，如图 14-104 所示。

图 14-104　清根刀路

10. 刀路仿真模拟

在"工序导航器"中选中所有刀路，单击"确认刀轨"按钮，在【刀轨可视化】对话框中选"2D 动态"，再单击"播放"按钮▶，即可进行仿真模拟。

作业：完成 12.5 节\圆形排列模具设计的型腔 tangshicavity.prt 的数控编程。

第 15 章

逆向工程设计

本章以一个典型的实例,介绍逆向建模的步骤,以及建模过程中曲面的处理方法。本章开始前,请老师从本书前言二维码中下载本书配套文件"UG10.0 造型设计、模具设计与数控编程建模图\第 15 章 逆向工程\建模图\建模前"文件夹中零件图档,并通过教师机下发给学生,再开始课程。

(1) 启动 NX 10.0,打开课件中的\第 15 章逆向工程设计\houshijing.prt。

(2) 在主菜单中选取"格式|图层设置"命令,在"工作图层"文本框中输入:1,单击"Enter"键,设置图层 1 为工作图层。

(3) 在主菜单中选取"插入|基准/点|基准 CSYS"命令,在【基准 CSYS】对话框中"类型"选"绝对 CSYS",单击"确定"按钮,添加基准坐标系。

(4) 单击"前视图"按钮 ,模型切换面前视图。

(5) 在主菜单中选取"格式|复制至图层"命令,用框选方式选取最下面的点,如图 15-1 所示。

(6) 单击"确定"按钮,在【图层复制】对话框"目标图层或类别"输入"10",如图 15-2 所示。

框选最下方的点

图 15-1　选最下一行的点

图 15-2　"目标图层"为 10

(7) 在主菜单中选取"格式|图层设置"命令,双击"□10",取消勾选"☑ 200"复选框,将第 10 层设为工作图层,隐藏图层 200,屏幕上显示的点如图 15-3 所示。

(8) 在绘图区右上角"命令查找器"中输入"样条" ,单击"Enter"键后,在【命令查找器】对话框中单击"样条",如图 15-4 所示。

(9) 在【样条】对话框中单击"通过点"按钮,在【通过点生成样条】对话框中单击"确定"按钮,在【样条】对话框中单击"点构造器",在【点】对话框中"类型"选"╋ 现有点",依次选取屏幕上的点,单击"确定"按钮,创建样条曲线,如图 15-5 所示。

(10) 在主菜单中选取"格式|图层设置"命令,在【图层设置】对话框中"工作图层"输入"11",单击"Enter"键,设置图层 11 为工作图层。

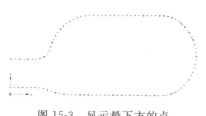

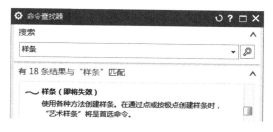

图 15-3　显示最下方的点

图 15-4　单击"样条"命令

（11）在主菜单中选取"插入|派生曲线|投影"命令，选取刚才创建的 Spline 曲线为"要投影的曲线"，XOY 基准平面为投影对象，"投影方向"为"ZC↑" ，单击"确定"按钮，将 Spline 曲线投影到 XOY 平面。

（12）在主菜单中选取"格式|图层设置"命令，在【图层设置】对话框中"工作图层"输入"12"，取消勾选"☑10"复选框，单击"Enter"，设定图层 12 为工作图层，并隐藏图层 10。

（13）在主菜单中选取"插入|基准/点|点集"命令，在【点集】对话框中"类型"选"曲线点"，"曲线点产生方法"选"等弧长"，"起始百分比"为 0，"终止百分比"为 100，"点数"为 80。

（14）选中投影曲线，沿曲线产生 80 个点，如图 15-6 所示（仔细查看，删除一些异常点）。

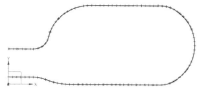

图 15-5　创建样条曲线（一）

图 15-6　创建一系列点

（15）在主菜单中选取"格式|图层设置"命令，在【图层设置】对话框中"工作图层"输入"13"，取消勾选"□11"复选框，设定图层 13 为工作图层，并隐藏第 11 层。

（16）单击"样条"按钮，在【样条】对话框中单击"通过点"，在【通过点生成样条】对话框中单击"确定"按钮，在【样条】对话框中单击"全部成链"按钮，选取起始点与终止点，创建一条样条曲线，如图 15-7 所示。

（17）在主菜单中选取"格式|图层设置"命令，在【图层设置】对话框中勾选"☑200"，取消勾选"☑12"复选框，显示第 200 层，隐藏第 12 层。

（18）在主菜单中选取"插入|基准/点|基准平面"中，在【基准平面】对话框中，"类型"选"按某一距离"，创建 6 个基准平面，如图 15-8 所示。（本例中，6 个基准平面与 ZOY 平面的距离依次为 5.0mm，13.00mm，19.00mm，29.00mm，37.00mm，41.00mm。）

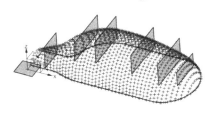

图 15-7　创建样条曲线（二）

图 15-8　创建基准平面

（19）在主菜单中选取"插入｜基准/点｜点"命令，在【点】对话框"类型"选"✚交点"，创建样条曲线和基准平面的交点（每个基准平面与样条曲线有两个交点）。

（20）同时按住键盘＜Ctrl＋W＞键，在【显示与隐藏】对话框单击"基准平面"的"—"，隐藏基准平面。

（21）在交点附近删除一些多余的点。

（22）在主菜单中选取"格式｜移动至图层"命令，把图15-7所创建的曲线移到图层14。

（23）在主菜单中选取"格式｜图层设置"命令，设置图层14为工作图层。

（24）单击"样条"按钮，在【样条】对话框中单击"通过点"，在【通过点生成样条】对话框中单击"确定"按钮，在【样条】对话框中单击"点构造器"，依次选取口部各点，单击"确定"按钮，创建第一条交叉曲线，如图15-9所示。

（25）在【样条】对话框中单击"在矩形内的对象成链"按钮，如图15-10所示。

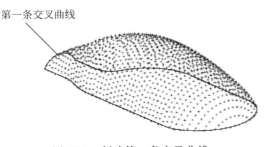

图 15-9　创建第一条交叉曲线

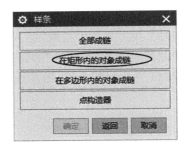

图 15-10　【样条】对话框

（26）在绘图区中框选一列，并选取起始点和终止点，如图15-11所示。

（27）单击"确定"按钮，创建第二条交叉曲线，如图15-12所示。

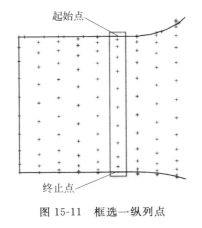

图 15-11　框选一纵列点

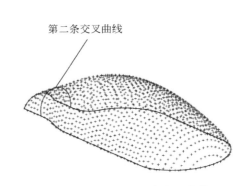

图 15-12　创建第二条交叉曲线

（28）采用相同的方法，创建其他几条交叉曲线，如图15-13所示。

（29）在主菜单中选取"格式｜图层设置"命令，取消勾选"□1""□200"复选框，隐藏图层1和图层200的图素。

（30）在主菜单中选取"插入｜网格曲面｜通过曲线网格"命令，创建第一个曲面，如图15-14所示。

（31）在主菜单中选取"插入|网格曲面|通过曲线组"命令，创建第二个曲面，且与第一个曲面相切，如图 15-15 所示。

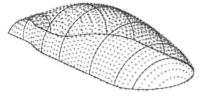

图 15-13　创建交叉曲线

图 15-14　创建第一个曲面

（32）在横向菜单上单击"分析|拔模分析"命令，在【拔模分析】对话框中"脱模方向"选"◉矢量"，"指定矢量"选"ZC↑ [ZC↑]"，"限制角度"选 3°，如图 15-16 所示。

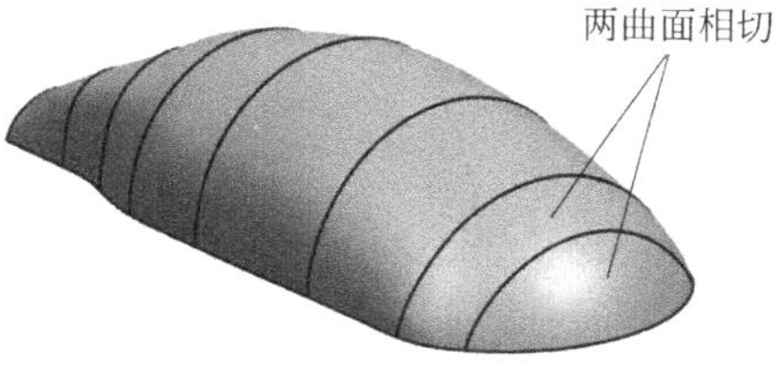

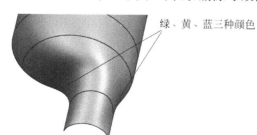

图 15-15　创建第二个曲面

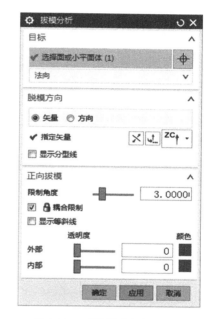

图 15-16　【拔模分析】对话框

（33）选取曲面，拔模分析图出现绿、黄、蓝三种颜色，如图 15-17 所示，说明刚才创建的曲面出现倒扣，需要对曲面进行修改。

（34）双击第二条交叉曲线，删除导致曲线产生倒扣的节点，如图 15-18 所示。

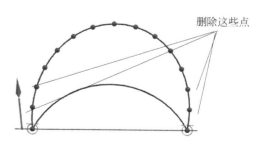

图 15-17　拔模分析

图 15-18　删除指示的点

（35）选中端点，单击鼠标右键，在下拉菜单中选"指定约束"命令，如图 15-19 所示。

（36）拖动手柄至合适的位置，确保曲线没有倒扣，如图 15-20 所示。

图 15-19　选"指定约束"命令

图 15-20　拖动手柄

（37）在横向菜单上单击"分析|拔模分析"命令，在【拔模分析】对话框中"脱模方向"选"◉矢量"，"指定矢量"选"ZC↑ ᶻᶜ↑"，"限制角度"选 3°，如图 15-16 所示。

（38）选取曲面后，分析图出现绿、黄、蓝三种颜色，说明曲面上还有倒扣，需继续修改。

（39）在主菜单中选取"插入|基准/点|基准平面"命令，创建一个基准平面，与 YOZ 平面相距 9mm，如图 15-21 所示。

（40）在主菜单中选取"插入|基准/点|点"命令，在【点】对话框"类型"选"┼交点"，创建样条曲线和基准平面的 2 个交点，如图 15-22 所示。

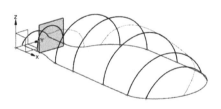

图 15-21　创建基准平面

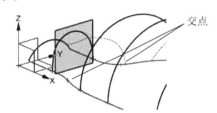

图 15-22　创建交点

（41）在主菜单中选取"格式|图层设置"命令，勾选"☑ 200"复选框，显示图层 200 上的点。

（42）按照前面创建交叉曲线的方式，创建第 8 条交叉曲线，如图 15-23 所示。

（43）在主菜单中选取"格式|图层设置"命令，取消勾选"☐ 200"复选框，隐藏图层 200。

（44）双击第 8 条交叉曲线，按照图 15-18、图 15-19、图 15-20 的方式，编辑第 8 条交叉曲线，使第 8 条交叉曲线没有倒扣，如图 15-24 所示。

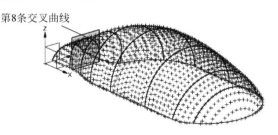

图 15-23　创建第 8 条交叉曲线

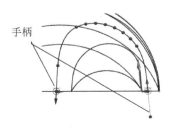

图 15-24　编辑第 8 条交叉曲线

（45）在"部件导航器"中取消双击  ，在【通过曲线网络】对话框"交叉曲线"区域中单击"添加新集"按钮 ，在绘图区中选取第 8 条交叉曲线，并在列表框中单击"上移"按钮 ，使第 8 条曲线排在第 3 位，如图 15-25 所示。

（46）在横向菜单上单击"分析|拔模分析"命令，在【拔模分析】对话框中"脱模方向"选"⊙矢量"，"指定矢量"选"ZC↑"，"限制角度"选 3°，如图 15-16 所示。

（47）选取曲面后，拔模分析图出现只有绿色，说明倒扣消失。

（48）单击" 基准平面"按钮，创建一个基准平面，与 XOY 平面相距 1mm。

（49）在主菜单中选取"插入|修剪|修剪片体"命令，利用刚才创建的基准平面对第二个曲面进行修剪，如图 15-26 所示。

图 15-25　第 8 条曲线排在第 3 位

图 15-26　修剪第二个曲面

（50）在主菜单中选取"插入|网格曲面|通过曲线网格"命令，创建第三个曲面，并与相邻的曲面相切，如图 15-27 所示。

图 15-27　创建第三个曲面

（51）在主菜单中选取"插入|组合|缝合"命令，合并三个曲面。

（52）在主菜单中选取"插入|修剪|延伸片体"命令，将曲面延长 1mm。

（53）同时按住键盘＜Ctrl＋W＞键，在【显示与隐藏】对话框中单击"曲线""点"对应的"—"符号，隐藏曲线和点。

（54）在主菜单中选取"插入|偏置缩放|加厚"命令，选中曲面后，输入"厚度"为 1mm，创建实体。

（55）单击"拉伸"按钮 ，在【拉伸】对话框中单击"绘制截面"按钮 ，选取 ZX 平面为草绘平面，绘制一个草图，如图 15-28 所示。

（56）单击"完成草图"按钮 ，在【拉伸】对话框中"指定矢量"选"YC↑" ，"开始"选"贯通"，"结束"选"贯通"，"布尔"选"求差" 。

（57）单击"确定"按钮，修剪实体的口部形状。

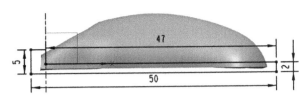

图 15-28　绘制截面

（58）同时按住键盘＜Ctrl＋W＞键，在【显示与隐藏】对话框中单击"片体"对应的"—"，隐藏曲面，显示实体，如图 15-29 所示。

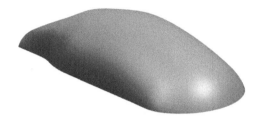

图 15-29　产品实体

（59）单击"保存"按钮，保存文档。